ISO/IEC 27002:2013
(JIS Q 27002:2014)

情報セキュリティ管理策の実践のための規範

解説と活用ガイド

Code of practice for information security controls

中尾康二　編著
北原幸彦・竹田栄作・中野初美
原田要之助・山下　真
著

日本規格協会

執筆者名簿

編集・執筆	中尾　康二	KDDI 株式会社 独立行政法人情報通信研究機構
執　　　筆	北原　幸彦	NRI セキュアテクノロジーズ株式会社
	竹田　栄作	工学院大学客員研究員
	中野　初美	三菱電機株式会社
	原田要之助	情報セキュリティ大学院大学教授
	山下　　真	富士通株式会社

（敬称略，順不同）

まえがき

近年の情報通信技術（ICT）の進展は目覚しいものがあり，我々は多くの技術革新を経験する．そのおかげで我々の日常や仕事場における生活環境が向上し，ICTは不可欠のものとなっている．一方，技術革新とは裏腹に，情報漏えい，不正アクセス，マルウェア感染など，組織や個人に対するセキュリティ上の課題も顕在化しているのが現状である．企業活動の中では，情報システムの活用が不可欠になっており，そのシステムでは，経営戦略情報，顧客情報，人事情報などその扱いに慎重さが必要となる情報が多く扱われている．これらの電子情報は，紙の情報に比べて容易に，かつ，広範囲にわずかな時間で漏えいしやすい状態に置かれ，時間の経過とともに，より脆弱になっている．

このような情報システム内の重要情報を安全に保護していくためには，コンピュータ等の物理的資産，情報の操作・運用に必要なソフトウェア資産などへの技術的対策だけでは十分ではないことは明らかである．さらに必要なことは，それらを適切に運用し，その中の情報管理を厳密に行うための統合的な情報セキュリティ対策を実施するとともに，組織の情報システムに関与するすべての人に対する倫理・道徳・帰属意識を含めた教育が現代の組織にとって必須となっている．

2014年7月に独立行政法人情報処理推進機構（IPA）が発表した“情報セキュリティ白書2014”をみても，2013年度の情報セキュリティに関する主な出来事として“ウェブサイト改ざん”“フィッシング詐欺”“パスワードリスト攻撃による不正利用”“内部者による情報漏えい”の被害など，多数あげられている．これらの被害（インシデント）は，通常の組織においても起こりうるものであり，組織としては，これらに対する十分な対策を講じることが必要となる．

上述のインシデントの例でわかるように，組織の情報システムに対する脅威は高度化，多様化しており，技術的，組織的，継続的な情報セキュリティの確保の重要性が認識されている.

組織において情報セキュリティを維持するためには機密性，完全性，可用性の確保が重要な要素となっており，その実現のための有効な手段として，情報セキュリティマネジメントシステム（ISMS）の導入がこれまで行われてきた．このためのベストプラクティスの標準としてISO/IEC 17799:2000（JIS X 5080:2002）が制定された．2005年には初回の改正が行われ，2007年にはISO/IEC 27002として国際規格番号が変更され，ISO/IEC 27000ファミリーとして一連の規格群に名を連ねることになった．JIS化の際には，国際規格番号が変更される前にその規格番号を先取りして，JIS Q 27002:2006として2006年5月20日に制定された．そして2013年10月1日にISO/IEC 27002:2013として改正され，この改正を受けて，このたびJISも2014年3月20日にJIS Q 27002:2014として改正された．

また，第三者認証の基準となる要求事項の規格化も行われており，2005年10月にISO/IEC 27001:2005，翌年にはJIS Q 27001:2006としてそれぞれ制定され，2013年10月1日にはISO/IEC 27001:2013，2014年3月20日にはJIS Q 27001:2014としてそれぞれ改正されている．規格間の関連性に鑑み，読者への利便性を考慮して，ISO/IEC 27001とISO/IEC 27002，JIS Q 27001とJIS Q 27002はそれぞれ同時に改正された．なお，ISO/IEC 27001（JIS Q 27001）とISO/IEC 27002（JIS Q 27002）で使用される用語は，ISO/IEC 27000（JIS Q 27000）においてまとめて規定されている．

本書は，前版の改正版の位置付けで，このISO/IEC 27002:2013（JIS Q 27002:2014）について次の内容について解説することを目的としている．

① ISO/IEC 27002:2013（JIS Q 27002:2014）の位置付け，改正の趣旨と経緯（第1章）

② 規格で使われている用語及び訳語（第2章）

③ 規格の正確な理解のための解説（第3章）

④ 規格の利用のためのポイント（第3章）

また，本書は，前版同様にISO/IEC 27002:2013（JIS Q 27002:2014）を

ISO/IEC 27001:2013（JIS Q 27001:2014）とともに使用することが容易なように構成されており，2014 年 4 月 30 日に発行した解説書“ISO/IEC 27001:2013（JIS Q 27001:2014）情報セキュリティマネジメントシステム要求事項の解説”（日本規格協会，2014）とともに利用できるようにまとめてある.

なお，ここに記載した内容は筆者らの考え方に基づくものであり，他の考え方を排除することを意図していないことは本文でも述べているとおりである.

本書が ISO/IEC 27002:2013（JIS Q 27002:2014）及び ISO/IEC 27001:2013（JIS Q 27001:2014）という二つの規格を利活用して ISMS の構築を目指す方々や情報セキュリティマネジメントの意義，位置付けなどを理解したい方々の一助になることを願うばかりである.

末筆ながら，本書の出版にあたってご協力していただいた方々に深く感謝する次第である.

2015 年 1 月

中尾　康二

【注記】

我が国では“ISMS”という文字が，一般財団法人日本情報経済社会推進協会（JIPDEC）によって“情報セキュリティ対策の評価基準である情報セキュリティマネジメントシステム適合性評価に関する審査・認定・登録又はこれらに関する情報の提供”を指定役務とする商標として登録されている（平成 18 年 2 月 10 日登録　登録番号：第 4927657 号）.

なお，JIPDEC は“ISMS”のほかに“ISMS 制度”“ISMS 適合性評価制度”“ISMS 認証基準”“ISMS 認定基準”を商標登録している. これらの商標の使用権許諾（商標法第 31 条）などについては JIPDEC に問い合わせられたい.

目　　次

本書は JIS Q 27000:2014 の用語及び定義を引用又は参照している．ISO/IEC 27000が2018年に改訂され，それに伴ってJIS Q 27000が2019年に改正されており，用語の箇条番号など一部変更されているが，本書で引用又は参照している用語の定義には変更はない．

2019 年 3 月

■本書編集にあたって

JIS 規格票は『公用文の書き表し方』に準じて作成されています．本書では句点 (。) を除いて JIS Q 27002:2014 を逐次，枠囲みを施してそのまま引用しています．

本書の解説文については，読みやすさを考慮してすべてについて『公用文の書き表し方』に準じることなく編集・校正しており，JIS での用字の使い方と異なる箇所があります．

■脚注について

数字を［ ］でくくった JIS の脚注番号（例：[1]）は JIS に収録されている“参考文献”の番号を示します．なお，本書では“参考文献”を掲載していません．必要な場合，当該規格票を参照ください．

アステリスク＊に数字を付した脚注番号（例：*1）は執筆者によるものです．解説文のほか，引用した JIS に対して正誤票を反映した箇所にも付されています．

第1章　ISO/IEC 27002（JIS Q 27002）の概要

1.1　情報セキュリティとは

ISO/IEC 27002:2013（JIS Q 27002:2014）（以下“現規格”という）は，情報セキュリティに関する規格である．その情報セキュリティとは何か．セキュリティ（security）には“安全”“安心”などの訳語がみられることから，情報セキュリティとは，情報についての安全に関することであろうと考えることができる．

現規格では，この基本的な用語である“情報セキュリティ”を定義に基づいて用いている．現規格で参照するISO/IEC 27000（JIS Q 27000）に一連の用語定義があり，その中で用語“情報セキュリティ”を次のとおりに定義している．

JIS Q 27000:2014

2.33
情報セキュリティ（information security）
情報の機密性（**2.12**），完全性（**2.40**）及び可用性（**2.9**）を維持すること．
注記　さらに，真正性（**2.8**），責任追跡性，否認防止（**2.54**）及び信頼性（**2.62**）などの特性を維持することを含めることもある．

つまり，情報セキュリティとは，情報について漏えいを防ぎ（機密性），壊すことなく完全な状態を保ち（完全性），使いたいときに使える状態に保つこと（可用性）である．さらに，機密性，完全性及び可用性の各用語にも定義があるので，情報セキュリティの定義を正確に知るには，これらの用語の定義もみる必要がある．詳しくは，本書の第2章に示す用語の定義と説明を参照されたい．

組織で管理する秘密情報の漏洩は，その原因が内部者・外部者のいずれによるかを問わず，また故意・過失の別によらず，情報セキュリティが損なわれた状態である．情報が壊れて本来の内容でなくなっていることも，その原因によらず，やはり情報セキュリティが損なわれた状態である．また，情報システムやネットワークの障害，あるいは災害によって業務に使いたい情報が使えないならば，これも同様に情報セキュリティが損なわれた状態である．

現規格で扱う情報セキュリティは，このように，用語の定義によって範囲が明確にされている．

1.2　ISO/IEC 27002（JIS Q 27002）の位置付け

現規格の主題は情報セキュリティ管理策であり，表題もこのことを表す“情報セキュリティ管理策の実践のための規範”となっている．そこで，情報セキュリティ管理策の意味を知るために“管理策”の定義を探すと，それはISO/IEC 27000（JIS Q 27000）に定義がある．

JIS Q 27000:2014

2.16
管理策（control）
リスク（**2.68**）を修正する対策．
（**JIS Q 0073**:2010 の **3.8.1.1** 参照）
注記 1　管理策には，リスクを修正するためのあらゆるプロセス，方針，仕掛け，実務及びその他の処置を含む．
注記 2　管理策が，常に意図又は想定した修正効果を発揮するとは限らない．

上記定義にあるとおり，この定義は，リスクマネジメントの用語に関する規格であるJIS Q 0073:2010（ISO Guide 73:2009）によるものである．

管理策の定義は，リスクという用語に依存している．そこで，リスクの定義もISO/IEC 27000をみることにする．

JIS Q 27000:2014

2.68
リスク（risk）
目的に対する不確かさの影響．
（**JIS Q 0073**:2010 の **1.1** 参照）
［編集注：ここでは，ISO/IEC 27000（JIS Q 27000）で続けて記述されている六つの注記の引用は省略する］

これらの定義を合わせると，管理策とは“目的に対する不確かさの影響を修正する対策”となる．現規格の主題である“情報セキュリティ管理策”において，目的は，情報セキュリティ―情報の機密性，完全性及び可用性を維持すること―であるので，情報セキュリティリスクとは“情報の機密性，完全性及び可用性の維持に対する不確かさの影響”である．ある情報について機密性が損なわれるかもしれないという不確かさの影響，すなわち情報セキュリティリスクが受容できないほど高いならば，その組織では，それを修正する対策，すなわち管理策の実施を検討することになる．機密性のほか，完全性及び可用性についても同様であって，完全性及び可用性が損なわれるかもしれないという不確かさの影響を下げる対策が，管理策である．

なお，ISO/IEC 17799:2005（JIS Q 27002:2006）（以下“旧規格”という）での管理策の定義は次のとおりであり，現規格の定義（前出）はこれを継承したものとなっている．

JIS Q 27002:2006

2.2
管理策（control）
リスクを管理する手段（方針，手順，指針，実践又は組織構造を含む．）であり，実務管理的，技術的，経営的又は法的な性質をもつことがあるもの．

現規格は，組織活動の様々な側面における情報セキュリティ管理策を広く，数多く提示している点に特徴がある．現規格において，情報セキュリティ管理策は，箇条 5 から箇条 18 までの各箇条で“管理策”という見出しの下に，多くは一文で記述されている．管理策の数は 114 にのぼる．

それぞれの管理策の下には“実施の手引”という見出しの下に，管理策を実施するための情報が示されている．これは，現規格の特徴であり，利用価値の高い情報である．“実施の手引”では，管理策の実践及び実施の規範となる方法や，事例を示している．

以上のように，現規格は，組織における情報セキュリティ管理策を広く示すものであって，箇条5以降に記述のある“管理策”及び“実施の手引”に現規格の特徴と価値がある．

1.3　ISO/IEC 27002（JIS Q 27002）管理策の採否

現規格は，情報セキュリティ管理策についての汎用の指針である．組織において情報セキュリティ対策を検討するときに，現規格の114の管理策と，それぞれの管理策に加えられている実施の手引及び関連情報が参考になる．

他方，現規格の管理策は，どの組織にとっても，またどの場面においてもすべて必須というわけではない．組織は場面に応じて適用する管理策を選定する必要がある．例えば“6.2.2 テレワーキング”の管理策はテレワーキングを採用していない組織では採用しないこととなる．“9.4.5 プログラムソースコードへのアクセス制御”の管理策は組織の資産としてプログラムソースコードをもたない組織では採用しない．“12.3.1 情報のバックアップ”の管理策は組織内でバックアップに責任をもつ部門に適用するが，他の部門は適用しない．

さらに，組織においてある管理策を採用する場合にも，組織はその実施の手引に記載されていることをすべて実施するとは限らない．一例をあげると，“11.2.1 装置の設置及び保護”の実施の手引には“装置を保護するために，次の事項を考慮することが望ましい．”という導入文に続いて，a）からj）までの10の事項が列挙されている．この管理策を採用する場合でも“i）作業現場などの環境にある装置には，特別な保護方法（例えば，キーボードカバー）の使用を考慮する．”は組織内に該当する現場がないために採用しないということもある．

このように，現規格の管理策及び実施の手引は，組織がその採否を決定する．現規格のそれぞれの記述が必須ではないという意味で，現規格は“指針”である．このことを，管理策及び実施の手引で“～が望ましい．”という表現を用いて示している．これはISO/IECの規格において指針に用いる定型の表現であって“望ましい”“望ましくない”という価値を表すものではないことに留意する必要がある．“～が望ましい．”は英文原文の助動詞“should”の訳語である．指針はその採否が組織に委ねられている．

ISO及びISO/IECの規格には，指針のほかに要求事項を規定するものもある．要求事項と指針の違いについては，次節の“(2)要求事項と指針”で説明する．

“要求事項”は組織が規格への適合を主張するのであれば必ず実施すべきものである．

1.4　ISO/IEC 27002（JIS Q 27002）に関連する活動

情報セキュリティに関して組織に求められる活動は，現規格に示す管理策を実施することに限らない．ここでは，現規格では扱っていない，主な事項を示し，それによって現規格の位置付けを明らかにしておく．

(1)　情報セキュリティマネジメントシステム（ISMS）

情報セキュリティマネジメントシステム（Information Security Management System：ISMS）については，ISO/IEC 27001:2013（JIS Q 27001:2014）にその要求事項が定められている．詳しくは，その規格又は規格の解説書[*1]を参照されたい．

現規格はISMSについて定めるものではない．ISMSへの言及が現規格の“0 序文”及び“1 適用範囲”にみられるが，いずれもISMSの簡単な説明や，現規格とISMSの関係についての説明であって，ISMSを定めるものではない．

[*1] ISO/IEC 27001:2013の解説書に“ISO/IEC 27001:2013（JIS Q 27001:2014）情報セキュリティマネジメントシステム 要求事項の解説”（日本規格協会，2014）がある．

ISO/IEC 27001:2013と現規格は，前者の附属書Aを通して密接に関係している．現規格の35の“目的”の記述と114の“管理策”の記述がそのままISO/IEC 27001:2013の附属書Aに収録されている．ただし，管理策の記述は，ISO/IEC 27001:2013では“～しなければならない．”という要求事項の表現であるのに対し，現規格では“～することが望ましい．”という指針の表現になっている．

（2）　要求事項と指針

ISO及びISO/IECの規格には，要求事項を定めるもの及び指針を定めるものがある．一つの規格に，要求事項と指針の両方を含むこともある．

要求事項は，規格を利用する組織や人が規格への適合を主張するのであれば必ず実施すべきものである．要求事項を表す文は“～しなければならない．”という形をとる．その英文原文の助動詞は“shall”である．ISO/IEC 27001:2013は要求事項を定める規格であり，本文の多くの文及び附属書Aの管理策が“shall”を用いて記述されている．したがって，ISO/IEC 27001:2013への組織の対応には“適合”の概念がある．ISO/IEC 27001:2013への適合について，定められた基準及び手順に従って第三者が行う認証がISMS認証である．

他方，指針は，これを利用する組織や人に対して必ず実施することを求めるものではない．実施するか否かについて組織や人が決定する．指針には，その実施を推奨するものや，推奨ではなく参考情報を示すものなど，異なる位置付けのものがある．このような指針の位置付けは，通常，その文書の中で説明されている．ISO/IEC 27002:2013は指針を示す規格である．現規格の管理策及び実施の手引の内容は，多くの組織や場面において検討すべき対策として推奨されるものであるが，その採否は前節で述べたとおり，組織や場面に合致するか否かに依存する．また，次の(3)に述べるとおり，情報セキュリティリスクマネジメントに基づいて選定すべきものである．

（3）　情報セキュリティリスクマネジメント

組織における情報セキュリティの施策には，情報セキュリティリスクマネジメント（情報セキュリティの文脈では“リスクマネジメント”と省略することもある）が欠かせない要素である．リスクマネジメントを構成する“組織の状況の確定”“リスクアセスメント”及び“リスク対応”を実施することにより，採用する管理策及び対策を決定する．具体的には，次のような手順を踏むことになる．

① 組織で保有する，あるいは取り扱う情報と情報を保有して取り扱う状況及びプロセスを特定する．

② それぞれの情報について，どのような情報セキュリティリスクがあるかを明らかにする．情報セキュリティリスクとは，情報の“機密性”“完全性”及び“可用性”が損なわれるかもしれないという不確かさの影響である．

③ それぞれの情報について，組織において受容する情報セキュリティリスクの水準を決定する．この決定においては，情報セキュリティリスクは皆無にはできない場合が多いこと，及び情報セキュリティリスクの低減には費用や情報活用上の制限などの負担が生じうることを考慮する．

④ 現状の情報セキュリティリスクを受容する水準にまで低減するために，採用して実施する管理策を選定する．管理策は現規格に示されたものから選定することができるほか，現規格にない管理策を組織で採用し，実施することもできる．また，採用した管理策について，その実施方法を決定する．このとき，現規格の実施の手引が参考になる．

⑤ 必要に応じ，上記③に立ち戻って，達成する情報セキュリティ水準と管理策・実施方法を調整する．

⑥ 定期的に，また状況の変化に応じて，以上の手順と決定について見直しを行う．

このように，現規格の管理策及び実施の手引の内容は，リスクマネジメントにおいて採否を検討する対象となる．ただし，現規格ではリスクマネジメント自体は範囲外としており，リスクマネジメントについての指針は示していない．

なお，ISO/IEC 27001:2013 では，ISMS における情報セキュリティリスクマネジメントのプロセスを要求事項の一部として定めている．

1.5　ISO/IEC 27002（JIS Q 27002）の改正の趣旨と主要な改正点

現規格の旧版（旧規格）は ISO/IEC 17799:2005 である．2007 年に ISO/IEC 27002:2005 に改称され，ISO/IEC 27000 ファミリ規格の一員となった．その後，担当する委員会の ISO/IEC JTC 1（情報技術）/SC 27（セキュリティ技術）において，2008 年 10 月に改正実施が決議されている．その後５年にわたる検討を経て，2013 年 10 月１日に現規格である ISO/IEC 27002:2013 が発行された．また，対応する JIS として JIS Q 27002:2014 が 2014 年３月 20 日に発行された．

今回の改正の趣旨は，次の４点に要約される．

（1）　現規格の役割の継承

（2）　技術及び環境の変化への対応

（3）　規格の使いやすさの向上

（4）　管理策の指針としての位置付けの明確化

なお，内容の改正に加えて，現規格の表題を“情報セキュリティマネジメントの実践のための規範”から“情報セキュリティ管理策の実践のための規範”に変更している．情報セキュリティ管理策の指針を示すという現規格の特徴を端的に表した表題である．

（1）　現規格の役割の継承

現規格の“1 適用範囲”において，規格の適用範囲を次のとおりに定めている（注記は省略している）．

> この規格は，組織の情報セキュリティリスクの環境を考慮に入れた管理策の選定，実施及び管理を含む，組織の情報セキュリティ標準及び情報セキュリティマネジメントの実践のための規範について規定する．
>
> この規格は，次の事項を意図する組織への適用を目的としている．
>
> **a）** **JIS Q 27001** [10] に基づく ISMS を実施するプロセスで，管理策を選定する．
>
> **b）** 一般に受け入れられている情報セキュリティ管理策を実施する．
>
> **c）** 固有の情報セキュリティマネジメントの指針を作成する．

第１段落では，現規格が“組織の情報セキュリティ標準及び情報セキュリティマネジメントの実践のための規範を規定する”ものであると定めている．これは，表現は異なるが旧規格で箇条 1（適用範囲）に示していたその位置付けを継承したものである．なお“組織の情報セキュリティリスクの環境を考慮に入れた管理策の選定”は，実は今回の改正によって現規格の範囲外としたことに注意する必要がある．改正後の現規格は，選定の対象となる管理策は提示しているが，管理策の選定についての記述は存在しなくなっている．このことについては，後出の“(4)管理策の指針としての位置付けの明確化”も参照されたい．

第 2 段落の a)では，現規格について ISO/IEC 27001（JIS Q 27001）とあわせた適用をあげている．現規格の管理目的及び管理策は，ISO/IEC 27001:2013 の附属書 A にも規定されている．附属書 A を通した ISO/IEC 27001:2013 と現規格とのこのような関係は旧規格の場合と同じである．ISO/IEC 27001:2013 の利用者は附属書 A の内容を具体的に理解するための指針として，管理目的及び管理策に加えて，実施の手引及び関連情報を規定する現規格を利用することができる．

他方，第 2 段落の b)及び c)では，現規格について，ISO/IEC 27001:2013 とは独立した，情報セキュリティ管理策についての指針としての利用を示している．この利用方法も旧規格の適用範囲を継承している．

旧規格では，箇条 5 以降で，箇条，管理目的及び管理策からなる 3 階層の構成で管理策を中心とした指針を示している．この構造は，現規格においても変わらない．また，箇条，管理目的及び管理策の一つひとつに注目すると，その多くは旧規格のものを継承している．

(2)　技術及び環境の変化への対応

旧規格の策定を進めた 2003 年から 2005 年にかけて，情報セキュリティの取組みにおいて，次の事項が重要な課題であった．

①　組織内で情報システム又は機器に保有する，個人情報を含む情報の管理及び取扱いにおける，情報の重要性に応じた保護の実施

②　モバイル機器の組織外への携行，在宅勤務，個人所有機器の利用などの

就業環境の多様化への対応

③　業務でのインターネットの利用に伴う外部からの不正アクセス及びコンピュータウイルスへの対策

④　これらの対応を有効なものとし，維持するための情報セキュリティマネジメントの確立・維持

さらに，今回の改正では，情報の管理・取扱いにかかわる技術・環境の，次のような変化への対応についても検討することとなった．

⑤　外部から調達する製品及びサービスへの依存の拡大並びに調達経路のグローバル化の進展への対応

⑥　スマートフォン，タブレット端末などの，新しい携帯機器の普及への対応

⑦　組織が保有する情報に対する，インターネットを通した高度で継続的な攻撃（Advanced Persistent Threat 攻撃）の出現への対応

これらの変化を考慮して，今回の改正では，新たに箇条 15（供給者関係）を設けている．旧規格の 6.2.3（第三者との契約におけるセキュリティ）などの内容を含め，組織が外部から製品又はサービスを調達する場合に，供給者が組織の情報にアクセスすることなどに伴う情報セキュリティリスクへの対応をまとめた箇条である．また“14.2 開発及びサポートプロセスにおけるセキュリティ”は旧規格の 12.5（開発及びサポートプロセスにおけるセキュリティ）の五つの管理策を引き継いだうえで，新たに四つの管理策を加えて，情報システムの開発における管理策の体系を整備している．これらには上記の対応のうち，⑤及び⑦が関係している．

他方で，上述の⑥については，これを契機として改正において大きな変更を加えたというわけではない．例えば“6.2 モバイル機器及びテレワーキング”は旧規格の内容をほぼそのまま継続しながら，新たに遠隔操作によるデータの消去，ソフトウェアのインストールの制限などの具体的な対策を実施の手引に追加して対応している．また“8.1 資産に対する責任”“9.2 利用者アクセスの管理”及び“12.2 マルウェアからの保護”も新しい機器に対応するために大

きな変更は必要としなかった．この点は，管理策を適度な抽象度で定めることによって，適用の具体的な場面が読み取れるものでありながら新しい技術にも対応するという，現規格の特徴が表れているとみることができる．

(3)　規格の使いやすさの向上

今回の改正で行った重要な変更に，利用者にとって使いやすい規格とするための箇条の再配置がある．再配置では，情報セキュリティの観点から組織にとって基本的な箇条を先に置いた．管理目的及び管理策が記述されている箇条5以降について，現規格と旧規格との箇条の対応を図 1.5.1 に示す．

旧規格の箇条10（通信及び運用管理）は一つの箇条に通信に関する部分及び情報システムの運用管理に関する部分を含んでいた．現規格では，これらは場面が異なることに留意し“12 運用のセキュリティ”及び“13 通信のセキュ

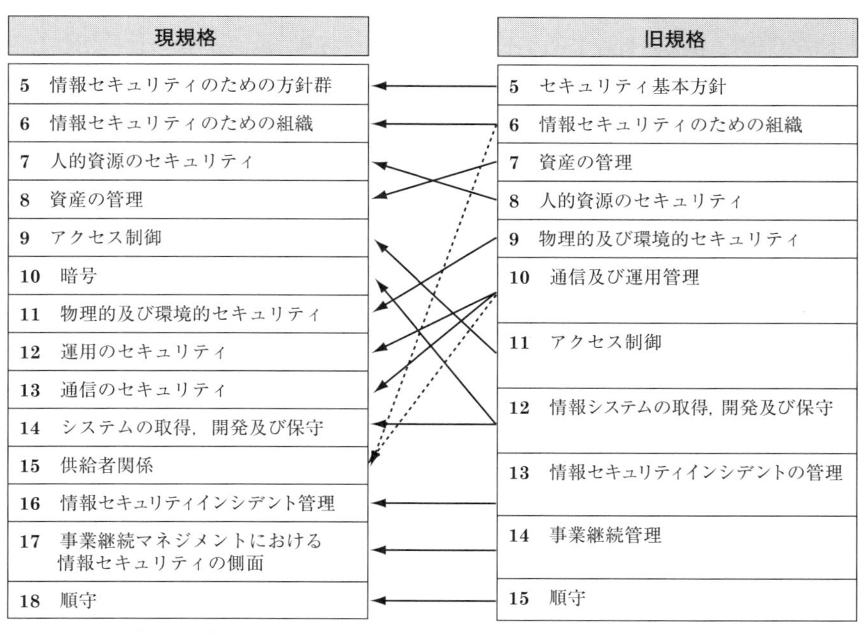

図 1.5.1　現規格と旧規格との箇条の対比

リティ”の二つの箇条に分けている．また，旧規格の箇条12（情報システムの取得，開発及び保守）に置いていた12.3（暗号による管理策）は，今回の改正では，一つの独立した箇条を設けて“10 暗号”とした．これは，暗号による管理策が，情報システムの開発及び運用の両方の場面に関係することを考慮したものである．さらに，現規格では，製品及びサービスの調達の場面を対象として，新たに“15 供給者関係”を設けている．これらの構成変更により，管理目的及び管理策を規定する箇条が三つ増え，箇条5から箇条18までとなった．

箇条5以降においては，さらに，管理目的及び管理策の移動，追加及び削除も行われている．これも技術及び環境の変化に対応し，また，規格を一層使いやすいものにするためである．管理目的及び管理策の移動，追加及び削除については，本書第3章の箇条ごとの解説の中で詳しく説明する．また，規格の詳細な新旧対応表であるISO/IEC TR 27023があり，参考になる[*2]．ISO/IEC TR 27023は，ISO/IEC 27001:2013及び現規格を作成した組織であるISO/IEC JTC 1/SC 27が当初“SD 3”として公表した文書である．本書の姉妹編“ISO/IEC 27001:2013（JIS Q 27001:2014）情報セキュリティマネジメントシステム 要求事項の解説”（日本規格協会，2014）では，その付録1にSD 3の日本語訳を掲載している．

(4)　管理策の指針としての位置付けの明確化

旧規格には，リスクマネジメントに関する記述が存在した．“4 リスクアセスメント及びリスク対応”である．特に，リスク対応に関する“4.2 セキュリティリスク対応”では，リスク対応の四つの選択肢として，管理策の適用，リスクの受容，リスクの回避，及びリスクの移転を示していた．これらの選択肢はISO/IEC 27001:2005（JIS Q 27001:2006）でも求めていたものである．

今回の改正で，現規格を組織における情報セキュリティ管理策を広く示すも

---

*2 ISO/IEC TR 27023, Information technology―Security techniques―Mapping the revised editions of ISO/IEC 27001 and ISO/IEC 27002
この規格はISO/IEC 27001:2005とISO/IEC 27001:2013の対応表及びISO/IEC 27002:2005とISO/IEC 27002:2013の対応表を含んでいる．

のと位置付け，箇条5以降にある“管理策”及び“実施の手引”が，その実質的な内容であることを明確にした（1.2節を参照）．あわせて，旧規格にあった“4 リスクアセスメント及びリスク対応”は現規格では削除されている．また，旧規格の“6.2.1 外部組織に関係したリスクの識別”も同じ理由で削除されている．

情報セキュリティリスクマネジメントは，ISMSにおいては，ISO/IEC 27001においてその要求事項の一部として規定されている．ISMSに限らず一般的な情報セキュリティリスクマネジメントについては，ISO/IEC 27005 [*3] が参考になる．

[*3] ISO/IEC 27005:2011　Information technology—Security techniques—Information security risk management
本書の執筆時点で，ISO/IEC 27005:2011の改正が進められている．この改正は，ISO/IEC 27001との関係では，ISO/IEC 27001:2005からISO/IEC 27001:2013への改正に対応するものである．

第2章　用　　　語

本章では，ISO/IEC 27002:2013 の用語について解説する．2.1 節は定義された用語の解説，2.2 節は定義されていない用語の解説である．

2.1　用語及び定義

ISO/IEC 27002:2013 では，ISO/IEC 27000（JIS Q 27000）の用語定義を適用している．ISO/IEC 27000 は，ISO/IEC 27002:2013 を含む ISO/IEC 27000 ファミリ規格のための共通の用語及び定義を定めた規格である．

本節では，ISO/IEC 27002:2013 の基本的な用語及び定義を ISO/IEC 27000 から引用し，それに解説を加える．ISO/IEC 27002:2013 の中でも特定の箇条で用いている用語及びその定義については，本書の第 3 章の該当する箇条の解説で説明している．その他の用語及び定義については，適宜 ISO/IEC 27000（JIS Q 27000）も参照されたい．

JIS Q 27000:2014

2.1
アクセス制御（access control）
資産へのアクセスが，事業上及びセキュリティの要求事項に基づいて認可及び制限されることを確実にする手段．

アクセス制御は情報セキュリティの基本的な手段であり，機密性，完全性及び可用性のいずれの維持にも有効である．

アクセス制御の対象は資産である．資産には，情報及びその他の資産を含む．アクセス制御の対象となる情報以外の資産に，情報システム，アプリケーション，ファイル，データベース，ネットワーク，ネットワークサービス，建物，紙の文書等があり，これらへのアクセスがアクセス制御によって認可されたり，制限されたりすることとなる．

資産へのアクセスは，情報セキュリティの要求事項だけでなく，事業上の要求事項も考慮して許可されたり，制限されたりすることに注意する必要がある．組織において，事業を促進する情報の活用と，情報セキュリティリスクの低減の両面を認識し，調整を図ることとなる．

ISO/IEC 27002:2013（JIS Q 27002:2014）（以下"現規格"という）では，箇条9でアクセス制御に関する詳細な指針を示している．

JIS Q 27000:2014

2.3
攻撃（attack）
資産の破壊，暴露，改ざん，無効化，盗用，又は認可されていないアクセス若しくは使用の試み．

この定義では，情報セキュリティを損なう，あるいは損なう原因となる行為を列挙している．

現規格では，広く，箇条6, 箇条8, 箇条9, 箇条11, 箇条12, 箇条14及び箇条16に"攻撃"の用例がある．その多くは，組織が保有する情報に対して外部からインターネットを通してなされるアクセスである．

英文原文の"to expose"に，訳語として"暴露"をあてている．

JIS Q 27000:2014

2.7
認証（authentication）
エンティティの主張する特性が正しいという保証の提供．
注記 エンティティは，"実体"，"主体"などともいう．情報セキュリティの文脈においては，情報を使用する組織及び人，情報を扱う設備，ソフトウェア及び物理的媒体などを意味する．

認証の典型例は，人が本人であることの認証である．この場合，当人が"主張する特性"（a claimed characteristic）は"本人であること"であって，その保証は"氏名，住所，生年月日"の確認，パスワードの照合，指紋の照合等によって得られる．“保証”とは目的に照らして十分な確からしさをいう．

人以外の認証の例に，PC などの機器の認証がある．組織でそのネットワークに接続してよい機器をあらかじめ登録させ，接続時に MAC アドレス等を用いた認証を求める例がある．

認証はアクセス制御の手段となる．

定義中の語“エンティティ”に丁度合致する訳語がなく，そのまま外来語で使われていることに配慮して，JIS Q 27002:2014 では，英文原文にはない注記を加えている．

現規格では“9 アクセス制御”及び“10 暗号”を中心に“認証”の用例が多数ある．

JIS Q 27000:2014

2.8

真正性（authenticity）

エンティティは，それが主張するとおりのものであるという特性．

本定義について二通りの解釈を解説する．

第一の解釈は，真正性を情報に関する特性であるとする解釈である．情報という語を含まない定義について，情報に関する特性であると解釈する根拠は，情報セキュリティの定義（後出）において真正性が情報の特性とされていることにある．

現規格では“真正性”という語は，箇条 10 を中心に，暗号技術に関連して使われている．暗号技術の文脈における“真正性”の意味を理解するために，上記定義において“主張する主体であるエンティティ（一般には‘人’）”と“対象物（この文脈では‘情報’）”を補い，かつ，区別して読むとわかりやすい．この文脈において，真正性とは“エンティティ，特に人が，ある情報について，当人に関する事実や当人の意志を正しく表した情報であると確認したものであること”をいう．特に，その情報が当人の属性であり，あるいは当人がかかわる取引の情報であって，当人の利害に関係する場面で使われることが多い．電子的な情報であれば，当人が秘密鍵を用いてその情報にディジタル署名を付けて発信することによって，受信者にとって，発信者が確認した情報であることが検証できる［現規格の“10.1.1 暗号による管理策の利用方針”の第2段落のb)を参照］．また，ディジタル署名によって，あわせてその情報の完全性も検証できる．引用したISO/IEC 27000:2014（JIS Q 27000:2014）の定義では，この用法における“情報”に該当する語が明確には示されていないことに注意する必要がある．

我が国においては，紙の文書は，署名又は押印によってそれが真正に成立したものと推定される［民事訴訟法（平成八年六月二十六日法律第百九号）第二百二十八条］．また，電子的な情報（電磁的記録）は，電子署名（ディジタル署名）によってそれが真正に成立したものと推定される［電子署名及び認証業務に関する法律（平成十二年五月三十一日法律第百二号）第三条］．ISO/IEC 27002:2013 における真正性の用例は，これらに合致している．

第二の解釈は，真正性をエンティティに関する特性であるとする解釈である．この解釈は定義の記述に忠実であって，真正性は，そのエンティティが自ら主張するとおりの本物であるという意味である．ここには情報は登場しない．この意味の真正性は，認証と密接に関係する．真正性の主張は，認証によって保証が与えられる．ネットワーク上の取引等において，エンティティである当事者は，自身の真正性を認証によって示すことになる．ただし，この意味での真正性の用例は現規格にはみられない．

この語は，ISO/IEC 27000（JIS Q 27000）に掲載されている“情報セキュリティ”の定義（後出）で，注記に現れる．組織の判断によって“機密性”“完全性”及び“可用性”の維持に加えて，真正性の維持を情報セキュリティの要素に含めることもある．

JIS Q 27000:2014

2.9

可用性（availability）

認可されたエンティティが要求したときに，アクセス及び使用が可能である特性．

可用性は，認可されたエンティティであれば，情報が使いたいときに使える，という特性である．情報の可用性は，それを保有したり伝達したりする機器が使いたいときに使えることにより確保されるため，機器の可用性で表現されることもある．情報機器，情報システムや情報サービスについて可用性という語を使う場合が，その例である．

現規格では，各所に可用性の用例がある．特に“17.2.1 情報処理施設の可用性”は可用性を正面から取り上げた，適用の広い管理策である．

JIS Q 27000:2014

2.12
機密性（confidentiality）
認可されていない個人，エンティティ又はプロセス（**2.61**）に対して，情報を使用せず，また，開示しない特性．

機密性は，完全性及び可用性とともに，情報セキュリティの３要素の一つである．

機密性は，情報について秘密を守ることを求める特性である．秘密を守ることの意味について，定義では“開示しない”ことだけでなく“使用させない”ことも示している点に注意する必要がある．情報の内容を参照させたり認識させたりしなくとも，使用させると機密性を損なうこととなりうる．

機密性及び可用性の定義にある“エンティティ”とは，辞書では“実在物，実体，本体，自主独立体”などとされているが，組織や団体，コンピュータシステムなどを含み，物質的な実体に限らない概念である[*1]．情報へのアクセスを許可する対象には，個人だけでなく，組織や団体，コンピュータシステム，通信機器など，多様なエンティティが存在する．

機密性の定義にある“プロセス”は“インプットをアウトプットに変換する，相互に関連する，又は相互に作用する一連の活動”と定義されている．組織においてプロセスとは，組織の業務プロセスである．プロセスに対する機密性とは，認可された業務プロセスだけに情報を使用させ，又は開示する特性をいう．

[*1] 前出の“認証”の定義でも，その注記でエンティティについて同様の説明を加えている．

JIS Q 27000:2014

2.16

管理策（control）

リスク（**2.68**）を修正（modifying）する対策．

（**JIS Q 0073**:2010 の **3.8.1.1** 参照）

注記 1 管理策には，リスクを修正するためのあらゆるプロセス，方針，仕掛け，実務及びその他の処置を含む．

注記 2 管理策が，常に意図又は想定した修正効果を発揮するとは限らない．

情報セキュリティにおいて，管理策とは，一般に情報セキュリティリスクを低減する対策と考えられてきた．他方，ここに引用した定義はリスクマネジメントの一般的な指針である JIS Q 0073:2010 によるものであり，リスクを“修正”（modifying）する対策とすることによって，リスクの増加も許容している．確かに，事業上の他の面での利益を優先して，情報セキュリティリスクの増加をあえて取ることも，事業判断として常に否定するものでもないと思われる．

現規格には 114 の管理策がある．

JIS Q 27000:2014

2.17

管理目的（control objective）

管理策（**2.16**）を実施した結果として，達成することを求められる事項を記載したもの．

現規格の箇条 5 以降で“5.1 情報セキュリティのための経営陣の方向性”などの各カテゴリの冒頭に“目的”という見出しの下に枠囲みで示されている記述が管理目的である．管理目的は“目的”ともいう．

現規格には 35 の管理目的がある．

管理目的に似た用語に，ISO/IEC 27001（JIS Q 27001）における情報セキュリティ目的（“目的”ともいう）がある．情報セキュリティ目的は，ISMS を確立し，実施し，維持し，改善する組織が，組織の状況に関連付けて自ら決定するものである．これに対して，管理目的は，現規格で管理策と組み合わせて提示しているものであり，情報セキュリティ目的とは異なる．

JIS Q 27000:2014

2.32

情報処理施設，情報処理設備（information processing facilities）

あらゆる情報処理のシステム，サービス若しくは基盤，又はこれらを収納する物理的場所．

英文原文の“information processing facilities”に対して，JIS Q 27000:2014 では二つの訳語をあてている．JIS Q 27002:2014 では，場面に応じてこれらの訳語を使い分けているが，厳密に区別する必要はない．建屋を含む場合に，情報処理施設という語を使う例が多い．

JIS Q 27000:2014

2.33

情報セキュリティ（information security）

情報の機密性（**2.12**），完全性（**2.40**）及び可用性（**2.9**）を維持すること．

注記　さらに，真正性（**2.8**），責任追跡性，否認防止（**2.54**），信頼性（**2.62**）などの特性を維持することを含めることもある．

“情報の機密性”“完全性”及び“可用性”の三つの特性は“情報セキュリティの 3 要素”とも呼ばれている．この 3 要素以外に，必要に応じて“真正性”“責任追跡性”“否認防止及び信頼性”のような特性を維持することを含めることもできる．

情報セキュリティの定義にこのような幅があるので，組織における情報セキュリティの取組みにおいては，情報セキュリティの意味を組織として決定しておく必要がある．

JIS Q 27000:2014

2.40

完全性（integrity）

正確さ及び完全さの特性．

完全性は機密性及び可用性とともに，情報セキュリティの 3 要素の一つである．

組織が保有する情報が正確さや完全さを欠くと，組織や個人に不利益をもたらす等の事態につながる可能性があるので，これらを求めることに意味がある．

完全性の定義の要素である正確さについては，何に対して正確であるか，その基準を明確にしておく必要がある．ある情報システムに保有している情報が正確であるとは，その情報システムに情報を格納したとき以後，正確に維持されていることだけを意味するのではない．情報システムに情報を格納するときに，適切な確認のプロセスを経るなどにより，正確な情報を格納することも含みうることに留意する．例えば，不正確な個人の信用情報が情報システムに登録されると，当人は，取引において，不利益を被る可能性がある．

完全性の定義の要素である完全さとは，情報が欠損したり破壊されたりしていないことをいう．

情報セキュリティの３要素である“機密性”“完全性”及び“可用性”は情報に関する互いに独立した要素である．特に“完全性”及び“可用性”が互いに独立であることに留意する必要がある．完全性を備えた情報が，その時点でその情報を格納する機器やその情報へアクセスするためのネットワークが使えないために可用性が損なわれているという状況がありうる．逆に，可用性が確保されている情報が，完全性は損なわれている場合がある．

JIS Q 27000:2014

2.54

否認防止（non-repudiation）

主張された事象又は処置の発生，及びそれを引き起こしたエンティティを証明する能力．

この定義は状況を補うと理解しやすい．あるエンティティ（特に“人”）が事象又は処置を引き起こしていながら，そのことを否認している場面を想定する．“処置”は“action”の訳であり，エンティティが人であれば“行為”という訳がふさわしい．ある人が事象を引き起こし，又はある人の行為が実際にありながら，当人がそのことを否認している場面である．否認防止とは，否認されている事象又は処置（行為）が実際には発生し，あるいは行われていたことを他のエンティティが証明する能力である．また，実際に否認されていなくとも，否認の可能性が想定される場面でもよい．否認防止には，否認を否定する能力のほか，否認を予防・抑止する効果もある．また“主張された”は“claimed”の訳である．主張する主体は否認防止をする立場のエンティティであって，“claimed”は否認防止の対象に“特定した”というほどの意味である．

以上をまとめると“否認防止”とは“ある事象又は処置・行為が発生したこと，及びあるエンティティがそれを引き起こしたことを否認又は否認の可能性に対抗して証明する能力”である．

当事者Aと当事者Bの両者が契約を取り交わし，契約書に署名している場合には，当事者Aの署名は当事者Bにとって当事者Aによる否認を防止する効果がある．逆も同様である．

電子的な情報については，否認防止のために，暗号技術が利用できる（“10.1.1 暗号による管理策の利用方針”の実施の手引を参照）．

この語は“情報セキュリティ”の定義で注記に現れる．組織の判断によって“機密性”“完全性”及び“可用性”の維持に加えて，否認防止を情報セキュリティの要素に含めることもある．

JIS Q 27000:2014

2.62

信頼性（reliability）

意図する行動と結果とが一貫しているという特性．

“意図する行動”の英文原文は“intended behavior”である．主体が人であれば上記定義の訳のとおり“意図する行動”という語が適切であるが，主体がものである場合は“意図する動作”という訳がふさわしい．

ISO/IEC 27002:2013 において，信頼性に次の用例がある．

- サービスの信頼性（“10.1.2 鍵管理”の実施の手引及び“13.2.3 電子的メッセージ通信”の実施の手引を参照）

・アプリケーションの信頼性（“12.1.2 変更管理”の実施の手引を参照）
・要員の信頼性（“14.2.6 セキュリティに配慮した開発環境”の実施の手引を参照）

サービス及びアプリケーションについては“意図する動作と結果が一貫しているという特性”である．

この語は“情報セキュリティ”の定義で注記に現れる．組織の判断によって“機密性”“完全性”及び“可用性”の維持に加えて，信頼性の維持を情報セキュリティの要素に含めることもある．

現規格において，“証拠の信頼性”（“12.4.4 クロックの同期”の関連情報を参照）のような，一般用語としての用例もあることに注意する必要がある．この場合の信頼性は定義とは意味が異なる．

JIS Q 27000:2014

2.83
脅威（threat）
システム又は組織に損害を与える可能性がある，望ましくないインシデントの潜在的な原因．

“脅威”とは，情報セキュリティインシデントの原因になりうる“もの”や“こと”である．情報セキュリティインシデントは，単独又は一連の情報セキュリティ事象であって，事業運営を危うくする確率及び情報セキュリティを脅かす確率が高いものをいう．

脅威に次の例がある．

① マルウェアの存在．また，マルウェアがネットワークを通して組織の情報システムに侵入し，情報システムが感染すること
② インターネットを通して行われる組織のネットワークや情報システムへの不正侵入
③ 情報システムの稼働を阻害する自然災害
④ 情報システムやその構成要素の故障
⑤ 組織の内部者による情報の持出し

⑥　外部委託における情報の預託及び業務プロセスの移管．また，それによる情報漏えいの可能性

“脅威”はリスクマネジメントに関連する用語である．リスクマネジメントについては，ISO Guide 73:2009（JIS Q 0073:2010）で用語が定義され，また ISO 31000:2009（JIS Q 31000:2010）で原則及び指針が規定されている．これらの規格では“脅威”という用語は用いていない．これを包含する用語である“リスク源”（risk source）を定義し，用いている．後出の“ぜい弱性”もリスク源に含まれる．ISO/IEC 27001:2013（JIS Q 27001:2014）の本文は，改正によって，脅威及びぜい弱性という語は使わないこととなり，これらに代えてリスク源を使うことを示唆している．

JIS Q 27000:2014

2.89

ぜい弱性（vulnerability）

一つ以上の脅威（**2.83**）によって付け込まれる可能性のある，資産又は管理策（**2.16**）の弱点．

ぜい弱性とは，組織の資産又は管理策がもつ弱点であって，脅威に付け込まれる可能性のあるものをいう．

ぜい弱性に次の例がある．

①　情報セキュリティの侵害を許すソフトウェアの欠陥

②　インターネットを通した外部からの侵入を防ぐためのネットワーク及び情報システムの構成又は設定の不備

③　ネットワーク及び情報システムの可用性を確保するための冗長性の不備

④　情報の機密性に関する従業員の認識不足

⑤　外部委託における委託先管理の不備

2.2 定義されていない用語

本節では，現規格の用語で，定義はないが説明が必要であると思われる用語を取り上げて解説する．

(1) 責任追跡性 (accountability)

現規格において，責任追跡性の英文原文は“accountability”である．“accountability”又は“accountable”をJIS Q 27002:2014では“責任追跡性”又は“責任”のいずれかに訳している．

(a) JIS Q 27002:2014における“責任追跡性”

ISO/IEC 27002:2013の規格としての用語定義ではないが，JIS Q 13335-1に，JIS X 5004から引用した責任追跡性の定義があり，参考になる．

“あるエンティティの動作が，その動作から動作主のエンティティまで一意に追跡できることを確実にする特性 (JIS X 5004)．”

JIS Q 27002:2014における責任追跡性はこの意味である．責任追跡性の用例が“9.4.3 パスワード管理システム”及び“12.4.3 実務管理者及び運用担当者の作業ログ”にみられる．

(b) JIS Q 27002:2014における“責任”

ISO/IEC 27002:2013の英文原文では，責任を意味する語として“accountability”及び“responsibility”が使われている．“responsibility”が一般的な責任であるのに対し“accountability”はそれを全うする行為を他者に行わせる場合でもなお自身に残る責任である．“6.1.1 情報セキュリティの役割及び責任”の実施の手引で，このことを次のように述べている．

“情報セキュリティの責任を割り当てられた個人は，情報セキュリティに関する職務を他者に委任してもよい．しかし，責任は依然としてその個人にあり，委任した職務がいずれも正しく実施されていることを，その個人が確認することが望ましい．”

この意味の“accountability/accountable”はこの例にみられるように，JIS Q 27002:2014では“責任”と訳している．誤解を招きがちな“説明責任”という訳を避けて“responsibility”との違いは文脈に委ねた訳語である．

(2)　実務管理者（administrator）

情報システムのアドミニストレータを JIS Q 27002:2014 では“実務管理者”としている．一般に“administrator”を“管理者”と訳す例が多いが，現規格では“manager”の訳語に管理者をあてている．

現規格では“12 運用のセキュリティ”に実務管理者の用例が多い．

(3)　契約相手（contractor）

“契約相手”という語は一般用語の印象もあるが，JIS Q 27002:2014 においては“contractor”の訳語である．この意味の契約相手とは，組織がその業務を契約によって委託する相手である．契約相手の例としてコンサルタント，弁護士など，組織が契約する個人があるほか，派遣社員（派遣労働者）も含まれる．

契約相手の用例は“7 人的資源のセキュリティ”及び“8 資産の管理”に多くみられる．実施を求める管理策で従業員と共通のものが多いため“従業員及び契約相手”のように従業員と併記する用例が多い．

組織にとって製品及びサービスの供給者は，取引関係の契約があっても，JIS Q 27002:2014 における契約相手ではない．同様に，顧客も契約相手とは呼ばない．

(4)　確実にする（ensure）

現規格では“確実にする”（ensure）の使用が多い．ISO/IEC 27002:2013 には，その指針において対策の実施を求めるほか，対策やその実施の確実性を高める施策を求めるという基本的な考え方がある．この意味の“ensure”を日常語としては馴染みが薄いとも思われるが，JIS Q 27002:2014 では“確実にする”と訳している．

(5)　マルウェア（malware）

ISO/IEC 27002:2013 の“malware”は JIS Q 27002:2014 では“マルウェア”としている．

この用語は ISO/IEC 17799:2005（JIS Q 27002:2006）（旧規格）では“malicious code”“悪意のあるコード”であったが，現規格では，その後一般的に定着した“malware”を採用している．

(6) 取扱いに慎重を要する（sensitive, sensitivity）

“取扱いに慎重を要する”はISO/IEC 27002:2013では“sensitive”である．また“取扱いに慎重を要する度合い”の英文原文は“sensitivity”である．

英文原文が一語であるのに対して複雑な訳であるが“sensitive”及び“sensitivity”に対して一般的に考えられる訳語の“敏感な”及び“敏感さ”とは，現規格の用例は意味が異なる．

第3章　ISO/IEC 27002（JIS Q 27002）の解説

0　序　　　文

次に示す序文（0.1～0.6）は，原国際規格で適用範囲の前に位置する“Introduction”であり，通常，規格の概要を記述する部分で規格の対象外となるが，ISO/IEC 27002:2013（JIS Q 27002:2014）（以下“現規格”という）では，規格の使用上重要な内容が含まれているため，よりわかりやすく解説する．

ISO/IEC 17799:2005（JIS Q 27002:2006）（以下“旧規格”という）では“0.2 情報セキュリティ要求事項”に次の内容が序文として記述されていた．

0.2.1　情報セキュリティとは何か

0.2.2　情報セキュリティはなぜ必要か

0.2.3　セキュリティ要求事項を確立する方法

0.2.4　セキュリティリスクアセスメント

0.2.5　管理策の選択

0.2.6　情報セキュリティの出発点

0.2.7　重要な成功要因

0.2.8　組織固有の指針の開発

本改正では，旧版にあった情報セキュリティに関する基本的な事項については，極力省略され，本改正の主眼となる管理策の実施のための規範に必要となる事前準備の知識を記載することとなっている．次の内容が“0 序文”で述べられている．

0.1　背景及び状況

0.2　情報セキュリティ要求事項

0.3　管理策の選定

0.4　組織固有の指針の策定

0.5　ライフサイクルに関する考慮事項

0.6　関連規格

それぞれの内容について以下に解説を示す．

0.1　背景及び状況

0.1　背景及び状況

この規格は，組織が，**JIS Q 27001**[10]に基づく情報セキュリティマネジメントシステム（以下，ISMSという．）を実施するプロセスにおいて，管理策を選定するための参考として用いる，又は一般に受け入れられている情報セキュリティ管理策を実施するための手引として用いることを意図している．また，この規格は，それぞれに固有の情報セキュリティリスクの環境を考慮に入れて，業界及び組織に固有の情報セキュリティマネジメントの指針を作成する場合に用いることも意図している．

形態及び規模を問わず，全ての組織（公共部門及び民間部門，並びに営利及び非営利を含む．）は，電子的形式，物理的形式及び口頭（例えば，会話，プレゼンテーション）を含む多くの形式で，情報を収集，処理，保存及び送信する．

情報には，書かれた言葉，数字及び画像そのものを上回る価値がある．知識，概念，アイデア及びブランドは，そのような無形の情報の例である．相互につながった世界では，情報も，情報に関連するプロセス，システム，ネットワーク並びにこれらの運営，取扱い及び保護に関与する要員も，他の重要な事業資産と同様，組織の事業にとって高い価値をもつ資産であり，様々な危険から保護するに値するものであり，又は保護する必要がある．

資産は，意図的及び偶発的な脅威の両方にさらされるが，関連するプロセス，システム，ネットワーク及び要員には内在的なぜい弱性がある．事業のプロセス及びシステムに対する変更，又はその他の外部の変更（新しい法令，規制など）によって，新たな情報セキュリティリスクが発生することもある．すなわち，脅威がぜい弱性を利用して，組織に害を及ぼす方法が無数にあることを考え合わせると，情報セキュリティリスクは常に存在する．有効な情報セキュリティは，脅威及びぜい弱性から組織を保護することで，これらのリスクを低減し，これによって，資産に対する影響を低減する．

情報セキュリティは，方針，プロセス，手順，組織構造，並びにソフトウェア及びハードウェアの機能を含む，一連の適切な管理策を実施することで達成される．これらの管理策は，組織固有のセキュリティ目的及び事業目的を満たすことを確実にするために，必要に応じて確立，実施，監視，レビュー及び改善をする必要がある．**JIS Q 27001**[10]に規定するISMSでは，一貫したマネジメントシステムの総合的な枠組みに基づいて，包括的な情報セキュリティ管理策集を実施するため，組織の情報セキュリティリスクを総体的に，関連付けて捉えている．

多くの情報システムは，**JIS Q 27001**[10]及びこの規格が意味するセキュリティを保つようには設計されてこなかった．技術的な手段によって達成できるセキュリティには限界があり，適切な管理及び手順によって支えることが望ましい．実施する管理策の特定には，綿密な計画及び細部にわたる注意が必要である．ISMSを成功させるには，その組織の全ての従業員がこれを支持する必要がある．株主，供給者又はその他の外部関係者の参加が必要な場合もある．また，外部関係者による助言が必要な場合もある．

一般的には，有効な情報セキュリティは，組織の資産が十分に安全であり，危害から保護されていることを経営陣及びその他の利害関係者に対して保証し，これによって事業を支えている．

0.1では，情報セキュリティマネジメントの本質を概観している．現規格の“1 適用範囲”で記述されていることを説明するだけでなく，情報やそれに関連するプロセス，システム，ネットワーク，要員などが組織における重要資産であること，それらの資産には意図的，偶発的な脅威や内在する脆弱性による情報セキュリティのリスクが存在すること，脅威や脆弱性から組織を保護し，リスクを低減することにより，資産に対するこれらの影響が低減できることを述べている．このために，情報セキュリティは，方針，プロセス，手順，組織構造，ハードウェア／ソフトウェアにおける一連の適切な管理策を実施することで達成できることを強調している．

さらに，実施される管理策は組織固有のセキュリティ目的及び事業目的を満たすために，その確立，実施，監視，レビュー及び改善が必要となる．例えば，リスクアセスメントの結果，組織における情報セキュリティ要求事項（0.2を参照）が明確になり，セキュリティ目的に“不正なアクセスを排除すること”があげられた場合，不正アクセスを検出し，それを排除するための管理策の立案（確立），及びその管理策（検知・排除メカニズム等）の導入（実施）を行うこととなる．さらに，本管理策が十分に機能しているかを評価するためには，不正アクセスのログ収集（監視）を行い，実際に不正アクセスを許容してしまった事例がないかを分析（レビュー）することが必要となる．その分析の結果，目的を達成するために十分な管理策ではないと評価されると，該当する管理策の改善（例えば，IDやパスワード試行数の制限の追加）を実施することが必要となる．新しい管理策の導入・追加については，上記と同様に，追加管理策の立案，実施が行われ，どのような効果があったのかを評価するための分析（レビュー）がなされる．さらなる改善が必要となることもある．“0 序文”では，組織における資産に関連するリスクに鑑み，管理策を導入・実施し，さらに，管理策のレビュー及び改善を継続的に実施していくことが情報セキュリティマネジメントの核となる考え方であることを述べている．

JIS Q 27001に規定されるISMSでは，現規格で提供する包括的な情報セキュリティ管理策を実施するために，一貫したマネジメントシステムの総合的な枠組みに基づいて，組織の情報セキュリティリスクを総体的に関連付けてとらえている．

また，実施する管理策の特定には，管理策のパフォーマンス評価などの事前評価結果などを勘案し，その管理策の導入に向けて綿密な計画及び細部にわたる注意が必要である．そのためには，漠然とした脅威を想定するのではなく，なるべく具体的に脅威を想定し，そのための影響を見積もるためのリスクアセスメントを実施することが肝要となる．

ISMSを成功させるには，当然のことではあるが，その組織のすべての従業員がこれを支持する必要がある．さらに，株主，供給者又はその他の外部関係者の参加が必要な場合もある．特に，近年発覚しているインシデントは新たな脆弱性や脅威に起因する場合が多いため，外部関係者（有識者）による助言が重要となる場合が多い．

0.2　情報セキュリティ要求事項

0.2　情報セキュリティ要求事項

組織が組織自体のセキュリティ要求事項を特定することは，極めて重要である．セキュリティ要求事項は，主に次の三つによって導き出せる．

a)　組織全体における事業戦略及び目的を考慮に入れた，組織に対するリスクアセスメント．リスクアセスメントによって資産に対する脅威を特定し，事故発生につながるぜい弱性及び事故の起こりやすさを評価し，潜在的な影響を推定する．

b)　組織，その取引相手，契約相手及びサービス提供者が満たさなければならない法的，規制及び契約上の要求事項，並びにその社会文化的環境．
c)　組織がその活動を支えるために策定した，情報の取扱い，処理，保存，伝達及び保管に関する一連の原則，目的及び事業上の要求事項．

管理策の実施に用いる資源は，管理策がなかった場合にセキュリティ問題から発生する可能性のある事業損害に対してバランスがとれている必要がある．リスクアセスメントの結果は，次のことを導き，決定することに役に立つ．
—　適切な管理活動
—　情報セキュリティリスクの管理の優先順位
—　これらのリスクから保護するために選定された管理策の実施の優先順位

情報セキュリティリスクマネジメントに関する手引が，**ISO/IEC 27005**[11]に示されている．この手引には，リスクアセスメント，リスク対応，リスク受容，リスクコミュニケーション，リスクの監視及びリスクのレビューに関する助言も含まれている．

0.2で述べられている情報セキュリティ要求事項は“a)組織が実施するリスクアセスメント，リスクアセスメントによる影響分析から導出される事項”“b)法令・規制などからくる事項”及び“c)組織の活動のための事業上の事項”により導かれる．

a)については，最も重要な導出要件であり，組織が直面する脅威や内在するぜい弱性をきちんと評価し，具体的に組織がどのようなリスクに瀕しており，その影響がどれだけあるかを認識することが必要となる．

b)については，法令・規制等に関連する要求事項（例えば，プライバシー及び個人情報の保護に関係する法令）のほか，組織との取引相手やサービス提供者（クラウドサービス提供者など）との契約上の要求事項が加味される．

c)については，組織自身の活動に関連する事業上の要求事項であり，事業上必要となるログ保全期間などの要求事項はこの例である．

管理策の実施に必要となる資源（システム，費用等）は，管理策を導入しなかった場合に発生する事業損害（情報漏えいのための保証金費用等）とバランスがとれていることがよいとされる．また，上記a)に関連するリスクアセスメントについては，資産の管理活動が適切になされているか，情報セキュリティリスクの管理の優先順位，及び選定される管理策の実施の優先順位の決定に役立つと述べている．

なお，リスクマネジメントに関する手引として，ISO/IEC 27005 が ISMS ファミリ規格に存在するが，現在，2016 年の完成に向けて改正中である．

0.3　管理策の選定

> **0.3　管理策の選定**
>
> 管理策は，この規格又は他の管理策集から選定することができ，また，固有の要求に合わせて新しい管理策を適切に設計することもできる．
>
> 管理策の選定は，リスク受容基準，リスク対応における選択肢，及び当該組織が採用している全般的なリスクマネジメントの取組みを基に下した組織的な判断に依存するものであり，また，全ての関連する国内外の法令及び規制にも従うことが望ましい．管理策の選定は，徹底した防御を実現するために，管理策が相互に作用し合う方法にも依存する．
>
> この規格に規定する管理策の幾つかは，情報セキュリティマネジメントのための指導原理と考えられ，ほとんどの組織に適用できる．管理策については，実施の手引とともに箇条 **5** 以降に更に詳しく示す．管理策の選定及びその他のリスク対応の選択肢についての情報は，**ISO/IEC 27005** [11] に示されている．

0.3 は管理策の選定に関するものであり，リスク受容基準などを含む，組織の全般的なリスクマネジメントの取組みに基づき，組織が管理策を選定するものである．情報セキュリティマネジメントにおいて，管理策は現規格又は他の管理策集から選定することができるとされており，また，固有の要求に合った新たな管理策を設計，実施することも許容されている．現規格で示される管理策はほとんどの組織で適用できるものではあるが，これらの管理策をすべて実施することが要求されているわけではない．

具体的な管理策については，本書の第 3 章で述べるが，管理策の選定とリスク対応の選択肢などについては，改正中の ISO/IEC 27005 に記述される．

0.4　組織固有の指針の策定

> **0.4　組織固有の指針の策定**
>
> この規格を，組織に固有の指針を策定するための出発点としてもよい．この規格に規定する管理策及び手引は，その全てが適用できるとは限らない．また，この規格には規定されていない管理策及び指針が必要なこともある．追加の指針又は管理策を含む文書を作成する場合，監査人及び取引相手による順守状況の確認を容易にするために，可能な場合，この規格の箇条との対比表を含めると便利なこともある．

現規格で示される管理策は，組織の事業内容，環境によって，すべてが適用できるとはいえない．また，組織によって実施するリスクアセスメントの結果，現規格に規定されていない管理策及び指針が必要になることもある．具体的には，リスクアセスメントの結果，不正な電子メールから誘発する標的型攻撃*1が重要な脅威として認識され，その対応が必要であることが決定された場合，現規格にはそのための直接的な管理策が存在しない．したがって，電子メールの扱いに関する追加的な管理策，及び標的型攻撃検知のための新たな管理策などの新規構築が必要になる．このような新たな（追加的な）管理策を導入する場合は，現規格に存在する箇条にどのように対応するのかを把握することも重要である．

0.5　ライフサイクルに関する考慮事項

> **0.5　ライフサイクルに関する考慮事項**
>
> 情報には，作成及び発生から，保存，処理，利用及び送信を経て，最終的な破棄又は陳腐化に至る，自然なライフサイクルがある．資産の価値及び資産に対するリスクは，資産の存続期間の間に変化することがあるが（例えば，企業の金融勘定の認可されていない開示又は盗難は，これらの情報が正式に公開された後には，その影響ははるかに小さくなる．），情報セキュリティには，ライフサイクルの全ての段階を通じて一定の重要性がある．
>
> 情報システムには，着想から，仕様の決定，設計，開発，試験，導入，利用，維持，最終的な運用終了，処分までのライフサイクルがある．これら全ての段階で情報セキュ

*1 標的型攻撃は，明確な意思と目的をもったものが特定のターゲット（標的）に対して行うサイバー攻撃の一種である．

> リティを考慮に入れることが望ましい．新たなシステムの開発及び既存のシステムの変更は，組織にとって，実際のインシデント，現在の情報セキュリティリスク及び予想される情報セキュリティリスクを考慮に入れて，セキュリティ管理策を更新及び改善する機会となる．

0.5では，情報及び情報システムにおけるライフサイクルに基づいて情報セキュリティを考慮することが望ましいと述べている．例えば，組織の情報がまだ公開されていないものと，すでに公開されているものでは，明らかにリスクが異なってくる．

また，情報システムの新たな開発や既存システムの変更などの状況においては，これまでの同種のシステムや既存システムのリスクだけではく，新たに想定される情報セキュリティリスクを十分に考慮し，管理策の更新，改善を実施することも重要となる．

0.6　関 連 規 格

> **0.6　関連規格**
>
> この規格は，多様な組織に一般的に適用される幅広い情報セキュリティ管理策に関する手引を示しているが，情報セキュリティの管理に関するプロセス全体におけるその他の側面については，他のISMSファミリ規格に補足の助言又は要求事項が示されている．
>
> ISMS及びファミリ規格の概要については，**ISO/IEC 27000**に示されている．**ISO/IEC 27000**[1]は，ISMSファミリ規格の用語を定義し，各規格の適用範囲及び目的を記載している．
>
> **注**[1]　ISMSファミリ規格の用語及び定義については，**JIS Q 27000**が制定されている．

0.6は現規格をより有効に活用するために，ISMSファミリ規格の用語及び概要が規定されているISO/IEC 27000の参照を推奨している．ただし，JIS Q 27000においては，ISO/IEC 27000の中から概要は除いて，ISMSファミリ規格の用語及び定義のみが規定されている．

1 適 用 範 囲

> **1 適用範囲**
>
> この規格は，組織の情報セキュリティリスクの環境を考慮に入れた管理策の選定，実施及び管理を含む，組織の情報セキュリティ標準及び情報セキュリティマネジメントの実践のための規範について規定する．
>
> この規格は，次の事項を意図する組織への適用を目的としている．
>
> **a)** **JIS Q 27001**[10]に基づくISMSを実施するプロセスで，管理策を選定する．
>
> **b)** 一般に受け入れられている情報セキュリティ管理策を実施する．
>
> **c)** 固有の情報セキュリティマネジメントの指針を作成する．
>
> **注記** この規格の対応国際規格及びその対応の程度を表す記号を，次に示す．
>
> **ISO/IEC 27002**:2013，Information technology—Security techniques—Code of practice for information security controls (IDT)
>
> なお，対応の程度を表す記号“IDT”は，**ISO/IEC Guide 21-1** に基づき，“一致している”ことを示す．

本改正で本箇条が変更されている．現規格の表題が“情報セキュリティマネジメントの実践のための規範”（Code of practice for information security management）から“情報セキュリティ管理策の実践のための規範”（Code of practice for information security controls）に変更されていることを受け，本適用範囲も“管理策”の実践に向けた規範に焦点を絞った適用範囲となっている．

特に，本改正において，適用範囲の中で次の3点の目的を明確にしている．

1点目は，ISO/IEC 27001に基づいたISMSの実施プロセスにおいて，管理策の選定の際に参照及び活用ができるようにすることを目的としている．

2点目では，すでに一般に受け入れられる情報セキュリティ管理策を実施するための具体的な手引として活用することを目的としている．

さらに，3点目では，管理策の規範に関する現規格に基づき，業界や組織に固有の情報セキュリティマネジメント指針を策定するために利用できることを目的としている．

なお，表題にある“実践のための規範”（code of practice）とは，もともと英国の慣習法に基づくもので，ガイドライン（～することが望ましい，“should”）と要求事項（～しなければならない，“shall”）との中間に位置付けられるもので“そうすることが一般的である”という内容を示している．

2　引用規格

> **2　引用規格**
> 次に掲げる規格は，この規格に引用されることによって，この規格の規定の一部を構成する．この引用規格は，その最新版（追補を含む．）を適用する．
> **JIS Q 27000**　情報技術―セキュリティ技術―情報セキュリティマネジメントシステム―用語
> **注記**　対応国際規格：**ISO/IEC 27000**，Information technology—Security techniques—Information security management systems—Overview and vocabulary（MOD）

現規格はISO/IEC 27000（JIS Q 27000）を引用規格としている．これは，必要な用語及び定義がISO/IEC 27000（JIS Q 27000）にあるためである．

引用規格をJIS Q 27000:2014とせず，発行年を付けないJIS Q 27000としている．この場合，JIS Q 27000の最新版を適用するので，JIS Q 27000が改正されたならば，引用規格の版が変わる．

JIS Q 27000:2014には，ISO/IEC 27000:2014の“0 序文”“1 適用規格”及び“2 用語及び定義”が含まれている．他方“3 Information security management systems”（3 情報セキュリティマネジメントシステム）及び“4 ISMS family of standards”（4 ISMSファミリ規格）はJIS Q 27000:2014に採録されていない．表題も英文原文の“Overview and vocabulary”に対してJIS Q 27000は“用語”としている．

3　用語及び定義

> **3　用語及び定義**
> この規格で用いる主な用語及び定義は，**JIS Q 27000**による．

現規格のISO/IEC 27002:2013は他のISO/IEC 27000ファミリ規格と同様，

用語及び定義はISO/IEC 27000に記述されたものを用いる．旧規格のISO/IEC 27002:2005とは異なり，現規格の中には用語及び定義をもっていない．

4　規格の構成

4　規格の構成

この規格は，情報セキュリティ管理策について，14の箇条で構成し，そこに，合計で35のカテゴリ及び114の管理策を規定している．

4.1　箇条の構成

管理策を定めた各箇条には，一つ以上のカテゴリがある．

この規格において，箇条の順序は，その重要度を示すものではない．状況に応じて，いずれかの箇条又は全ての箇条の管理策が重要となる可能性があり，このため，この規格を適用している組織は，適用できる管理策及びそれらの重要度を特定し，個々の業務プロセスへのそれぞれの適用を明確にすることが望ましい．

なお，この規格の全ての項目は，優先順に並んではいない．

4.2　管理策のカテゴリ

各管理策のカテゴリには，次の事項が含まれる．

a)　達成すべきことを記載した管理目的

b)　管理目的を達成するために適用できる一つ以上の管理策

管理策の記載は，次のように構成する．

管理策

管理目的を満たすための特定の管理策を規定する．

実施の手引

管理策を実施し，管理目的を満たすことを支持するためのより詳細な情報を提供する．手引は，必ずしも全ての状況において適していない又は十分でない可能性があり，組織の特定の管理策の要求事項を満たせない可能性がある．

関連情報

考慮が必要と思われる関連情報（法的な考慮事項，他の規格への参照など）を提供する．考慮が必要な更なる情報がない場合は，この部分は削除される．

本箇条では，この規格の中核をなす箇条5～箇条18までに共通の構成を説明している．箇条5～箇条18に“管理目的（目的）”“管理策”“実施の手引”及び“関連情報”が示されている．

ここで説明されている“カテゴリ”“管理目的（目的）”“管理策”“実施の手

引”及び“関連情報”の関係を箇条 7 を例に図 3.4.1 とともに説明する．

・“7 人的資源のセキュリティ”は一つの箇条である．

・箇条 7 の下に三つのカテゴリ 7.1，7.2 及び 7.3 がある．

・カテゴリごとに一つの管理目的（目的）がある．例えば，カテゴリ 7.1 に一つの管理目的がある．

・カテゴリ 7.1 の下に管理策を含む 7.1.1 及び 7.1.2 がある．

・管理策ごとに，その“実施の手引”及び“関連情報”の記述がある．ただし，関連情報はない場合もある．

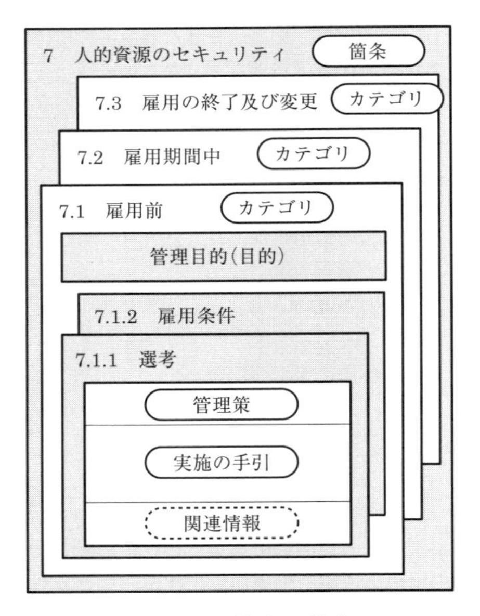

図 3.4.1　箇条の構成

・なお，旧規格からの改正によって用語“管理策”の定義が変わり，意味を継承しつつ，一層明確な定義が与えられた．管理策の定義については，本書の第 2 章の“2.16 管理策”を参照されたい．

5　情報セキュリティのための方針群

(1)　概　要

本箇条では，情報セキュリティのための方針群に関する管理目的及び管理策を定めている．

“方針”（policy）という用語は“トップマネジメントによって正式に表明された組織の意図及び方向付け”と定義されている（JIS Q 27000:2014）．したがって，情報セキュリティのための方針群は“情報セキュリティについて，トップマネジメントによって正式に表明された組織の意図及び方向付け”であり，当然，文書化されたものである．また“トップマネジメント”は“最高位で組織を指揮し，管理する個人又は人々の集まり”と定義されている（JIS Q 27000:2014）．現規格の各所で多く使われている“経営陣”はトップマネジメントと同義であるか，トップマネジメントを含むと考えられる．

本箇条のカテゴリは“5.1 情報セキュリティのための経営陣の方向性”の一つである．図 3.5.1 に示すとおり，本カテゴリには二つの管理策がある．

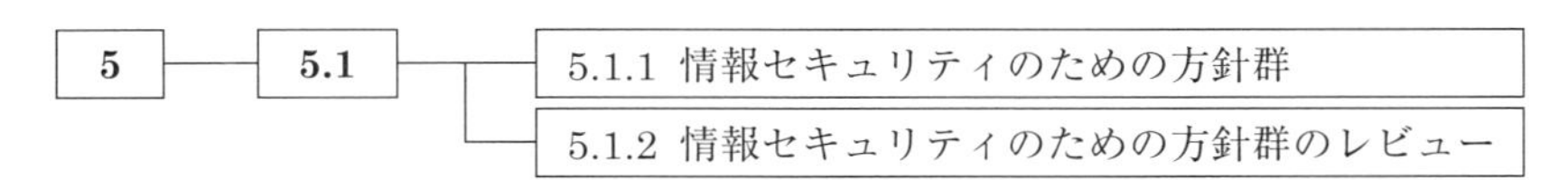

図 3.5.1　情報セキュリティのための方針群の管理策

(2)　旧規格からの変更点

旧規格では，本箇条の表題は“セキュリティ基本方針”であり，また，5.1 の表題は“情報セキュリティ基本方針”であった．

旧規格では，組織で作成する“情報セキュリティ基本方針”と呼ばれる一つの文書についての指針を示していた．これに対して現規格では，複数の文書からなる方針群を一般に想定している．

これらの相違については，後出の 5.1 及び 5.1.1 でさらに解説する．

5.1 情報セキュリティのための経営陣の方向性

> **5 情報セキュリティのための方針群**
>
> **5.1 情報セキュリティのための経営陣の方向性**
>
> **目的** 情報セキュリティのための経営陣の方向性及び支持を，事業上の要求事項並びに関連する法令及び規制に従って提示するため．

(1) 概 要

“経営陣の方向性及び支持”は英文原文では“management direction and support”であり“方向性”（direction）には，経営陣が意志をもって指示，あるいは指揮を執るという意味も込められている．

このような意味をもつ“情報セキュリティのための経営陣の方向性及び支持”は，その組織の事業上の要求事項に従うものである．

例えば，

① 組織が事業において顧客から預かる情報を漏洩・毀損等の事故のないように管理すること

② 組織がネットワークに依存する取引関係を維持するために信頼性の高い情報システム及び情報ネットワークを維持すること

③ 組織が情報技術に支えられたエネルギー供給・通信基盤・交通等の社会基盤を確実，かつ，継続的に供給すること

などの例は，組織の事業上の要求事項に直接に応えるものである．これらの情報セキュリティの施策について，経営陣が求める水準，投資や内部組織・責任のあり方についての方向性を情報セキュリティのための方針群を通して示すことが求められている．

本カテゴリに示された目的を達成するための具体的な方法として，情報セキュリティのための方針群について，その“定義，承認，発行及び通知”（5.1.1）並びに“レビュー”（5.1.2）に関する管理策を定めている．

(2)　旧規格からの変更点

本カテゴリは旧規格の5.1（情報セキュリティ基本方針）を継承している．現規格と旧規格のカテゴリと管理策を新旧対応表ISO/IEC TR 27023では表3.5.1のとおりに対応付けている．

表 3.5.1　現規格と旧規格のカテゴリと管理策の新旧対応表

現規格	旧規格
5.1　情報セキュリティのための経営陣の方向性	5.1　情報セキュリティ基本方針
5.1.1　情報セキュリティのための方針群	5.1.1　情報セキュリティ基本方針文書
5.1.2　情報セキュリティのための方針群のレビュー	5.1.2　情報セキュリティ基本方針のレビュー

本カテゴリの表題を現規格では，目的の記述に合致した“情報セキュリティのための経営陣の方向性”に変更している．情報セキュリティのための方針群をもつこと自体が目的ではなく，経営陣の方向性及び支持を提示することが目的であって，これを達成するための手段として情報セキュリティのための方針群があるという関係を表題においても明確にしている．

5.1.1　情報セキュリティのための方針群

管理策

情報セキュリティのための方針群は，これを定義し，管理層が承認し，発行し，従業員及び関連する外部関係者に通知することが望ましい．

注記　管理層には，経営陣及び管理者が含まれる．ただし，実務管理者（administrator）は除かれる．

実施の手引

組織は，方針群の最も高いレベルに，一つの情報セキュリティ方針を定めることが望ましい．この情報セキュリティ方針は，経営陣によって承認されるものであり，組織の情報セキュリティ目的の管理に対する取組みを示すものである．

情報セキュリティ方針は，次の事項によって生じる要求事項を取り扱うことが望ましい．

a)　事業戦略

b） 規制，法令及び契約
c） 現在の及び予想される情報セキュリティの脅威環境

情報セキュリティ方針には，次の事項に関する記載を含めることが望ましい．
a） 情報セキュリティに関する全ての活動の指針となる，情報セキュリティの定義，目的及び原則
b） 情報セキュリティマネジメントに関する一般的な責任及び特定の責任の，定められた役割への割当て
c） 逸脱及び例外を取り扱うプロセス

方針群のより低いレベルでは，情報セキュリティ方針は，トピック固有の個別方針によって支持されることが望ましい．このトピック固有の個別方針は，情報セキュリティ管理策の実施を更に求めるもので，一般に組織内の対象となる特定のグループの要求に対処するように，又は特定のトピックを対象とするように構成されている．
このような個別方針のトピックの例を，次に示す．
a） アクセス制御（箇条 **9** 参照）
b） 情報分類（及び取扱い）（**8.2** 参照）
c） 物理的及び環境的セキュリティ（箇条 **11** 参照）
d） 次のような，エンドユーザ関連のトピック
　1） 資産利用の許容範囲（**8.1.3** 参照）
　2） クリアデスク・クリアスクリーン（**11.2.9** 参照）
　3） 情報転送（**13.2.1** 参照）
　4） モバイル機器及びテレワーキング（**6.2** 参照）
　5） ソフトウェアのインストール及び使用の制限（**12.6.2** 参照）
e） バックアップ（**12.3** 参照）
f） 情報の転送（**13.2** 参照）
g） マルウェアからの保護（**12.2** 参照）
h） 技術的ぜい弱性の管理（**12.6.1** 参照）
i） 暗号による管理策（箇条 **10** 参照）
j） 通信のセキュリティ（箇条 **13** 参照）
k） プライバシー及び個人を特定できる情報（以下，PII という．）の保護（**18.1.4** 参照）
l） 供給者関係（箇条 **15** 参照）

これらの個別方針は，従業員及び関係する外部関係者にとって適切で，アクセス可能かつ理解可能な形式で伝達することが望ましい（例えば，**7.2.2** に示す，情報セキュリティの意識向上，教育及び訓練のプログラムに従う．）．

関連情報

情報セキュリティに関する内部方針の必要性は，組織によって異なる．内部方針は，期待される管理策のレベルを定め承認する者とその管理策を実施する者とが分離されている大規模で複雑な組織において，又は一つの方針が組織内の異なる人々若しくは異なる部門に適用される状況においては，特に有用である．情報セキュリティのための方針は，単一の“情報セキュリティ方針”文書として発行することも，互いに関連のある一連の個別文書として発行することもできる．

情報セキュリティのための方針群のいかなる方針も，組織外部に配布する場合，秘密情報が開示されないように注意することが望ましい．

組織によっては，これらの方針文書を指す場合に，“標準”，“指令”又は“規則”のような他の用語を用いている．

(1)　概　要

(a)　情報セキュリティのための方針群

管理策では，情報セキュリティのための方針群を定義し，管理層が承認し，発行し，従業員及び関連する外部関係者に通知することを求めている．ここでは，情報セキュリティのための方針群は一般に複数の方針からなることが想定されている．なお，管理策に付された注記はISO/IEC 27002:2013にはなく，JIS Q 27002:2014で追加されたものである．この点については後出する(c)も参照されたい．

(b)　情報セキュリティのための方針群の構成

管理策に記述された情報セキュリティのための方針群の構成を実施の手引で示している．情報セキュリティのための方針群は，一つの情報セキュリティ方針と，その下にトピックごとに定める一般に複数の個別方針からなる．

(i)　情報セキュリティ方針

最上位に一つの情報セキュリティ方針を定める．“経営陣の方向性及び支持を提示するため”という目的に応えて，実施の手引の前半では，この情報セキュリティ方針で取り扱う要求事項を示し，また，情報セキュリティ方針に含めることが望ましい事項を示している．

①　情報セキュリティの定義

“情報セキュリティの定義”を情報セキュリティ方針に含める．本規格における情報セキュリティの定義は，JIS Q 27000で規定されている（本書の第2章“2.33 情報セキュリティ”を参照）.

これに対し，この実施の手引で情報セキュリティ方針に含めることを求める情報セキュリティの定義は組織におけるその定義である．現規格における定義では，注記で“さらに，真正性，責任追跡性，否認防止及び信頼性のような特性を維持することを含めることもある”と規定しているため，これらの特性を組織における情報セキュリティに含めるか否かを明確にする．

また，情報，機器及び情報処理施設の可用性の維持は，情報セキュリティの施策にも，事業継続の施策にも位置付けることができる場合がある．組織で定めるこれらの位置付けを情報セキュリティの定義でも明確にすることが考えられる．

② 情報セキュリティの目的及び原則

“情報セキュリティの目的及び原則”も情報セキュリティ方針に含めるものとされている．組織の事業を支える情報セキュリティの目的を定めることによって，それを達成するための情報セキュリティの施策が定まる．

③ 情報セキュリティマネジメントに関する責任

さらに，情報セキュリティマネジメントに関する責任を定め，その役割への割り当てを定めることを求めている．現規格の“6.1.1 情報セキュリティの役割及び責任”で定める内容，又はこれを支える方針を情報セキュリティ方針に含めることが考えられる．

④ 逸脱及び例外を取り扱うプロセス

実施の手引では“逸脱及び例外を取り扱うプロセス”も情報セキュリティ方針に含めることが望ましいとしている．組織において，業務プロセスが情報セキュリティ方針群に合致せず，その規定とは異なるプロセスを取ることが期待される場合がある．規定と異なるプロセスを取ることの是非について，一貫した原則に基づいて判断をするために“逸脱及び例外を取り扱うプロセス”を情報セキュリティ方針で定めるものである．

情報セキュリティ方針では，このプロセスに関して“判断の原則”“判断の権限をもたせる組織又は者”及び“判断についての記録の作成と保存の原則”等を規定することが考えられる．

（ii）　個別方針

最上位の情報セキュリティ方針の下には，一般に複数のトピック固有の個別方針をもつ．実施の手引の後半にこのことが記述されており“アクセス制御”“情報分類”“物理的及び環境的セキュリティ”等の典型的なトピックも例示されている．

トピック固有の個別方針は現規格の中で“6 情報セキュリティのための組織”以降にも次の例がある．

①　モバイル機器の方針（6.2.1）

②　テレワーキングの方針（6.2.2）

③　アクセス制御方針（9.1.1）

④　ネットワーク及びネットワークサービスの利用に関する方針（9.1.2）

⑤　暗号による管理策の利用方針（10.1.1）

⑥　暗号鍵の利用，保護及び有効期間に関する方針（10.1.2）

⑦　クリアデスク・クリアスクリーン方針（11.2.9）

⑧　バックアップ方針（12.3.1）

⑨　情報転送の方針（13.2.1）

⑩　セキュリティに配慮した開発のための方針（14.2.1）

⑪　供給者関係のための情報セキュリティの方針（15.1.1）

⑫　知的財産権保護方針（18.1.2）

⑬　プライバシー及び PII（personally identifiable information）の保護に関する方針（18.1.4）

（c）　情報セキュリティのための方針群を承認する者

管理策において，情報セキュリティのための方針群を承認する者を“管理層”（management）としている．また ISO/IEC 27002:2013 にはないが，JIS Q 27002:2014 ではこの管理策に対する注記を加え，管理層には経営陣及び管理者が含まれるとしている．最上位の情報セキュリティ方針を承認する者は，一般に経営陣である．他方，個別方針については，これを承認する者が経営の立場にない管理者であってもよい．“アクセス制御方針”“バックアップ方針”など，個別方針の中には技術的事項を含むなどのために，必ずしも経営陣の承認を得ることに馴染まないものもあることに対応するものである．

情報セキュリティのための方針群については，従業員及び契約相手に順守を求める根拠を組織で明確にしておく必要がある．最上位の情報セキュリティ方針は経営陣が承認するため，その根拠は明らかである．これに対して，管理者が承認する個別方針については，例えば，最上位の情報セキュリティ方針において，下位の個別方針への委任を定めたり，個別方針の決定を管理者や部門の権限としたりすることなどによって，個別方針の効力の根拠を明確にすることが考えられる．

(d)　組織の状況に応じた方針群の構成

情報セキュリティのための方針群は，管理策及び実施の手引において，最上位の情報セキュリティ方針と複数の個別方針からなるものとして説明されている．ただし，関連情報に述べられているとおり，その構成は組織の状況にあわせて調整すべきものである．情報セキュリティのための方針群は単一の“情報セキュリティ方針”文書とすることも，互いに関連のある一連の個別文書とすることもできる．

特に，小規模な組織では，情報セキュリティのための方針群全体を一つの文書とすることも通常のこととして考えられる．

情報セキュリティのための方針群の構成は，組織の既存の規則と関係することもある．例えば，以前から存在する施設管理の規則に入退室管理の規則があり，あるいは文書管理規則に文書の機密性分類とラベル付けの規則があるなど，情報セキュリティに関する事項が含まれていることもある．このような場合には，情報セキュリティのための方針群を体系を異にする既存文書も含めて構成してもよい．

(2)　旧規格からの変更点

“5.1.1 情報セキュリティのための方針群”は旧規格の 5.1.1（情報セキュリティ基本方針文書）を継承し，拡張している．

(a)　情報セキュリティ方針の体系

旧規格では，5.1.1 で情報セキュリティ基本方針文書に関する管理策を定めていた．“情報セキュリティ基本方針”は，英文原文では，単数形の“information security policy”であった．これに対して現規格では，複数形の“情報セキュリティのための方針群”（policies for information security 又は information security policies）と単数形の“情報セキュリティ方針”（information security policy）とを区別している．旧規格の“情報セキュリティ基本方針”は，現規格では，多くの場合，上位に置く“情報セキュリティ方針”に引き継がれているとみることができる（図 3.5.2）．

現規格
ISO/IEC 27002:2013
情報セキュリティのための方針群

情報セキュリティ
基本方針文書

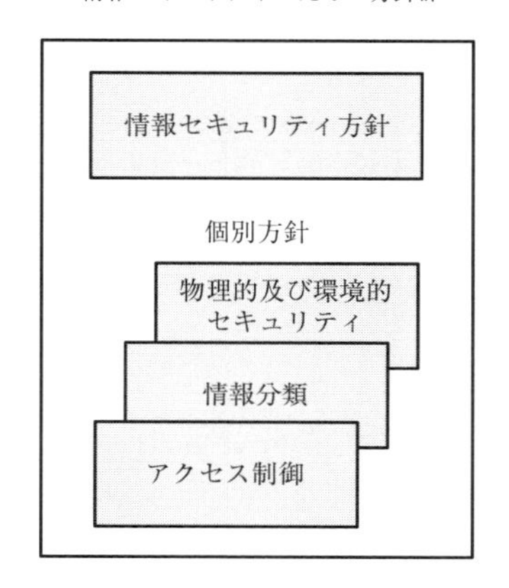

図 3.5.2　情報セキュリティのための方針群

(b)　JIS Q 27001:2014 における管理策の実施主体

JIS Q 27001:2006 では，5.1.1 の管理策は次のとおりであった．

“情報セキュリティ基本方針文書は，経営陣によって承認され，全従業員及び関連する外部関係者に公表し，通知することが望ましい.”

他方，JIS Q 27001:2014 では，5.1.1 の管理策は次のように変更された.

“情報セキュリティのための方針群は，これを定義し，管理層が承認し，発行し，従業員及び関連する外部関係者に通知することが望ましい.”

管理策の実施主体が旧規格では“経営陣”であるのに対し，現規格では“管理層”に変更されている. これは，前述のとおり，この管理策の実施者が経営陣に限るものではなく，下位の個別方針については現場の管理者である場合があることに対応したものである. 英文原文は旧規格の“経営陣”も現規格の“管理層”も同じ“management”である. 元来“management”には，管理層も含む広い意味があるため，英文原文ではこの用語は旧規格から変わっていない.

5.1.2　情報セキュリティのための方針群のレビュー

管理策

情報セキュリティのための方針群は，あらかじめ定めた間隔で，又は重大な変化が発生した場合に，それが引き続き適切，妥当かつ有効であることを確実にするためにレビューすることが望ましい.

実施の手引

各々の情報セキュリティのための方針には，その方針の作成，レビュー及び評価についての管理責任を与えられた責任者を置くことが望ましい. レビューには，組織環境，業務環境，法的状況又は技術環境の変化に応じた，組織の情報セキュリティのための方針群及び情報セキュリティの管理への取組みに関する，改善の機会の評価を含めることが望ましい.

情報セキュリティのための方針群のレビューでは，マネジメントレビューの結果を考慮することが望ましい.

改訂された情報セキュリティのための方針は，管理層から承認を得ることが望ましい.

(1)　概　要

(a)　レビューの必要性

“5.1.2 情報セキュリティのための方針群のレビュー”では，“5.1.1 情報セキュリティのための方針群”に基づき組織で定義し，承認した情報セキュリティのための方針群をレビューすることを求めている. 情報セキュリティのための方針群は，組織の内部及び外部の状況を考慮して定義している．組織の内部及び外部の状況には，例えば，事業内容，顧客，事業所の立地，組織において管理して取り扱う情報，当該情報の取扱いに関係する法令，情報システム，ネットワーク及び携帯機器等を活用する情報技術，外部における情報セキュリティに関する脅威等がある．これらの状況は時とともに変わりうるものであるため，情報セキュリティのための方針群は，あらかじめ定めた間隔で，又は重大な変化が発生した場合に，レビューし，必要に応じ更新することが求められる．重大な変化には次のような例がある．

① 事業所の移転
② 事業拡大と保有する情報の範囲拡大
③ 従来組織内で実施していた業務プロセスの社外クラウドなどの外部サービス利用への移行
④ 営業活動へのタブレット端末導入
⑤ 組織で保有する情報に対する，高度で継続的な攻撃（Advanced Persistent Threat 攻撃など）の出現

実施の手引で“レビューには，組織環境，業務環境，法的状況又は技術環境の変化に応じた，（中略），改善の機会の評価を含めることが望ましい．”としている．これは，レビューの内容について，次のことを求めるものである．

① 組織環境等のそれぞれの状況について，組織の情報セキュリティに関係する変化とその影響の大きさを認識すること
② それらの変化を念頭に置いて“情報セキュリティのための方針群及び情報セキュリティの管理への取組み”について改善の必要性を評価すること

レビューにおいて必要と判断した改善は，情報セキュリティのための方針群又は情報セキュリティ管理への取組みに反映することとなる．

(b)　改訂を承認する者

実施の手引において，改訂された情報セキュリティのための方針群は管理層の承認を得るものとしている．この管理層は5.1.1の注記のとおり，経営陣又は管理者である．

(2)　旧規格からの変更点

5.1.2 は旧規格の 5.1.2（情報セキュリティ基本方針のレビュー）が継承され，拡張されている．

5.1.1 では，旧規格の 5.1.1（情報セキュリティ基本方針文書）が現規格では“情報セキュリティのための方針群”に変更されている．この変更に合わせて，5.1.2 でも，レビューの対象を情報セキュリティのための方針群に変更している．

6　情報セキュリティのための組織

(1)　概　要

本箇条では，情報セキュリティのための組織についての管理目的及び管理策を定めている．

現規格は“情報セキュリティ管理策の実践の規範”であるが，想定する利用者の視点は情報セキュリティマネジメント（管理）である．現規格では，一般的に検討すべき技術的管理策を広く提示するとともに，それらの管理策を実施し，運用するためのマネジメントについても，基本的な事項を管理策として提示している．この箇条は“5 情報セキュリティのための方針群”及び“7 人的資源のセキュリティ”とともに，マネジメント（管理）についての指針を示す代表的な箇条である．

本箇条には“6.1 内部組織”及び“6.2 モバイル機器及びテレワーキング”の二つのカテゴリがある．また，図 3.6.1 に示すとおり，七つの管理策がある．

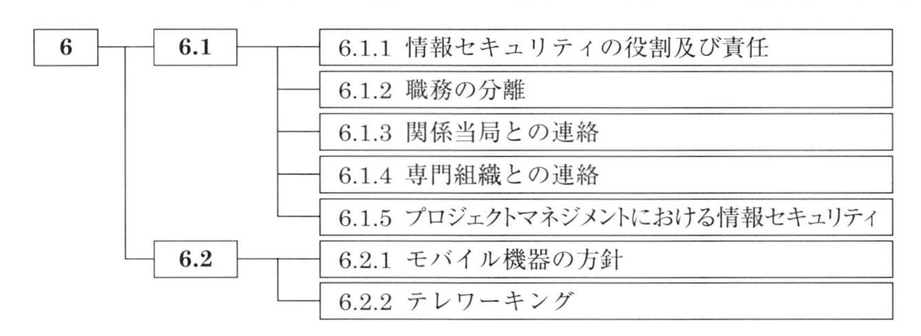

図 3.6.1　情報セキュリティのための組織の管理策

(2)　旧規格からの変更点

本箇条は旧規格も同じ表題（情報セキュリティのための組織）であった．

本箇条は，組織のマネジメントが及ぶ範囲で，情報セキュリティのための組織についての管理目的及び管理策を定めるものである．旧規格にあった 6.2（外部組織）は組織のマネジメントの外にあるため，現規格ではこの箇条から削除されている．ただし，その中でも，旧規格の 6.2.3（第三者との契約におけるセキュリティ）は，現規格では“15.1.2 供給者との合意におけるセキュリティの取扱い”として，新設された箇条15に置いている．また，旧規格で箇条11（アクセス制御）に置いていた11.7（モバイルコンピューティング及びテレワーキング）は，現規格では“6.2 モバイル機器及びテレワーキング”として就業に係る事項に位置付け，本箇条に移されている．

6.1　内部組織

> **6　情報セキュリティのための組織**
>
> **6.1　内部組織**
>
> **目的**　組織内で情報セキュリティの実施及び運用に着手し，これを統制するための管理上の枠組みを確立するため．

(1)　概　要

現規格において“組織”(organization)という語には次の二つの用法がある．

“1 適用範囲”に，この規格の適用について次の記述がある．“この規格は，次の事項を意図する組織への適用を目的としている．”この場合の“組織”は，規格の利用者が情報セキュリティの実施を想定している範囲全体である．“0.1 背景及び状況”に“すべての組織（公共部門及び民間部門，並びに営利及び非営利を含む.）は”と記述されているとおり，政府機関，地方公共団体，企業，特定非営利活動法人はこの意味の組織の例である．また，この規格の利用者が情報セキュリティの実施において想定している組織の範囲は，部門など，広義の組織の一部であってもよい．この規格における“組織”は多くは以上の意味で使われている．

他方，本箇条では，内部組織，あるいは組織の内部構造という意味で“組織”という語を用いる例が多くみられる．組織の内部構造を認識し，内部における情報セキュリティの役割及び責任を割り当てること（6.1.1）が，本箇条の重要な主題である．表題の“情報セキュリティのための組織”は，企業や部門等の意味での組織ではなく，その内部における役割及び責任の構成も認識された組織である．

なお，組織という語はISO/IEC 27000（JIS Q 27000）において次の定義が与えられている．現規格におけるこの語の用法は，上記のいずれも，この定義に合致するものである．

JIS Q 27000:2014

2.57
組織（organization）
自らの目的（**2.56**）を達成するため，責任，権限及び相互関係を伴う独自の機能をもつ，個人又は人々の集まり．

注記　組織という概念には，法人か否か，公的か私的かを問わず，自営業者，会社，法人，事務所，企業，当局，共同経営会社，非営利団体若しくは協会，又はこれらの一部若しくは組合せが含まれる．ただし，これらに限定されるものではない．

(2)　旧規格からの変更点

本カテゴリは旧規格の6.1（内部組織）から，中心となる管理策を継承している．現規格と旧規格のカテゴリと管理策を新旧対応表ISO/IEC TR 27023では表3.6.1のとおりに対応付けている．

旧規格の6.1.1（情報セキュリティに対する経営陣の責任）が現規格の“7.2.1 経営陣の責任”に対応付けられている．しかし，これらの管理策は異なるものであり，旧規格の6.1.1は削除されているとみるほうが正確である．旧規格の6.1.1は情報セキュリティ全般に関する経営陣の責任に関する管理策である．

他方，現規格の7.2.1にある“経営陣は，組織の確立された方針及び手順に従った情報セキュリティの適用を，すべての従業員及び契約相手に要求することが望ましい．”は，従業員及び契約相手との関係における管理策であり，旧規格の6.1.1とは場面が異なる．

さらに，旧規格の6.1.1における経営陣の“自らの関与の明示，責任の明確な割り当て及び承認を通じて”という重要な要素を現規格の7.2.1は含んでいない．なお，新旧対応表ISO/IEC TR 27023では，旧規格の8.2.1（経営陣の責任）も現規格の7.2.1に対応付けている．この対応付けは妥当である．

表 3.6.1　現規格と旧規格のカテゴリと管理策の新旧対応表

現規格	旧規格
6.1　内部組織	6.1　内部組織
7.2.1　経営陣の責任	6.1.1　情報セキュリティに対する経営陣の責任
—	6.1.2　情報セキュリティの調整
6.1.1　情報セキュリティの役割及び責任	6.1.3　情報セキュリティ責任の割当て 8.1.1　役割及び責任
6.1.2　職務の分離	10.1.3　職務の分割
—	6.1.4　情報処理設備の認可プロセス
13.2.4　秘密保持契約又は守秘義務契約	6.1.5　秘密保持契約
6.1.3　関係当局との連絡	6.1.6　関係当局との連絡
6.1.4　専門組織との連絡	6.1.7　専門組織との連絡
6.1.5　プロジェクトマネジメントにおける情報セキュリティ（新規）	—
18.2.1　情報セキュリティの独立したレビュー	6.1.8　情報セキュリティの独立したレビュー

また，現規格には，旧規格の6.1.2（情報セキュリティの調整）及び6.1.4（情報処理設備の認可プロセス）に相当する管理策がない．

その他の管理策の異同については，以降で解説する．

6.1.1　情報セキュリティの役割及び責任

管理策

全ての情報セキュリティの責任を定め，割り当てることが望ましい．

実施の手引

情報セキュリティの責任の割当ては，情報セキュリティのための方針群（**5.1.1** 参照）によって行うことが望ましい．個々の資産の保護に対する責任及び特定の情報セキュリティプロセスの実施に対する責任を定めることが望ましい．情報セキュリティのリスクマネジメント活動に関する責任，特に残留リスクの受容に関する責任を定めることが望ましい．必要な場合には，この責任を，個別のサイト及び情報処理施設に対する，より詳細な手引で補完することが望ましい．その場所の，資産の保護及び特定の情報セキュリティプロセスの実行に関する責任を定めることが望ましい．

情報セキュリティの責任を割り当てられた個人は，情報セキュリティに関する職務を他者に委任してもよい．しかし，責任は依然としてその個人にあり，委任した職務がいずれも正しく実施されていることを，その個人が確認することが望ましい．

個人が責任をもつ領域を規定することが望ましい．特に，次を実施することが望ましい．

a)　資産及び情報セキュリティプロセスの識別及び規定

b)　各資産又は情報セキュリティプロセスに対する責任主体の指定，及びその責任の詳細の文書化（**8.1.2** 参照）

c)　承認レベルの規定及び文書化

d)　情報セキュリティ分野における責任を果たせるようにするために，任命された個人が当該分野の力量をもつこと，及び最新の状況を把握するための機会が与えられること

e)　供給者関係における情報セキュリティの側面の調整及び管理に関する事項の特定及び文書化

関連情報

多くの組織では，情報セキュリティの開発及び実施に対して全般的な責任をもち，管理策の特定を支持するために，一人の情報セキュリティ管理者を任命する．

しかし，管理策の資源確保及び実施の責任は，多くの場合，個々の管理者にある．一般的には，各資産にそれぞれ一人の管理責任者を任命し，その者が日々のセキュリティ保護に責任をもつことが普通である．

(1)　概　要

管理策では，組織において，情報セキュリティに関する様々な責任を明らかにし，それぞれの責任を負う者を割り当てることを求めている．これを受けて，実施の手引の第１段落で，情報セキュリティの責任の割当ては，情報セキュリティのための方針群によって行うことを求めている．また，割り当てるべき責任として，情報セキュリティにおける次の責任をあげている．

①　資産の保護に対する責任

この規格において，資産とは，情報及び情報を取扱い格納する資産である．これらについて情報セキュリティの観点から保護する責任を定め，割り当てる．

②　情報セキュリティプロセスの実施に対する責任

情報セキュリティプロセスを明らかにし，それぞれのプロセスについ

て，実施の責任を人，あるいは役割に割り当てる．

③　情報セキュリティリスクマネジメント活動に関する責任

情報セキュリティリスクマネジメント自体はこの規格の範囲外にあるが，その責任は情報セキュリティに関する責任の重要な部分としてこれを定めて，割り当てることを求めている．

“残留リスクの受容に関する責任”は情報セキュリティと事業上の利益・利便性等を秤量して調整する．一般には事業上の経営判断であることに留意し，その役割をもつ者に割り当てる必要がある．

④　職務の委任

実施の手引の第2段落で責任を割り当てられた者が，その職務を他者に委任することについて述べている．これは，組織における一般的な職務の委任についての説明である．この管理策に従って情報セキュリティの責任を割り当てられた者がその職務を他者に実施させることはあるが，その場合にも，責任は移転しないことを確認する記述である．

(2)　旧規格からの変更点

“6.1.1 情報セキュリティの役割及び責任”は旧規格の6.1.3（情報セキュリティ責任の割当て）を継承している．さらに，旧規格の8.1.1（役割及び責任）の内容もここに併合している．旧規格の8.1.1は組織に関する管理策であったが，組織と従業員及び契約相手との関係についての指針である箇条8（人的資源のセキュリティ）の8.1（雇用前）に置かれていたために，8.1の目的との整合性に難があった．この点が今回の改正において整理され，組織における役割及び責任の指針として6.1.1に統合された．

6.1.2　職務の分離

管理策

相反する職務及び責任範囲は，組織の資産に対する，認可されていない若しくは意図しない変更又は不正使用の危険性を低減するために，分離することが望ましい．

実施の手引

認可されていない状態又は検知されない状態で，一人で資産に対してアクセス，修正又は使用ができないように注意することが望ましい．ある作業を始めることと，その作業を認可することとを分離することが望ましい．管理策の設計においては，共謀のおそれを考慮することが望ましい．

小さな組織では，職務の分離を実現するのは難しい場合がある．しかし，この原則は，実施可能な限り適用することが望ましい．分離が困難である場合には，他の管理策（例えば，活動の監視，監査証跡，管理層による監督）を考慮することが望ましい．

関連情報

職務の分離は，組織の資産の不注意又は故意による不正使用のリスクを低減する一つの手段である．

(1)　概　要

“6.1.1 情報セキュリティの役割及び責任”では，組織において，情報セキュリティに関する様々な責任を明らかにし，それぞれの責任を負う者に割り当てることを求めた．本管理策は，このとき，利益相反となりうる責任の割当てを避けるために職務を分離することを求めている．次のような職務の分離について，検討することが考えられる．

① 情報へのアクセスと，その情報へのアクセス権の付与

② 情報システムの開発と運用

③ 情報システムの操作（オペレーション）と，操作ログの取得

④ 情報システムによるサービスの提供とそのサービスに関する情報セキュリティ監査

⑤ 情報セキュリティ管理策の実施と，その状況の監査

ただし，職務の分離は，人的資源が限られているために現実には実施できないこともある．特に，小規模の組織ではこの悩みは大きい．実施の手引の第2段落では，そのような場合にも，職務の分離に代えて監視・監督等の管理策を検討すべきことを述べている．これらは，管理策にいう“認可されていない若しくは意図しない変更又は不正使用の危険性を低減するため”の施策である．

(2)　旧規格からの変更点

“6.1.2 職務の分離”は旧規格の 10.1.3（職務の分割）を継承し，一般化している．旧規格の 10.1.3 は箇条 10（通信及び運用管理）の下にあって，通信及び情報処理設備・情報システムの運用における指針であった．職務の分離は，

本来，この分野に限らず，組織の役割及び責任において広く考慮すべきことであるため，内容を一般化して“6 情報セキュリティのための組織”に置いたものである．

旧規格の“分割”と現規格の“分離”は，いずれも“segregation”の訳語であり，同じ意味である．

6.1.3　関係当局との連絡

管理策

関係当局との適切な連絡体制を維持することが望ましい．

実施の手引

組織は，いつ，誰が関係当局（例えば，法の執行機関，規制当局，監督官庁）に連絡するかの手順を備えることが望ましい．また，例えば，法が破られたと疑われる場合に，特定した情報セキュリティインシデントをいかにして時機を失せずに報告するかの手順を備えることが望ましい．

関連情報

インターネットからの攻撃下にある組織は，関係当局が攻撃元に対して対策をとることを必要とする場合もある．

そのような連絡体制を維持することは，情報セキュリティインシデント管理（箇条**16**参照），又は事業継続及び緊急時対応計画策定プロセス（箇条**17**参照）を支援するための要求事項である場合がある．規制当局との連絡は，組織が実施しなければならない法令又は規制の改正動向を事前に把握し，対応することにも役立つ．関係当局としての他の連絡先には，公益事業，緊急時サービス，電気事業，安全衛生などの事業者［例えば，消防署（事業継続に関連して），通信事業者（回線の経路設定及び可用性に関連して），水道事業者（装置の冷却用設備に関連して）］がある．

（1）　概　要

管理策では，情報セキュリティに関して，関係当局との連絡体制を組織内に設け，維持することを求めている．

関係当局との間で，次のような連絡を取ることが考えられる．

① 不正侵入による情報漏えい等の情報セキュリティインシデントへの対応のために，警察に報告する．

② 情報システムの稼働の前提として組織が利用する電気，水道，通信等の供給に不具合があった場合に，該当する事業者に連絡する．

③　電力，通信等の社会インフラを供給する組織が，安定した供給を阻害する情報セキュリティインシデントの発生について，監督官庁に報告する．

この管理策に基づいて設けた他組織との連絡体制を活用して“16 情報セキュリティインシデント管理”及び“17 事業継続マネジメントにおける情報セキュリティの側面”に関連する関係当局との連絡を行うことになる．

(2)　旧規格からの変更点

“6.1.3 関係当局との連絡”は旧規格の 6.1.6（関係当局との連絡）を継承している．

6.1.4　専門組織との連絡

管理策

情報セキュリティに関する研究会又は会議，及び情報セキュリティの専門家による協会・団体との適切な連絡体制を維持することが望ましい．

実施の手引

次の事項を達成する手段として，情報セキュリティに関する研究会又は会議への参加を考慮することが望ましい．

a) 最適な慣行に関する認識を改善し，関係するセキュリティ情報を最新に保つ．

b) 情報セキュリティ環境の理解が最新かつ完全であることを確実にする．

c) 攻撃及びぜい弱性に関連する早期警戒警報，勧告及びパッチを受理する．

d) 専門家から情報セキュリティの助言を得る．

e) 新しい技術，製品，脅威又はぜい弱性に関する情報を共用し，交換する．

f) 情報セキュリティインシデントを扱う場合の，適切な連絡窓口を提供する（箇条 **16** 参照）．

関連情報

セキュリティの課題に関する協力関係及び連携を向上するために，情報共有に関して合意を確立することもできる．このような合意では，秘密情報の保護に対する要求事項を特定することが望ましい．

---

(1)　概　要

管理策は，組織が情報セキュリティに関する最新の情報や助言を得るために，情報セキュリティに関する研究会又は会議，及び専門家協会・団体との連絡体制を維持することを求めている．

情報セキュリティインシデントへの対応を含む情報セキュリティ対策のため

に，専門家を組織にもつことができるとよいが，多くの組織にとって現実には難しい．必要な知識が適時に入手できるように，専門組織を委託等によって活用し，連絡体制を維持することが重要である．ぜい弱性情報及びマルウェア（ウィルス）についての最新情報も専門組織が公開している情報等から継続的に得る必要がある．

次の組織が情報セキュリティに関して公開している情報は，多くの組織で活用できる．

- 独立行政法人情報処理推進機構（IPA）
- JPCERT コーディネーションセンター（JPCERT/CC）
- 一般財団法人日本データ通信協会 テレコム・アイザック推進会議（T-ISAC-J）

(2)　旧規格からの変更点

“6.1.4 専門組織との連絡”は旧規格の 6.1.7（専門組織との連絡）を継承している．

6.1.5　プロジェクトマネジメントにおける情報セキュリティ

管理策

プロジェクトの種類にかかわらず，プロジェクトマネジメントにおいては，情報セキュリティに取り組むことが望ましい．

実施の手引

情報セキュリティリスクがプロジェクトの中で特定及び対処されることを確実にするために，情報セキュリティを組織のプロジェクトマネジメント手法に組み入れることが望ましい．これは，プロジェクトの特性にかかわらず，一般にあらゆるプロジェクトに適用される（例えば，中核事業プロセス，IT，施設管理，その他のサポートプロセスのためのプロジェクト）．用いるプロジェクトマネジメント手法では，次の事項を要求することが望ましい．

a)　情報セキュリティ目的をプロジェクトの目的に含める．

b)　必要な管理策を特定するため，プロジェクトの早い段階で情報セキュリティリスクアセスメントを実施する．

c)　適用するプロジェクトマネジメントの方法論の全ての局面において，情報セキュリティを含める．

全てのプロジェクトにおいて，情報セキュリティの組織への影響を明確にし，これを定期的にレビューすることが望ましい．プロジェクトマネジメント手法で定められた役割を明確にするため，情報セキュリティに関する責任を定め，割り当てることが望ましい．

(1)　概　要

本管理策では，組織がプロジェクトマネジメントにおいて情報セキュリティに取り組むことを求めている．この規格の中で，プロジェクトマネジメントに言及しているのは"6.1.5 プロジェクトマネジメントにおける情報セキュリティ"だけである．

"プロジェクト"という語は，現規格及び ISO/IEC 27000 では定義をされていないが，ISO 9000:2005（JIS Q 9000:2006）にある次の定義が参考になる(注記は省略している)．

JIS Q 9000:2006

3.4.3
プロジェクト（project）
開始日及び終了日をもち，調整され，管理された一連の活動からなり，時間，コスト及び資源の制約を含む特定の**要求事項**（**3.1.2**）に適合する目標を達成するために実施される特有の**プロセス**（**3.4.1**）．

組織においては多くの活動がこの意味のプロジェクトとして行われており，また，プロジェクトマネジメントが組織のマネジメントに定着している．そのため，情報セキュリティの施策がプロジェクトマネジメントに組み入れられ，それによって無理なく，確実に実施される状況を整えることが，効果的な情報セキュリティの定着にとって重要である．

定常的に存在する内部組織並びに役割及び責任に対して，プロジェクトは，機動的，かつ，組織横断的に設けられるものを指すことが多い．"6.1.1 情報セキュリティの役割及び責任"が定常的な内部組織を想定していると考えられるのに対して，6.1.5 の管理策は，横断的に設けられるプロジェクトにおいても情報セキュリティへの取組みが必要であることを確認するものである．

管理策で示している"プロジェクトマネジメントにおいて，情報セキュリティに取り組む"ことの内容を実施の手引の a)，b) 及び c) で示している．特に，プロジェクトにおける情報セキュリティ目的をプロジェクトの目的に含めること［a)］は，情報セキュリティをプロジェクトの実施に組み込むために重要である．

実施の手引の第2段落で“情報セキュリティに関する責任を定め，割り当てることが望ましい”としている．これは，プロジェクトにおいても“6.1.1 情報セキュリティの役割及び責任”の管理策の実施を求めたものである．

(2)　旧規格からの変更点

旧規格には，6.1.5 に対応するものがない．新しい管理策である．

6.2　モバイル機器及びテレワーキング

> **6.2　モバイル機器及びテレワーキング**
>
> **目的**　モバイル機器の利用及びテレワーキングに関するセキュリティを確実にするため．

(1)　概　要

本カテゴリでは，外出先，移動中や自宅など組織の外でモバイル機器を利用したり，組織の外から組織のネットワークに機器を接続してしたりして業務を行う場合を扱っている．モバイル機器の例に，ノート型 PC，スマートフォンを含むスマートデバイス及び携帯電話がある．テレワーキングの例に，在宅勤務，外出先からの接続がある．

これらの場面においては，組織の施設において機器を利用する場合とは異なり，建屋及び入退室管理等の物理的セキュリティのない環境であること，機器の紛失・盗難のおそれがあること，及び機器を本来の利用者以外の者に使われるおそれが高いことといったリスクがあり，固有の管理策が必要になる．

現規格と旧規格のカテゴリと管理策を新旧対応表 ISO/IEC TR 27023 では表 3.6.2 のとおりに対応付けている．

(2)　旧規格からの変更点

本カテゴリは旧規格の 11.7（モバイルコンピューティング及びテレワーキ

表 3.6.2　現規格と旧規格のカテゴリと管理策の新旧対応表

現規格	旧規格
6.2　モバイル機器及びテレワーキング	11.7　モバイルコンピューティング及びテレワーキング
6.2.1　モバイル機器の方針	11.7.1　モバイルのコンピューティング及び通信
6.2.2　テレワーキング	11.7.2　テレワーキング

ング）を継承している．旧規格では箇条 11（アクセス制御）にあったカテゴリである．モバイル機器やテレワーキングが組織で広範に使われるようになり，組織としての方針や対応がの重要性が増したことを反映して，現規格では“6 情報セキュリティのための組織”に置かれることとなった．

6.2.1　モバイル機器の方針

管理策

モバイル機器を用いることによって生じるリスクを管理するために，方針及びその方針を支援するセキュリティ対策を採用することが望ましい．

実施の手引

モバイル機器を用いる場合，業務情報が危険にさらされないことを確実にするために，特別な注意を払うことが望ましい．モバイル機器の方針は，保護されていない環境におけるモバイル機器を用いた作業のリスクを考慮に入れることが望ましい．

モバイル機器の方針では，次の事項を考慮することが望ましい．

a)　モバイル機器の登録
b)　物理的保護についての要求事項
c)　ソフトウェアのインストールの制限
d)　モバイル機器のソフトウェアのバージョン及びパッチ適用に対する要求事項
e)　情報サービスへの接続の制限
f)　アクセス制御
g)　暗号技術
h)　マルウェアからの保護
i)　遠隔操作による機器の無効化，データの消去又はロック
j)　バックアップ
k)　ウェブサービス及びウェブアプリケーションの使用

公共の場所，会議室，その他保護されていない場所でモバイル機器を用いるときは，

注意を払うことが望ましい．これらの機器に保管され，処理される情報について，認可されていないアクセス又は漏えいを防止するため，例えば，暗号技術の使用（箇条**10**参照），秘密認証情報の使用の強制（**9.2.4**参照）などの保護を実施することが望ましい．

モバイル機器は，また，盗難，特にどこか（例えば，自動車，他の輸送機関，ホテルの部屋，会議室，集会所）に置き忘れたときの盗難から，物理的に保護されることが望ましい．モバイル機器の盗難又は紛失の場合の対策のために，法規制，保険及び組織の他のセキュリティ要求事項を考慮した特定の手順を確立することが望ましい．重要度の高い，取扱いに慎重を要する又は影響の大きい業務情報が入っているモバイル機器は，無人の状態で放置しないほうがよい．可能な場合には，物理的に施錠するか，又はモバイル機器のセキュリティを確保するために特別な錠を用いることが望ましい．

この作業形態に起因する追加のリスク及び実施することが望ましい管理策についての意識向上のために，モバイル機器を用いる要員に対する教育・訓練を計画・準備することが望ましい．

モバイル機器の方針で，個人所有のモバイル機器の使用が許されている場合は，その方針及び関連するセキュリティ対策において，次の事項も考慮することが望ましい．

a） 機器の私的な使用と業務上の使用とを区別する．このような区別を可能とし，個人所有の機器に保存された業務データを保護するためのソフトウェアの使用も含む．

b） エンドユーザ合意書に利用者が署名した場合にだけ，業務情報にアクセスできるようにする．エンドユーザ合意書には，利用者の義務（物理的な保護，ソフトウェアの更新など）についての確認，業務データに対する所有権を主張しないこと，及び機器の盗難若しくは紛失があった場合又はサービス利用の認可が取り消された場合に組織が遠隔操作でデータを消去することへの合意を含む．この方針では，プライバシーに関する法令を考慮する必要がある．

関連情報

モバイル機器の無線接続は，ネットワーク接続の他のタイプと類似しているが，管理策を特定するときに考慮することが望ましい重要な違いがある．典型的な違いは，次のとおりである．

a） 幾つかの無線のセキュリティプロトコルは，完成度が低く弱点が知られている．

b） モバイル機器に蓄積した情報は，ネットワーク帯域が限られているか，計画したバックアップの時間にモバイル機器を接続していなかったことから，バックアップされていない場合がある．

一般に，モバイル機器は，固定機器と共通の機能をもっている（例えば，ネットワーク，インターネット接続，電子メール，ファイルの取扱い）．また，モバイル機器の情報セキュリティ管理策は一般に，固定機器で採用される管理策，及び組織の敷地外でモバイル機器を用いることから生じる脅威に対処するための管理策から構成される．

(1)　概　要

(a)　モバイル機器の方針

本管理策では，モバイル機器の利用について方針をもち，これを支援する対策を採用することを求めている.

この方針は“5.1.1 情報セキュリティのための方針群”の実施の手引に説明のある個別方針の一つである. この個別方針の策定にあたり，実施の手引を参考にすることができる.

(b)　機器ごとの機能の考慮

モバイル機器の方針で考慮する事項を実施の手引の中に列挙している. これらの中には，モバイル機器の種類によって対策が異なるものがあることに注意する必要がある. ノート型 PC，スマートデバイス，携帯電話では，情報セキュリティリスク及び対策となる手段が異なる. 例えば，次の点も考慮した方針とすることが重要である.

①　ソフトウェアのインストールの制限［c)］

スマートデバイスの場合，多くのアプリケーションが提供されており，モバイル端末の利用者がネットワークを通して入手できる状態にある. また，これらのアプリケーションが組織の求める水準で安全であるか，判断の材料に困ることもある. これらのことを考慮して，組織の業務の観点から，アプリケーションの利用可否についての指針又は規則をモバイル機器の方針で示すことを検討したい.

②　情報サービスへの接続の制限［e)］／ウェブサービス及びウェブアプリケーションの使用［k)］

モバイル機器の中でもスマートデバイスは，外部の情報サービスが利用しやすいという特徴がある. また，外部のストレージサービスやスケジュール管理サービスを使うことによって，モバイル機器の特徴を生かすことができる. 外部の情報サービスやアプリケーションについては，情報セキュリティリスクを評価し，これを勘案して使用の是非及び制限を方針に含め，実施する必要がある.

③　マルウェアからの保護［h)］

モバイル機器の種類及びオペレーティングシステムによって，マルウェアのリスクが異なる．現状ではマルウェアが少ない機器であっても，ある時に急に増える可能性もある．さらに，機器やオペレーティングシステムによってマルウェア対策のためのソフトウェア（アンチウィルスソフトウェア）が異なるなど対策が異なるため，利用者にそれぞれの対策を示すことが必要になる．

④　遠隔操作による機器の無効化，データの消去又はロック［i)］

機器によってこれらの機能を備えているものもあり，機器の紛失・盗難時の情報漏えい対策に利用できる．機能の有効性が通信及び電源の状態に依存すること等を勘案し，これらの機能の利用についての方針を定める．

これらはモバイル機器の新しい機能に関係している．“6.1.4 専門組織との連絡”の主旨を参考にして，公開されているガイドライン及び技術情報等を日ごろから参照し，把握することが重要である．

(c)　個人所有機器の扱い

実施の手引で述べている個人所有のモバイル機器の扱いも，その使用の可否及び使用する際の条件をモバイル機器の方針において示すべき事項である．個人所有機器は，機器自体及びその情報セキュリティ対策を組織で管理することについて限界がある．これによって生ずる情報セキュリティリスクへの対応が必要となる．情報セキュリティの観点とは別に，組織における就業の条件として個人所有の機器の使用について規則を定めていれば，それも前提となる．

(2)　旧規格からの変更点

“6.2.1 モバイル機器の方針”は旧規格の 11.7.1（モバイルのコンピューティング及び通信）を継承している．また，特にスマートデバイスを意識して，上述の(1)の(b)で解説した各項目を方針で考慮する事項として追加されている．

6.2.2　テレワーキング

管理策

テレワーキングの場所でアクセス，処理及び保存される情報を保護するために，方針及びその方針を支援するセキュリティ対策を実施することが望ましい.

実施の手引

テレワーキング活動を許可する組織は，テレワーキングを行う場合の条件及び制限を定めた方針を発行することが望ましい．法令が適用され，これによって認可されるとみなされる場合には，次の事項を考慮することが望ましい.

a) 建物及び周辺環境の物理的セキュリティを考慮に入れた，テレワーキングの場所の既存の物理的セキュリティ

b) 提案された物理的なテレワーキングの環境

c) 次を考慮した，通信のセキュリティに関する要求事項

— 組織の内部システムへの遠隔アクセスの必要性

— 通信回線からアクセスし，通信回線を通過する情報の取扱いに慎重を要する度合い

— 内部システムの取扱いに慎重を要する度合い

d) 個人所有の装置で情報を処理及び保管できないようにする仮想デスクトップへのアクセスの提供

e) 住環境を共有する者（例えば，家族，友人）による，情報又は資源への認可されていないアクセスの脅威

f) 家庭のネットワークの使用及び無線ネットワークサービスの設定に関する要求事項又は制限

g) 個人所有の装置の上で開発した知的財産の権利に関する論争を防ぐための方針及び手順

h) 個人所有の装置へのアクセス（装置のセキュリティ検証のためのもの，又は調査期間中に行うもの).

なお，このアクセスは，法令が禁じている場合がある.

i) 従業員又は外部の利用者が個人的に所有するワークステーション上のクライアントソフトウェアの使用許諾について，組織が責任をもつことになる場合の，ソフトウェアの使用許諾契約

j) マルウェアに対する保護及びファイアウォールの要件

考慮すべき指針及び取決めには，次の事項を含むことが望ましい.

a) 組織の管理下にない個人所有の装置の使用を許さない場合には，テレワーキング活動のための適切な装置及び保管用具の用意

b) 許可した作業，作業時間，保持してもよい情報の分類，並びにテレワーキングを行う者にアクセスを認可する内部システム及びサービスの定義

c) 安全な遠隔アクセス方法を含め，適切な通信装置の用意

d) 物理的セキュリティ

e) 家族及び訪問者による装置及び情報へのアクセスに関する規則及び手引

f)　ハードウェア及びソフトウェアのサポート及び保守の用意

g)　保険の用意

h)　バックアップ及び事業継続のための手順

i)　監査及びセキュリティの監視

j)　テレワーキングが終了したときの，権限及びアクセス権の失効並びに装置の返却

関連情報

テレワーキングとは，オフィス以外で行うあらゆる作業形態をいう．これには，“コンピュータ端末を用いた在宅勤務（telecommuting）”，“柔軟な作業場（flexible workplace）”，“遠隔作業”及び“仮想的な作業”の環境のような，従来とは異なる作業環境を含む．

(1)　概　要

本管理策では，テレワーキングについて方針をもち，これを支援する対策を実施することを求めている．

この方針も“5.1.1 情報セキュリティのための方針群”の実施の手引に説明のある個別方針の一つであり“6.1.1 情報セキュリティの役割及び責任”の実施の手引を参考にして策定することができる．

実施の手引で示されている事項は，テレワーキングにおいては，組織の事務所等の施設におけると同等の物理的セキュリティが存在しないこと，家族等の組織の要員以外の者が機器にアクセスしうること，組織のネットワークへの通信を必要とすること，及び個人所有の機器を使用する場合があることを考慮した対策が求められることが示されている．

個人所有の機器を業務に利用させる場面がある反面，組織によるその管理には限界があることから，実施の手引の g)及び h)を参考にしてこの管理策の適用を検討し，実施することが一層重要になっている．

(2)　旧規格からの変更点

“6.2.2テレワーキング”は旧規格の11.7.2(テレワーキング)を継承している．

実施の手引にある指針“個人所有の装置で情報を処理及び保管できないようにする仮想デスクトップへのアクセスの提供”［第1段落のd)］は，仮想デスクトップの実用化に対応して改正において追加された，情報漏えい防止に効果の高い対策である．

7　人的資源のセキュリティ

(1)　概　要

“人的資源”という用語は英文原文では“human resource security”が用いられている．現規格の本箇条では，対象を従業員及び契約相手としている．しかし，こういった用語を利用するときには，用語の指し示す範囲が国又は組織によって異なることに注意する必要がある．

我が国においては，組織と雇用契約に基づき就業規則を適用する者を従業員，業務契約を結ぶが就業規則を適用しない者を契約相手としている．本規格の従業員，契約相手もほぼ同様の定義であるので，このまま適用できると理解するのが現実的であろう．すなわち，就業規則が前提となるため“7.2.3 懲戒手続”は従業員だけに適用され，契約相手には適用しない．契約相手の場合には，問題行為を起こしたときには，契約解消や契約に基づく損害賠償等によって対処することに留意する必要がある．

本箇条において多用されている“雇用”という語は通常よりも広い意味で用いられている．雇用には，従業員の雇用のほか，派遣労働者の受入れのように雇用契約は結ばないが，組織の業務を行わせる場合も含んでいる．派遣労働者の受入れ終了は，本箇条における雇用の終了に該当する．組織内での従業員の異動の場合も，雇用契約は継続していても，異動前の職務の終了には本箇条の雇用の終了に関する指針（7.3）を，また，異動後の職務については異動前に本箇条の雇用前の指針（7.1）をそれぞれ該当する範囲で適用することになる（“7.3.1 雇用終了又は変更に関する責任”の実施の手引を参照）．

本箇条で述べる契約相手の例には，コンサルタント，弁護士など，組織が業務契約をする個人も含まれる．また，派遣労働者の場合，組織は人材派遣会社と契約を行うが，当該個人との間では委託内容に係る直接の契約はできない．この点で契約相手（contractor）という語を使用することに違和感もあるが，組織の懲戒手続が適用されないことから，現規格では契約相手に含めることが妥当であろう．

本箇条のカテゴリは“7.1 雇用前”“7.2 雇用期間中”及び“7.3 雇用の終了及び変更”の三つである．

本箇条は図3.7.1に示すとおり，三つのカテゴリと六つの管理策で構成されている．

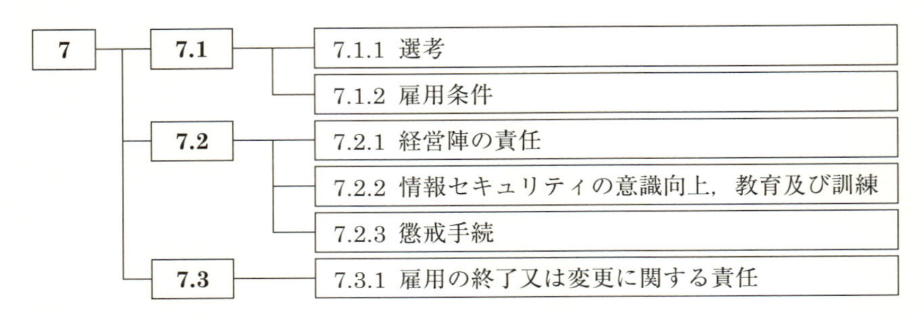

図3.7.1　人的資源のセキュリティの管理策

（2）　旧規格からの変更点

本箇条の表題及び構成するカテゴリごとの表題ともに旧規格のものと同じであり，内容も旧規格からの変更は少ない．

旧規格の箇条8（人的資源のセキュリティ）では，組織が人的資源として把握し，管理策の対象とする者は“従業員”“契約相手”及び“第三者の利用者”（third party users）の3類型であった．これに対して現規格では，本箇条“7 人的資源のセキュリティ”で対象とする者を“従業員”及び“契約相手”に限り，第三者の利用者を除外している．

これは，従業員及び契約相手は組織と契約関係があるが，第三者の利用者には組織の契約や管理に従わせることができないからである．例えば，第三者の利用者としては“組織への一般来訪者，組織が開設するウェブサイト（ネットバンキングなど）を利用する個人”が想定されていた．このような第三者の利用者には，組織の管理下にある従業員と同様な役割及び責任，並びに意識向上，教育及び訓練等の管理策を適用することは無理がある．このような理由から，今回の改正で，第三者の利用者は除外されているということに注意されたい．

なお，JIS Q 27002:2006 の箇条 8 では，ISO/IEC 17799:2005 にはない，異例な長さの注記が記されていた．これは，ISO/IEC 17799:2005 の箇条 8（人的資源のセキュリティ）で“employment”の概念が“第三者の利用者”（third party users）も対象に含むものであったため，訳語として“雇用”を用いることを説明したためである．現規格では，第三者の利用者が削除されたこともあり，この注記も削除されている．

旧規格及び現規格の“人的資源のセキュリティ”で対象とする者の範囲を表 3.7.1 に示す．

表 3.7.1　人的資源のセキュリティで対象とする者の範囲

	JIS Q 27002:2006 （ISO/IEC 17799:2005）	JIS Q 27002:2014 （ISO/IEC 27002:2013）
従業員 （employees）	○	○
契約相手 （contractors）	○	○
第三者の利用者 （third party users）	○	—

組織の情報セキュリティに何らかの影響を与える可能性のある人々との関係をテーマとするこの箇条において，そのような人々を，

① 従業員：組織と雇用関係にある者（短期・臨時・非常勤の場合も含む）

② 契約相手：組織と契約関係にある者及び組織と何らかの契約関係にある外部の組織に属している者で，組織が保有する情報にアクセスしたり施設に出入りしたりする者（例えば，個人のコンサルタントや人材派遣会社からの派遣労働者）[*1]

の二つとしている．旧規格における第三者の利用者（組織との契約などに基づかないが，何らかの目的で組織が保有する情報にアクセスしたり施設に出入り

[*1] 請負契約に基づく委託先の要員は現規格における契約相手には含めていない．委託先の要員に対して組織が直接に指揮命令をすることが禁止されているため，組織の情報セキュリティ対策を当該要員に直接に指示することはできない．委託先には，請負契約を通して情報セキュリティ対策を実施させることになる．

したりする者で，例えば，一般来訪者，物品納入者，ウェブサイトのアクセス者）については，旧規格とは異なり，現規格においては本箇条の対象外となっている．

7.1　雇　用　前

> **7　人的資源のセキュリティ**
>
> **7.1　雇用前**
>
> **目的**　従業員及び契約相手がその責任を理解し，求められている役割にふさわしいことを確実にするため．

(1)　概　要

本箇条では，人的資源のセキュリティに関する管理目的及び管理策を定めている．

組織においては，人的資源が必須であり，これがなければ組織が活動できない．そのため，どのような人材を従業員として雇用するか，また，契約相手として契約するかに組織の命運が懸っている．

従業員及び契約相手は組織の様々な情報にアクセスすることになる．すなわち，従業員や契約相手に対して様々な情報へのアクセス権の付与などが行われるため，雇用前には次の2点が重要となる．

①　十分な選考（スクリーニング）を行い，例えば，組織の秘密情報を不正利用する可能性のある人物を雇用しないようにすること

②　雇用後の情報セキュリティにおける責任を負うことについて承諾を得ること

管理策にはこれらについて述べられている．なお，本箇条では，従業員を雇用する場合だけでなく，契約相手と契約関係に入ることも雇用としてとらえている．また，関係の内容などが変わることを雇用の終了と新しい雇用の開始としている．

なお，情報セキュリティについては，例えば，

①　従業員及び契約相手がどのような責任をもつ立場なのか

② いつからどの情報を利用するようになるのか

③ 情報にアクセスして情報セキュリティ方針やその他の規則を厳守できるのか

などが重要となる．

(2) 旧規格からの変更点

本カテゴリは旧規格の8.1（雇用前）から中心となる管理策を継承している．現規格と旧規格のカテゴリと管理策を新旧対応表ISO/IEC TR 27023では表3.7.2のとおりに対応付けている．

表3.7.2　現規格と旧規格のカテゴリと管理策の新旧対応表

現規格	旧規格
7.1　雇用前	8.1　雇用前
7.1.1　選考	8.1.2　選考
7.1.2　雇用条件	8.1.3　雇用条件

本カテゴリの表題は，旧規格の8.1の表題から変わっていない．内容としては，旧規格では人的資源に第三者の利用者を含んでいたが，本箇条の解説の冒頭で述べたように，改正に際して，旧規格の第三者の利用者を除外している．

7.1.1　選考

管理策

全ての従業員候補者についての経歴などの確認は，関連する法令，規制及び倫理に従って行うことが望ましい．また，この確認は，事業上の要求事項，アクセスされる情報の分類及び認識されたリスクに応じて行うことが望ましい．

実施の手引

この確認は，関連があるプライバシー，PIIの保護及び雇用に関する法令の全てを考慮に入れ，許される場合には，次の事項を含むことが望ましい．

a) 満足のいく推薦状（例えば，業務についてのもの，人物についてのもの）の入手の可否

b) 応募者の履歴書の確認（完全であるか及び正確であるかの確認）

c) 提示された学術上及び職業上の資格の確認

d) 公的証明書（パスポート又は同種の文書）の確認

e) 信用情報又は犯罪記録のレビューのような，より詳細な確認

情報セキュリティに関する特定の役割のために雇用する場合，組織は，次の事項を確認することが望ましい.

a)　候補者が，情報セキュリティに関するその役割を果たすために必要な力量を備えている.

b)　特に，その役割が組織にとって重要なものである場合は，候補者が，その役割を任せられる信頼できる人物である.

最初の発令で就く業務であるか，昇進して就く業務であるかにかかわらず，情報処理施設にアクセスすることがその担当者にとって必要になる場合，特にそれらの設備が秘密情報（例えば，財務情報，極秘情報）を扱っているときには，組織は，より詳細な確認も検討することが望ましい.

手順には，確認のためのレビューの基準及び制約を定めることが望ましい（例えば，誰が選考するのか．また，この確認のためのレビューは，いつ，どのように，なぜ行うのか.）.

選考プロセスは，契約相手に対しても確実に実施することが望ましい．このような場合，組織と契約相手との間の合意では，選考の実施に関する責任，及びその選考が完了していないとき又はその結果に疑念若しくは懸念があるときに従う必要がある告知手順を定めることが望ましい.

組織内である職位に付けることを検討している全ての候補者についての情報は，当該法域での適切な法令に従って収集し，扱うことが望ましい．適用される法令によっては，選考活動について候補者へ，事前に通知することが望ましい.

(1)　概　要

本管理策では，従業員及び契約相手[*2]の選考における経歴などの確認に関する指針を示している．選考の管理策の実施の詳細については，国や地域によって異なる．欧米では，人種（移民を含む），性，宗教，障害などによって差別をすることができないことに重点が置かれた部分があることも留意されたい.

実施の手引では“最初の発令で就く業務であるか，昇進して就く業務であるかにかかわらず，情報処理施設にアクセスする”と述べており“7.1.1 選考”が新規の雇用のみならず，組織内において異動（昇進など）して，新たに秘密情報を扱う場合にも適用されることに注意されたい．候補者についての情報を

[*2] 管理策では対象とする者を従業員候補者としているが，ここでは雇用にあたっての候補者（candidates for employment）の意味であり，契約相手の選考にも適用される.

収集し，扱う場合は，当該法域での適切な法令に従うことが求められる．

なお，組織が直接に選考の手続を取ることができる場合（組織が従業員を雇用する場合，個人のコンサルタントを採用する場合など）とできない場合とがある．例えば，請負において当該請負業務に従事する者の選考は当該請負業者が行うが，請負業者は現規格における契約相手ではなく，この管理策も適用されない．委託元の組織で請負業務に従事する者の資格や能力に条件を課す場合には，その条件を請負契約に含めることになる（箇条 15 を参照）．

（2）　旧規格からの変更点

7.1.1 は旧規格の 8.1.2（選考）を継承しつつ，一部変更・拡充している．

現規格及び旧規格の管理策ともに“（選考の）確認は，事業上の要求事項，アクセスされる情報の分類及び認識されたリスクに応じて行われることが望ましい．”と述べられている．これは，雇用する候補者がアクセスする情報にかかわるリスクについて考慮することを示唆している．また，実施の手引には“情報セキュリティに関する特定の役割のために雇用する場合”として“a) 候補者が，情報セキュリティに関するその役割を果たすために必要な力量を備えている．”ことと“b)特に，その役割が組織にとって重要なものである場合は，候補者がその役割を任せられる信頼できる人物である．”ことを確認することを新たに追記して，具体的なものとしている．

なお，旧規格の実施の手引では“関連がある個人情報及び個人データの保護”となっていた．旧規格の“個人情報”は“privacy”の訳語であり 2006 年時点では“個人情報”が適切であった．2014 年時点では“プライバシー”が訳語として適切であると考えられる．また，個人データは新しい概念である PII（個人を特定できる情報，18.1.4 を参照）に置き換えられている．

7.1.2　雇用条件

管理策

従業員及び契約相手との雇用契約書には，情報セキュリティに関する各自の責任及び組織の責任を記載することが望ましい．

実施の手引

従業員又は契約相手の契約上の義務には，組織の情報セキュリティのための方針群を反映することが望ましい．さらに，次の事項を明確にし，言及することが望ましい．

a）秘密情報へのアクセスが与えられる全ての従業員及び契約相手による，情報処理施設へのアクセスが与えられる前の，秘密保持契約書又は守秘義務契約書への署名（**13.2.4** 参照）

b）従業員又は契約相手の法的な責任及び権利［例えば，著作権法，データ保護に関連して制定された法律（**18.1.2** 及び **18.1.4** 参照）に関するもの］

c）従業員又は契約相手によって扱われる情報の分類に関する責任，並びに従業員又は契約相手によって扱われる組織の情報，情報に関連するその他の資産，情報処理施設及び情報サービスの管理に関する責任（箇条 **8** 参照）*3

d）他社又は外部関係者から受け取った情報の扱いに関する従業員又は契約相手の責任

e）従業員又は契約相手が組織のセキュリティ要求事項に従わない場合にとる処置（**7.2.3** 参照）．

情報セキュリティに関する役割及び責任は，雇用前のプロセスにおいて候補者に伝えることが望ましい．

組織は，従業員及び契約相手が情報セキュリティに関する雇用条件に同意することを確実にすることが望ましい．この雇用条件は，情報システム及びサービスと関連する組織の資産に対する，従業員及び契約相手によるアクセスの特性及び範囲に応じて，適切であることが望ましい．

適切であれば，雇用の終了後も，定められた期間は，その雇用条件に含まれている責任を継続させることが望ましい（**7.3** 参照）．

関連情報

行動規範は，組織が期待する標準的な行動だけを定めるものではなく，機密性，データ保護，倫理，並びに組織の装置及び施設の適切な利用に関する，従業員又は契約相手の情報セキュリティの責任を定めるものとして用いてもよい．契約相手が属している外部組織は，その本人に代わって契約を求められる場合がある．

(1)　概　要

本管理策では，組織と従業員及び契約相手との契約書に情報セキュリティに関する双方の責任を記載すべきことを示している．具体的に契約書に記載する項目，内容，責任については，実施の手引に述べられている．また，組織は“従業員及び契約相手が情報セキュリティに関する雇用条件に同意することを

---

*3 ISO/IEC 27002:2013 に対して，2014 年 9 月 15 日に正誤票が公表されている．同じ修正が JIS Q 27002:2014 に対する正誤票として 2014 年 11 月 1 日に公表されている．7.1.2［c)］の記述はこの正誤票を反映したものである．

確実にすること”が求められる．

関連情報の最後の箇所に“契約相手が属している外部組織は，その本人に代わって契約を求められる場合がある”とあるが，我が国において人材派遣会社と契約して派遣労働者を受け入れる場合がこれに該当する．

(2)　旧規格からの変更点

7.1.2 は旧規格の 8.1.3 (雇用条件) を継承している．ただし，旧規格では従業員，契約相手及び第三者の利用者を主語にしていたのに対し，現規格では明示されていないが組織を主語として雇用契約書に関する管理策としている．

旧規格の 8.1.3 の実施の手引の a) ～d) 及び g) については継承されており，e) 及び f) については，内容が d) に含まれるとして“7.1.2 雇用条件”からは削除されている．

7.2　雇 用 期 間 中

7.2　雇用期間中

目的　従業員及び契約相手が，情報セキュリティの責任を認識し，かつ，その責任を遂行することを確実にするため．

(1)　概　要

選考の結果雇用された従業員及び契約相手が雇用の全期間において情報セキュリティの責任を認識し，遂行することが必要となる．

これを実現するために，本カテゴリに三つの管理策を置いて，従業員及び契約相手が組織の情報システムにアクセスしたり施設に出入りしたりする状況において，それらの人々が組織の情報セキュリティに好ましくない影響を与えることがないようにするために，組織が考慮すべき基本的な事項を取り上げている．

(2)　旧規格からの変更点

本カテゴリは旧規格の 8.2 (雇用期間中) から中心となる管理策を継承している．現規格と旧規格のカテゴリと管理策を新旧対応表 ISO/IEC TR 27023

表 3.7.3　現規格と旧規格のカテゴリと管理策の新旧対応表

現規格	旧規格
7.2　雇用期間中	8.2　雇用期間中
7.2.1　経営陣の責任	8.2.1　経営陣の責任 6.1.1　情報セキュリティに対する経営陣の責任
7.2.2　情報セキュリティの意識向上，教育及び訓練	8.2.2　情報セキュリティの意識向上，教育及び訓練
7.2.3　懲戒手続	8.2.3　懲戒手続

では表3.7.3のとおりに対応付けている．

“7.2 雇用期間中”の表題は旧規格の8.2から変わっていない．7.2の三つの管理策の表題も旧規格の管理策8.2.1，8.2.2及び8.2.3を継承している．

7.2.1　経営陣の責任

管理策

経営陣は，組織の確立された方針及び手順に従った情報セキュリティの適用を，全ての従業員及び契約相手に要求することが望ましい．

実施の手引

経営陣の責任には，従業員及び契約相手が，次の事項の実施を確実にすることを含むことが望ましい．

a)　秘密情報又は情報システムへのアクセスが許可される前に，情報セキュリティの役割及び責任について，要点が適切に伝えられる．

b)　組織内での役割において，情報セキュリティについて期待することを示すための指針が提供される．

c)　組織の情報セキュリティのための方針群に従うように動機付けられる．

d)　組織内における自らの役割及び責任に関連する情報セキュリティの認識について，一定の水準を達成する（**7.2.2** 参照）．

e)　組織の情報セキュリティ方針及び適切な仕事のやり方を含め，雇用条件に従う．

f)　適切な技能及び資格を保持し，定期的に教育を受ける．

g)　情報セキュリティのための方針群又は手順への違反を報告するための，匿名の報告経路が提供される（例えば，内部告発）．

経営陣は，情報セキュリティのための方針群，手順及び管理策に対する支持を実証し，手本となるように行動することが望ましい．

関連情報

> 従業員及び契約相手が情報セキュリティに関する責任を認識していないと，組織にかなりの損害をもたらしかねない．意識の高い要員は，より信頼でき，情報セキュリティインシデントを起こさない傾向がある．
> 不十分なマネジメントは，要員が評価されていないと感じる原因となり，その結果，組織に情報セキュリティ上好ましくない影響を与える場合がある．例えば，不十分なマネジメントは，情報セキュリティの軽視又は組織の資産の不正使用を誘発する場合がある．

(1)　概　要

本管理策では，経営陣が選考された組織の従業員及び契約相手に対して“組織の確立された方針及び手順に従った情報セキュリティの適用”を実施・遵守させる責任があることを述べている．従業員及び契約相手にそれぞれの役割と責任とがあることをあらかじめ伝え，また，同意を得ていても，それだけでは情報セキュリティの実効性に乏しいとして，動機付け［c)］，教育［f)］及び匿名の報告経路［g)］等について述べている．経営陣自らが，情報セキュリティの継続的なマネジメントを実施することにコミットメントすべきことがこの管理策の基礎にある．

さらに，経営陣の不十分なマネジメントは従業員や契約相手が“評価されていないと感じる”原因となって，情報セキュリティの方針群，手順及び管理策の適用実施が適切に行われずに手を抜くことになり，その結果“情報セキュリティの軽視又は組織の資産の不正使用を誘発する”ことにつながるかもしれないと警鐘している．

匿名の報告経路［g)］については，情報セキュリティの視点からの必要性に加えて，報告する従業員が不利益を被ることがないための保護や，このような制度の存在自体の周知など，組織の人事施策としての考慮も求められる．

関連して，実施の手引には明示されていないが，情報セキュリティの目的で行う電子メールのモニタリングや監視カメラによる記録等のモニタリングを行う場合には，従業員のプライバシー保護との調整について配慮が必要である．モニタリングの実施においては，目的・方法・範囲・記録保持期間等，及び従業員に対するこれらの明示又は説明等について検討し，実施する必要がある．

個人情報の保護に関する次のガイドラインにモニタリングについての指針が

示されており，参考になる．

- “個人情報の保護に関する法律についての経済産業分野を対象とするガイドライン”（平成26年12月12日，厚生労働省・経済産業省告示第4号）
- “雇用管理分野における個人情報保護に関するガイドライン”（平成24年5月14日，厚生労働省告示第三百五十七号）

従業員へのモニタリングと従業員のプライバシー保護の調整については，具体的な状況に応じて判断することも重要である．必要に応じて法律の専門家の意見を聞く，あるいは判例を参考にするということも考えたい．

(2)　旧規格からの変更点

“7.2.1 経営陣の責任”は旧規格の 8.2.1（経営陣の責任）をほとんど継承していて，内容もほぼそのまま受け継がれている．ただし，実施の手引に“g) 情報セキュリティのための方針群又は手順への違反を報告するための，匿名の報告経路が提供される”が追加されている．経営者がその実施を確実にすべき情報セキュリティマネジメントの重要な要件の一つであり，これによって，内部で情報セキュリティインシデント及び情報セキュリティに関係する不正行為が起きていることが通報されて，大きな問題になる前に対応できる．また，このような仕組みがあることが内部犯罪を防止する牽制にもなる．

7.2.2　情報セキュリティの意識向上，教育及び訓練

管理策

組織の全ての従業員，及び関係する場合には契約相手は，職務に関連する組織の方針及び手順についての，適切な，意識向上のための教育及び訓練を受け，また，定めに従ってその更新を受けることが望ましい．

実施の手引

情報セキュリティの意識向上プログラムは，従業員，及び関係する場合は契約相手に対し，情報セキュリティに関する各自の責任及びその責任を果たす方法について，認識させることを狙いとすることが望ましい．

情報セキュリティの意識向上プログラムは，保護すべき組織の情報及び情報を保護するために実施されている管理策を考慮に入れて，組織の情報セキュリティのための方針群及び関連する手順に沿って確立することが望ましい．意識向上プログラムには，キャンペーン（例えば，情報セキュリティの日），及びパンフレット又は会報の発行のような，複数の意識向上活動を含めることが望ましい．

意識向上プログラムは，組織における従業員の役割，及び関係する場合には契約相手の認識に対する組織の期待を考慮に入れて，計画することが望ましい．意識向上プログラムの活動は，長期にわたり，できれば定期的に計画されることが望ましい．これによって，活動が繰り返され，新しい従業員及び契約相手も対象となる．また，意識向上プログラムは，定期的に更新して組織の方針及び手順に沿うようにすることが望ましく，情報セキュリティインシデントから学んだ教訓が生かされるようにすることが望ましい．

意識向上のための訓練は，組織の情報セキュリティの意識向上プログラムで必要とされた場合に実施することが望ましい．意識向上のための訓練には，教室での訓練，通信教育，インターネットを利用した訓練，自己学習その他を含む，多様な手段を用いることができる．

情報セキュリティの教育及び訓練には，例えば，次のような一般的な側面も含めることが望ましい．

a)　組織全体にわたる情報セキュリティに対する経営陣のコミットメントの提示

b)　方針，規格，法令，規制，契約及び合意で定められた，適用される情報セキュリティの規則及び義務を熟知し，これを順守する必要性

c)　自身が行動したこと及び行動しなかったことに対する個人の責任，並びに組織及び外部関係者に属する情報のセキュリティを保つか，これを保護することに対する一般的な責任

d)　情報セキュリティに関する基本的な手順（例えば，情報セキュリティインシデントの報告）及び基本的な管理策（例えば，パスワードのセキュリティ，マルウェアの制御，クリアデスク）

e)　情報セキュリティに関連する事項についての追加的な情報及び助言（情報セキュリティの教育及び訓練に関する追加の資料も含む．）を得るための連絡先及び情報源

情報セキュリティの教育及び訓練は，定期的に実施することが望ましい．最初の教育及び訓練は，新入社員だけでなく，情報セキュリティに関する要求事項が大幅に異なる新たな職位又は役割に異動した者にも適用し，その役割が始まる前に実施することが望ましい．

組織は，教育及び訓練を効果的に実施するためのプログラムを開発することが望ましい．このプログラムは，保護する必要のある組織の情報及び情報を保護するために実施されている管理策を考慮に入れ，組織の情報セキュリティのための方針群及び関連手順に沿っていることが望ましい．このプログラムでは，講義又は自己学習のように，多様な教育及び訓練の形式を考慮することが望ましい．

関連情報

意識向上プログラムを組み立てる場合，“何を”及び“どのように”だけでなく，“な

ぜ”も重要となる．従業員が，情報セキュリティの狙い，並びに自らの行動が組織に及ぼす肯定的及び否定的な潜在的影響について，理解することが重要である．

意識向上，教育及び訓練は，一般的なIT又はセキュリティに関する訓練のような他の訓練活動の一部とするか，又はこれらの訓練とともに実施することができる．意識向上，教育及び訓練の活動は，その個人の役割，責任及び技能に適したものであり，関連したものであることが望ましい．

知識が伝わったことを確認するため，意識向上，教育及び訓練の課程終了時に，従業員の理解の評価を行ってもよい．

(1)　概　要

本管理策では“7.2.1 経営陣の責任”の実施の手引の d）“組織内における自らの役割及び責任に関連する情報セキュリティの認識について，一定の水準を達成する”を実現するための具体的な方策を示している．実施の手引の前半は意識向上についての解説しており，後半が教育及び訓練についての解説となっている．特に，知識や技術についての教育は意識向上と明確に区別していることに注意されたい．そのうえで，組織の従業員及び契約相手は，情報セキュリティの意識向上のための教育及び訓練を受け，その更新を受けるべきことを明確に述べている．次に，教育及び訓練の実施の頻度や対象者，そのプログラムの組立てについて述べている．

従業員が情報セキュリティについて理解を深めるためには，自らの行動が組織に及ぼす肯定的及び否定的な影響についてまで理解させることが重要であり，このためには“意識向上プログラムを組み立てる場合，‘何を’及び‘どのように’だけでなく‘なぜ’も重要となる”と述べている．本箇条では，このような教育及び訓練の具体的な進め方に言及し，情報セキュリティの意識向上，教育及び訓練の重要性を強く訴えている．

情報セキュリティの意識向上，教育及び訓練は“5.1.1 情報セキュリティのための方針群”において“情報セキュリティ方針文書に記述する事項の一つ”とされているように，組織にとって軽視できない事柄である．

なお，意識向上，教育及び訓練については，関連する他の管理策においても次のように具体的に述べられている．

① 6.2.1　モバイル機器の方針

この作業形態に起因する追加のリスク及び実施することが望ましい管理策についての意識向上のために，モバイル機器を用いる要員に対する教育及び訓練を計画・準備することが望ましい

② 12.2.1　マルウェア

h）システムにおけるマルウェアからの保護，保護策の利用方法に関する訓練

③ 12.5.1　運用システムに関わるソフトウェアの導入

運用ソフトウェア，アプリケーション及びプログラムライブラリの更新は，適切な管理層の認可に基づき，訓練された実務管理者だけが実施

④ 14.2.1　セキュリティに配慮した開発のための方針

開発者は，これらの標準類の使用及び試験について訓練を受けることが望ましい

⑤ 15.1.1　供給者関係のための情報セキュリティの方針

j）調達に関与する組織の要員を対象とした，適用される方針，プロセス及び手順についての意識向上訓練，k）供給者の要員とやり取りする組織の要員を対象とした，関与及び行動に関する適切な規則についての意識向上訓練

⑥ 15.1.2　供給者との合意におけるセキュリティの取扱い

i）インシデント対応手順，認可手順などの，特定の手順及び情報セキュリティ要求事項についての訓練及び意識向上に関する要求事項

⑦ 16.1.6　情報セキュリティインシデントからの学習

実際に発生した情報セキュリティインシデントを発生しうるインシデントの事例，こうしたインシデントへの対応方法の事例，及び以後これらを回避するための方法の事例として，利用者の意識向上訓練において用いることができる

このように，教育及び訓練については多くの管理策の中で，具体的な教育内容，訓練内容が示されているので，個々の管理策や実施の手引や関連情報と組

み合わせて用いることが望ましい．

(2)　旧規格からの変更点

7.2.2 は旧規格の 8.2.2（情報セキュリティの意識向上，教育及び訓練）をほとんど継承している．さらに，旧規格では 1/3 ページほどであった記述が現規格では 1 ページを超えるものとなっており，特に，実施の手引が拡充されている．

現規格の実施の手引では，意識向上プログラムについて具体的に“キャンペーン（例えば，情報セキュリティの日）及びパンフレット又は会報の発行”のような具体的な意識向上活動が述べられている．また“情報セキュリティの教育及び訓練には，一般的な側面も含めることが望ましい”として“a)経営陣のコミットメント”から“e)追加的な情報及び助言を得るための連絡先及び情報源”について述べられている．

さらに，教育及び訓練について“一般的な IT 又はセキュリティに関する訓練のような他の訓練活動の一部とするか，又はこれらの訓練とともに実施することができる”と具体的な実施方法が述べられており“意識向上，教育及び訓練の課程終了時に，従業員の理解の評価を行ってもよい”と理解度の評価にまで言及しているところが新しい．特に“7.2.2 情報セキュリティの意識向上，教育及び訓練”を利用する場合には，新たに追加された内容に留意されたい．

7.2.3　懲戒手続

管理策

情報セキュリティ違反を犯した従業員に対して処置をとるための，正式かつ周知された懲戒手続を備えることが望ましい．

実施の手引

懲戒手続は，情報セキュリティ違反が生じたことの事前の確認を待って開始することが望ましい（**16.1.7** 参照）．

正式な懲戒手続は，情報セキュリティ違反を犯したという疑いがかけられた従業員に対する正確かつ公平な取扱いを確実にすることが望ましい．正式な懲戒手続は，例えば，次のような要素を考慮した段階別の対応を定めることが望ましい．

―　違反の内容及び重大さ並びにその業務上の影響

―　最初の違反か又は繰り返されたものか

—　違反者は，適切に教育・訓練されていたかどうか
—　関連する法令
—　取引契約
—　その他の必要な要素

懲戒手続を，従業員が情報セキュリティ違反を起こすことを防ぐための抑止力として使うことも望ましい．ここでいう情報セキュリティ違反とは，従業員による組織の情報セキュリティのための方針群及び手順への違反並びに他の全ての情報セキュリティ違反を指す．意図的な違反には，緊急の処置が求められる場合がある．

関連情報

情報セキュリティに関する優れた行動に対して肯定的な手続きを定めておけば，懲戒手続が奨励策となる場合もある．

(1)　概　要

本管理策は本箇条の他の管理策とは異なり，組織の従業員のみに適用できる．懲戒は就業規則に基づくものであって，派遣労働者や個人で契約するコンサルタントなどの契約相手には適用できない．

本管理策では，組織の従業員については，業務にかかわる情報セキュリティについて，各人の役割・責任を明確にしたことの当然の帰結として，違反行為には正式な懲戒手続が伴うことを周知することを求めている．これは，懲戒手続が情報セキュリティ違反への抑止力としても期待されるからである．

懲戒手続はそれが“疑いがかけられた従業員に対する正確，かつ，公平な取扱いを確実にする”（実施の手引）ものであることが必要であり“7.1.2 雇用条件”の e) で取り上げているように“組織のセキュリティ要求事項に従わない場合にとる処置”があらかじめ示されていることや，参照されている“16.1.7 証拠の収集”の実施の手引の冒頭で取り上げているように“懲戒処置及び法的処置のために証拠を取り扱う場合は，内部の手順を定めてそれに従う”ことが推奨されていることに留意されたい．

(2)　旧規格からの変更点

7.2.3 は旧規格の 8.2.3（懲戒手続）をほとんど継承していて，内容もほぼ，そのまま受け継がれている．旧規格では“懲戒手続を，従業員が情報セキュリ

ティ違反を起こすことを防ぐための抑止力として使うことも望ましい”が関連情報に述べられていた．現規格では，この内容を実施の手引に移し，関連情報には“情報セキュリティに関する優れた行動に対して肯定的な手続を定めておけば，懲戒手続が奨励策となる場合もある．”と述べられている．これは懲戒手続を罰則の位置付けだけにするのではなく，優れた行動につながる誘因とすることを奨励するものである．

7.3　雇用の終了及び変更

7.3　雇用の終了及び変更

目的　雇用の終了又は変更のプロセスの一部として，組織の利益を保護するため．

(1)　概　要

本カテゴリには，その下に一つの管理策が記述されているだけである．ここでは，従業員が退職したり，組織が従業員を解雇したりするとき，また，契約などの終了の結果，組織と関連があった人々との関係も消滅するときに，それらの人々が組織の情報セキュリティに好ましくない影響を与えることがないようにするために組織が考慮すべき基本的な事項を取り上げている．

本箇条では，異動などによって組織と人々との関係の内容などが変わることを元の関係からの離脱（雇用の終了）と新しい関係の開始（雇用）との組合せとしてとらえていることに留意されたい．

(2)　旧規格からの変更点

本カテゴリは旧規格の8.3（雇用の終了又は変更）から，中心となる管理策を継承している．現規格と旧規格のカテゴリと管理策を新旧対応表ISO/IEC TR 27023では表3.7.4のとおりに対応付けている．

旧規格では，本カテゴリに三つの管理策を置いていた．8.3.1（雇用の終了又は変更に関する責任），8.3.2（資産の返却）及び8.3.3（アクセス権の削除）である．

現規格では，旧規格の8.3.1が7.3.1に引き継がれている．一方，資産の返

表 3.7.4　現規格と旧規格のカテゴリと管理策の新旧対応表

現規格	旧規格
7.3　雇用の終了及び変更	8.3　雇用の終了又は変更
7.3.1　雇用の終了又は変更に関する責任	8.3.1　雇用の終了又は変更に関する責任

却については 7.3.1 ではなく“8.1.4 資産の返却”に述べられている．同様に，アクセス権の削除については“9.2.6 アクセス権の削除又は修正”に述べられている．

これらの管理策を雇用の終了以外の場面にも適用するために移されたものであるが，雇用の終了時には必須の内容なので必ず参照してほしい．

管理策については，旧規格では“責任”のみが追及されていたが，現規格では“責任及び義務”となっていることに留意されたい．

7.3.1　雇用の終了又は変更に関する責任

管理策

雇用の終了又は変更の後もなお有効な情報セキュリティに関する責任及び義務を定め，その従業員又は契約相手に伝達し，かつ，遂行させることが望ましい．

実施の手引

雇用の終了に関する責任の伝達には，実施中の情報セキュリティ要求事項及び法的責任，並びに適切であれば，従業員又は契約相手の，雇用の終了以降の一定期間継続する，秘密保持契約（**13.2.4** 参照）及び雇用条件（**7.1.2** 参照）に規定された責任を含むことが望ましい．

雇用の終了後も引き続き有効な責任及び義務は，従業員又は契約相手の雇用条件（**7.1.2** 参照）に含めることが望ましい．

責任又は雇用の変更は，現在の責任又は雇用の終了と新しい責任又は雇用の開始との組み合わせとして管理することが望ましい．

関連情報

人事管理部門は，一般に雇用の終了手続全体に責任をもち，退職する者を監督していた部門の責任者とともに，関連する手順の情報セキュリティに関する事項の管理を担当する．外部関係者を通して雇用した契約相手の場合，この終了手続は，組織と外部関係者との間の契約に従って外部関係者が引き受ける．

人事上及び業務上の取決めの変更を従業員，顧客又は契約相手に知らせることが必要な場合がある．

(1)　概　要

“7.3.1 雇用の終了又は変更に関する責任”では，表題が“雇用の終了又は変更に関する責任”となっている．これは，組織は契約の終了や雇用関係の変化などによって，組織と従業員との雇用関係が消滅したことを把握する責任があることを主体としている．また，従業員にとっても雇用の終了後に守らなければならない義務が発生することについても述べられていることに留意を要する．

組織にとっては“雇用の終了”に伴って，貸与している資産（例えば，PC）を返却させるとともに，雇用や契約に伴って付与されたアクセス（例えば，施設への立ち入り，情報システムの ID やデータなどへのアクセス権限）を消滅させるなどの責任がある．この責任は組織の人事部門が担うだけでなく，例えば，当該者が所属している業務部署などが分担しければならないことに留意する必要がある．また，業務を外部の組織に契約で委託した場合には，その担当部署などが分担しなければならない．

なお“責任及び義務を定め伝達し，遂行させる”と述べられており，組織は，例えば，退職者や異動者に退職・異動時及び退職・異動後にも秘密保持契約などの一定の義務が残ることを伝え，万が一，問題行動等が判明した場合には本人に連絡するなどの処置が必要になりうる．

(2)　旧規格からの変更点

7.3.1 は旧規格の 8.3.1（雇用の終了又は変更に関する責任）をほとんど継承していて，内容が拡充されている．旧規格では“雇用の終了又は変更の実施に関する責任”となっていたが，現規格では，義務が追加されて“雇用の終了又は変更の実施に関する責任及び義務”となっている．さらに，旧規格では，実施の手引に述べられていた“雇用の終了に関する責任の伝達”が現規格では，管理策で“その従業員又は契約相手に伝達し，かつ，遂行させる”とされている．これは責任及び義務の遂行をより確実にするためであるということに留意されたい．

8 資産の管理

(1) 概 要

本箇条では，情報セキュリティマネジメントの基礎となる資産の管理に関する管理目的及び管理策を定めている．

現規格の“0.1 背景及び状況”に，資産に関する次のような文言がある．

“相互につながった世界では，情報も，情報に関連するプロセス，システム，ネットワーク並びにこれらの運営，取扱い及び保護に関与する要因も，他の重要な事業資産と同様，組織の事業にとって高い価値をもつ資産であり，様々な危険から保護するに値するものであり，又は保護する必要がある．”

このことから，ここでいう“資産”には，情報に関連する物理的な資産（ハードウェア，設備等）だけではなく，情報やサービス，情報に関連するプロセスなども含まれていることに留意されたい．洗い出された資産は“機密性”“完全性”及び“可用性”の観点から重要度を検討し，その責任の所在も明確化しておくことが情報セキュリティの確保のために重要である．

本箇条は，図 3.8.1 に示すとおり“8.1 資産に対する責任”“8.2 情報分類”及び“8.3 媒体の取扱い”の三つのカテゴリと 10 の管理策で構成されている．8.1 及び 8.2 は旧規格の箇条 7（資産の管理）のカテゴリを継承している．

(2) 旧規格からの変更点

本箇条での大きな変更点として，旧規格では箇条 10（通信及び運用管理）にあった 10.7（媒体の取扱い）の内容を“8.3 媒体の取扱い”として本箇条へ移していることがあげられる．

“7 人的資源のセキュリティ”では，旧規格とは異なり，従業員及び契約相手と併記していた“第三者の利用者”を削除しているが，本箇条では，新たに導入した“外部の利用者”（external party user）を利用した表現となっている．本箇条で対象とするものの範囲を表 3.8.1 に示す．この“外部の利用者”は旧規格の“契約相手”及び“第三者の利用者”をあわせた範囲を指す語であ

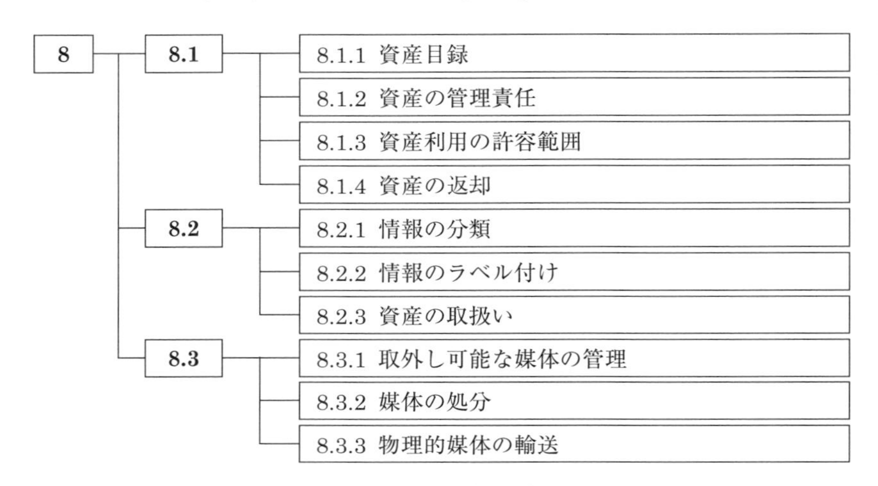

図 3.8.1　資産の管理の管理策

表 3.8.1　資産の管理で対象とする者の範囲

<table>
<tr><th>ISO/IEC
27002:2005</th><th colspan="2">ISO/IEC
27002:2013</th></tr>
<tr><td>従業員
(employees)</td><td colspan="2">従業員
(employees)</td></tr>
<tr><td>契約相手
(contractors)</td><td>契約相手
(contractors)</td><td rowspan="2">外部の利用者
(external party users)</td></tr>
<tr><td>第三者の利用者
(third party users)</td><td>—</td></tr>
</table>

り，組織で管理する情報又は情報処理施設にアクセスする，従業員以外の者を指す．契約相手以外の外部の利用者の例に，組織の施設への来訪者，組織のウェブサイトにアクセスする外部の者などがある．また，外部の利用者が“組織で管理する情報又は情報処理施設にアクセスする，従業員以外の者である”という意図からすると，本箇条では，顧客も外部の利用者の範疇に含まれると解釈してよいであろう．ただし，現規格及び ISO/IEC 27000（JIS Q 27000）に“外部の利用者”の説明又は定義はないため，現規格を利用する場合には，外部の利用者に該当する者を組織の状況に応じて明確にする必要がある．

8.1 資産に対する責任

8 資産の管理

8.1 資産に対する責任

目的 組織の資産を特定し，適切な保護の責任を定めるため.

(1) 概 要

本カテゴリでは，組織の中に対象となる資産がどのくらいあるのかを確認し，その保護責任を定めることについて記載されている．これらは，情報セキュリティ管理上の重要な出発点であるといえる.

(2) 旧規格からの変更点

本カテゴリは旧規格の 7.1（資産に対する責任）を継承している．現規格と旧規格のカテゴリと管理策を新旧対応表 ISO/IEC TR 27023 では表 3.8.2 のとおり対応付けている．資産管理という観点から，旧規格の 8.3.2（資産の返却）がこのカテゴリに移されてきているが，その他には旧規格からの大きな変更はない.

表 3.8.2 現規格と旧規格のカテゴリと管理策の新旧対応表

現規格	旧規格
8.1 資産に対する責任	7.1 資産に対する責任
8.1.1 資産目録	7.1.1 資産目録
8.1.2 資産の管理責任	7.1.2 資産の管理責任者
8.1.3 資産利用の許容範囲	7.1.3 資産利用の許容範囲
8.1.4 資産の返却	8.3.2 資産の返却

8.1.1 資産目録

管理策

情報，情報に関連するその他の資産及び情報処理施設を特定することが望ましい[*1]．また，これらの資産の目録を，作成し，維持することが望ましい.

[*1] ISO/IEC 27002:2013 に対して，2014 年 9 月 15 日に正誤票が公表されている．同じ修正が JIS Q 27002:2014 に対する正誤票として 2014 年 11 月 1 日に公表されている．この文章はこの正誤票を反映したものである.

実施の手引

組織は，情報のライフサイクルに関連した資産を特定し，その重要度を文書化することが望ましい．情報のライフサイクルには，作成，処理，保管，送信，削除及び破棄を含めることが望ましい．文書は，専用の目録又は既存の目録として維持することが望ましい．

資産目録は，正確で，最新に保たれ，一貫性があり，他の目録と整合していることが望ましい．

特定された各資産について，管理責任者を割り当て（**8.1.2** 参照），分類する（**8.2** 参照）ことが望ましい．

関連情報

資産目録は，保護を効果的に行うことを確実にするために役立つとともに，他の目的（例えば，安全衛生，保険又は財務面での資産管理）のために必要となることもある．

資産を特定する場合に組織が考慮する必要性が生じる可能性のある資産の例は，**ISO/IEC 27005**[11] に示されている．資産目録を作成するプロセスは，リスクマネジメントの重要な要素である（**ISO/IEC 27000** 及び **ISO/IEC 27005**[11] も参照）．

(1)　概　要

8.1.1 では，資産目録の作成・維持の重要性を述べている．資産目録の作成・維持は，リスクアセスメントを行う際にも役に立つ．組織の情報セキュリティの観点からみて，全資産の棚卸しを行い，その相対的価値や重要度をランク付けすることは，必要な管理策を考えるうえで基礎となるからである．

一般に，組織において“財産”としての資産を管理するために資産台帳を備えているであろう．この管理策で述べている資産目録は，組織に既存の資産台帳を参照して，それらと整合性のあるものとするとよい．

(2)　旧規格からの変更点

8.1.1 は旧規格の 7.1.1（資産目録）を継承している．旧規格では資産目録の対象として“重要な資産”とされていたのに対して“情報及び情報処理施設に関連する資産”と変更されているが，本質的な変更ではなく，実務上は旧規格と変わらないととらえてよいであろう．むしろ，資産目録に記載する資産を過度に詳細化することのないように留意されたい．

また，旧規格では，関連情報に“資産”の種類が掲載されていたが，規格改正にあたってこの部分は削除された．

8.1.2　資産の管理責任

管理策

目録の中で維持される資産は，管理されることが望ましい．

実施の手引

資産のライフサイクルの管理責任を与えられた個人及び組織は，資産の管理責任者に指名されるものとして適格である．

資産の管理責任を時機を失せずに割り当てることを確実にするためのプロセスが，通常実施される．資産が生成された時点，又は資産が組織に移転された時点で，管理責任を割り当てることが望ましい．資産の管理責任者は，資産のライフサイクル全体にわたって，その資産を適切に管理することに責任を負うことが望ましい．

資産の管理責任者は，次の事項を行うことが望ましい．

a)　資産の目録が作成されることを確実にする．

b)　資産が適切に分類及び保護されることを確実にする．

c)　適用されるアクセス制御方針を考慮に入れて，重要な資産に対するアクセスの制限及び分類を定め，定期的にレビューする．

d)　資産を消去又は破壊する場合に，適切に取り扱うことを確実にする．

関連情報

管理責任者は，資産のライフサイクル全体を管理する責任を与えられた個人又はエンティティであり得る．その管理責任者は，必ずしもその資産の所有権をもっている必要はない．

ルーチン業務の委任（例えば，日々の資産保全を保全要員に委ねること）を行ってもよいが，その責任は管理責任者の下にとどまる．

複雑な情報システムでは，あるサービスを提供するために関係する，複数の資産グループを特定することが，有益な場合がある．この場合，サービスの管理責任者が，その資産の運用も含めたサービスの提供に対して責任を負う．

(1)　概　要

本管理策では，目録で管理される資産の管理責任を明確にすることを要求している．

実施の手引では“管理責任者”の役割を記述しているが，実際には本箇条に記述されている管理策のうち，管理責任者が行うべき事項についてまとめて記述されている．a)は“8.1.1 資産目録”，b)は“8.2.3 資産の取扱い”，c)は“8.2.1 情報の分類”，d)は“8.3.2 媒体の処分”にそれぞれ記述されているので，詳細はそれぞれの管理策を参照されたい．

なお，JIS Q 27001:2014では“リスク所有者”という用語が新たに導入されている．これは，リスクの運用管理に責任をもつ管理責任者である．ある資産について，資産管理者がその資産のリスクを運用管理できる場合には，資産管理者がリスクの運用管理に責任をもつことになるので，リスク所有者と管理責任者が同じであると解釈してよい．

(2)　旧規格からの変更点

“8.1.2資産の管理責任”は旧規格の7.1.2（資産の管理責任者）を継承している．

8.1.2の管理策“目録の中で維持される資産は，管理されることが望ましい．”の英文原文は“assets maintained in the inventory should be owned.”である．本箇条において“ownership”又は“be owned”の意味は“関連情報”の第1段落目にもあるとおり，財産としての所有ではなく，責任者を指名して管理することをいう．このことから，JIS Q 27002:2014において“owner”には“管理責任者”の語があてられた．ISO/IEC 27002の英文原文の表題は“Ownership of assets”で，旧規格と変更はないが“ownership”を“管理責任”と訳している．

また，関連情報の第1段落目には，資産の管理責任と資産の所有権との関係についても明記されている．資産の管理責任者と資産の所有権をもつ者が必ずしも一致しない場合があることに留意されたい．

8.1.3　資産利用の許容範囲

管理策

情報の利用の許容範囲，並びに情報及び情報処理施設と関連する資産の利用の許容範囲に関する規則は，明確にし，文書化し，実施することが望ましい．

実施の手引

組織の資産を利用する又は組織の資産にアクセスする従業員及び外部の利用者に対し，組織の情報，情報に関連するその他の資産，情報処理施設及び経営資源の情報セキュリティ要求事項を認識させることが望ましい*2．従業員及び外部の利用者は，どのよ

*2 ISO/IEC 27002:2013に対して，2014年9月15日に正誤票が公表されている．同じ修正がJIS Q 27002:2014に対する正誤票として2014年11月1日に公表されている．この文章はこの正誤票を反映したものである．

うな情報処理資源の利用に対しても，また，利用者自身の責任の下で行ったいかなる利用に対しても，責任をもつことが望ましい.

(1)　概　要

“8.1.3 資産利用の許容範囲”は情報及び関連する資産について利用の許容範囲に関する規則を定めて文書化し，実施することを要求している．この管理策の内容は，さらに“9 アクセス制御”で具体的に示されている.

実施の手引では，従業員及び外部の利用者に関して，情報及び情報と関連する資産の情報セキュリティ要求事項について認識させることとしている.

ただし，外部の利用者がその許容範囲内で資産を利用した場合も，その結果についての責任は資産の管理責任者にあることに留意されたい.

(2)　旧規格からの変更点

8.1.3 は旧規格の 7.1.3（資産利用の許容範囲）を継承している．若干の記述の整理が行われているが，大きな変更はない.

8.1.4　資産の返却

管理策

全ての従業員及び外部の利用者は，雇用，契約又は合意の終了時に，自らが所持する組織の資産の全てを返却することが望ましい.

実施の手引

雇用の終了時の手続は，前もって支給された物理的及び電子的な資産（組織が管理責任をもつ又は組織に委託されたもの）の全ての返却を含むことを正式なものとすることが望ましい.

従業員及び外部の利用者が組織の設備を購入する場合，又は個人所有の設備を用いる場合には，手順に従って，全ての関連する情報を組織に返却し，設備からセキュリティを保って消去することを確実にすることが望ましい（**11.2.7** 参照).

従業員及び外部の利用者が継続中の作業に重要な知識を保有している場合には，その情報を文書化し，組織に引き継ぐことが望ましい.

雇用の終了の予告期間中は，雇用が終了する従業員及び契約相手が認可を得ずに関連情報（例えば，知的財産）を複製することのないよう，組織が管理することが望ましい.

(1)　概　要

“8.1.4 資産の返却”では，組織と従業員や外部の利用者等との間の雇用や契約等の関係が終了した際の資産の返却について記述されている．ここでの資産には，有形の資産だけでなく，ソフトウェアや情報などの無形のものも含むことに注意が必要である．

ここでは，組織に関係した人々が獲得した知識・情報などが組織に帰属すべきものであったり，組織にとって引き続き必要なものであったりする場合には，組織への引継ぎが必要であることも明記されている．さらに，これらの知識や情報が機密性の高いものであれば，これらを返却させるだけでなく，雇用等の関係が終了した後の秘密保持についても考慮する必要がある．

雇用等の関係が終了するにあたって，組織の秘密情報を不正に持ち出すという事故が少なくない．実施の手引の最後の段落はこのような事故への対応として記述されているものである．

（2）　旧規格からの変更点

8.1.4 は旧規格の 8.3.2（資産の返却）を継承している．

旧規格では，ここでの対象者を“すべての従業員，契約相手及び第三者の利用者”としていたのに対して“すべての従業員及び外部の利用者”と改めている．これは，本箇条の冒頭でも記述したとおり“外部の利用者”という用語の導入によって規格全体を整理したことによる．

旧規格からの大きな変更はないが，実施の手引の最終段落にある，雇用終了予告期間中の情報の不正持出しに関する指針を昨今の事故状況を受けて追記したことに留意が必要である．

8.2　情 報 分 類

8.2　情報分類

目的　組織に対する情報の重要性に応じて，情報の適切なレベルでの保護を確実にするため．

（1）　概　要

本カテゴリでは，情報の分類の仕方及びその分類に応じた取扱いについて記述されている．情報はその“完全性”“機密性”及び“可用性”を確保するという観点から，保護が必要かどうか，どの程度の保護策を導入するかを決める必要がある．

情報の重要性は資産価値，置かれた環境などで異なる．しかし，情報ごとにその扱いや保護レベルを決めるとすると，その検討コストのみならず，決定したとおりに運用するコストも非常に高くなり，現実的でない．本カテゴリでは，必要とされる保護レベルが類似した情報をまとめて分類を設け，それらに対して一連の管理策を決めていくことが述べられている．

(2)　旧規格からの変更点

本カテゴリは旧規格の 7.2（情報の分類）を継承している．現規格と旧規格のカテゴリと管理策を新旧対応表 ISO/IEC TR 27023 では表 3.8.3 のとおり対応付けている．

構成上の大きな変更点は，先に述べたとおり，旧規格の 7.2.2（情報のラベル付け及び取扱い）が“8.2.2 情報のラベル付け”と“8.2.3 資産の取扱い”に分かれた点である．

表 3.8.3　現規格と旧規格のカテゴリと管理策の新旧対応表

現規格	旧規格
8.2　情報分類	7.2　情報の分類
8.2.1　情報の分類	7.2.1　分類の指針
8.2.2　情報のラベル付け	7.2.2　情報のラベル付け及び取扱い
8.2.3　資産の取扱い	7.2.2　情報のラベル付け及び取扱い 10.7.3　情報の取扱手順

8.2.1　情報の分類

管理策

情報は，法的要求事項，価値，重要性，及び認可されていない開示又は変更に対して取扱いに慎重を要する度合いの観点から，分類することが望ましい．

実施の手引

情報の分類及び関連する保護管理策では，情報を共有又は制限する業務上の要求，及び法的要求事項を考慮することが望ましい．情報以外の資産も，その資産に保管される情報，処理される情報，又は他の形で取り扱われる若しくは保護される情報の分類に従って分類することができる．

情報資産の管理責任者は，その情報の分類に対して責任を負うことが望ましい．

分類体系には，分類の規則及びその分類を時間が経ってからレビューするための基準を含めることが望ましい．分類体系における保護レベルは，対象とする情報についての機密性，完全性，可用性及びその他の特性を分析することによって評価することが望ましい．分類体系は，アクセス制御方針（**9.1.1** 参照）と整合していることが望ましい．

それぞれのレベルには，分類体系の適用において意味をなすような名称を付けることが望ましい．

分類体系は，組織全体にわたって一貫していることが望ましい．これによって，全員が情報及び関連する資産を同じ方法で分類し，保護に関する要求事項について共通した理解をもち，適切な保護を適用できるようになる．

分類は，組織のプロセスに含め，組織全体にわたって一貫した論理的なものであることが望ましい．分類の結果は，組織にとっての取扱いに慎重を要する度合い及び重要性（例えば，機密性，完全性，可用性）に応じた資産の価値を示すことが望ましい．分類の結果は，ライフサイクルを通じた，情報の価値，取扱いに慎重を要する度合い及び重要性の変化に応じて，更新することが望ましい．

関連情報

情報を分類することで，情報を扱う担当者に対して，その情報をどう取り扱い，どう保護するかが簡潔に示される．保護の要件が類似した情報をグループにまとめ，それぞれのグループ内の全ての情報に適用される情報セキュリティ手順を規定することで，これが容易になる．この取組みによって，個別にリスクアセスメントを行い，管理策を特別に設計する必要性も低減される．

情報は，ある期間を過ぎると（例えば，情報が一般に公開された後），慎重な取扱いが不要となる又は重要でなくなることがある．これらの点も考慮して，過度の分類によって不要な管理策の実施による余分な出費が生じたり，また反対に不十分な分類によって事業目的の達成が脅かされないようにすることが望ましい．

情報の機密性の分類体系は，例えば，次のような四つのレベルに基づくことがある．

a)　開示されても損害が生じない．

b)　開示された場合に，軽微な不具合又は軽微な運用の不都合が生じる．

c)　開示された場合に，運用又は戦術的目的に対して重要な短期的影響が及ぶ．

d)　開示された場合に，長期の戦略的目的に対して深刻な影響が及ぶ，又は組織の存続が危機にさらされる．

(1)　概　要

“8.2.1 情報の分類”では，管理策で情報を分類することを求め，実施の手引で情報の分類に関する留意事項を示している．また，情報だけでなく，それ以外の資産も，それが取り扱う情報に応じて分類することも実施の手引で示している．

この情報の分類は関連情報にもあるとおり，組織内での情報管理を有効，かつ，効率的に行うために重要な作業の一つである．情報の分類を決めたり見直したりする責任は，実施の手引に明記されているとおり“8.1.2 資産の管理責任”で述べた資産の管理責任者が負うことも忘れてはならない．

また，一度決めた情報の分類は，時間がたつにつれて変化する可能性があることに留意しなければならない．例えば，新製品に関する情報は広報発表する前には，その情報が漏えいしないように取扱いには慎重を期す必要があるが，広報発表の後ではその必要はなくなってくる．重要度の高い情報は保護のコストがかかるため，それを節約するためにも定期的に見直すことは必要である．

なお，8.2.1 の関連情報に，機密性の分類体系の例が記述されているが，基本的に情報を分類する基準は各社が状況に応じて決めるので，内容が異なる．同じ又は類似のラベルを使っていることがあるとしても，各組織の分類の定義を確認したうえで取り扱うことが望ましい．

(2)　旧規格からの変更点

8.2.1 は旧規格の 7.2.1（分類の指針）を継承している．旧規格では，表題から，分類の指針を確立することが要求されていると誤解を受ける可能性があったが，改正により，本来の狙いである“分類すること”をより直接的に表現した内容となった．また，情報の分類を組織のプロセスの一部として組み込むことや，組織内で一貫した分類体系をもつことなど，組織の中で情報が適切に扱われるように記述をより充実させている．

8.2.2　情報のラベル付け

管理策

情報のラベル付けに関する適切な一連の手順は，組織が採用した情報分類体系に従って策定し，実施することが望ましい．

実施の手引

情報のラベル付けに関する手順は，物理的形式及び電子的形式の情報及び関連する資産に適用できる必要がある．ラベル付けは，**8.2.1** で確立した分類体系を反映していることが望ましい．ラベルは，容易に認識できることが望ましい．手順では，媒体の種類に応じて，情報がどのようにアクセスされるか又は資産がどのように取り扱われるかを考慮して，ラベルを添付する場所及びその添付方法に関する手引を示すことが望ましい．手順では，作業負荷を減らすために，ラベル付けを省略する場合（例えば，秘密でない情報のラベル付け）を定めることもできる．従業員及び契約相手に，ラベル付けに関する手順を認識させることが望ましい．

取扱いに慎重を要する又は重要と分類される情報を含むシステム出力には，適切な分類ラベルを付けることが望ましい．

関連情報

分類された情報のラベル付けは，情報共有の取決めにおける主要な要求事項である．物理的ラベル及びメタデータは，一般的なラベル付けの形式である．

情報及び関連する資産のラベル付けが，好ましくない影響を及ぼすこともある．分類された資産は，特定が容易になるため，内部関係者又は外部からの攻撃者による盗難もされやすくなる．

(1)　概　要

本管理策では，情報の分類に従ったラベル付けについて記述している．

まず，組織として8.2.1に従って定めた情報の分類をどのようなラベル付けによって表示するかを決める必要がある．紙やUSBメモリ等の媒体への物理的なラベル付けの方法を決めることは難しくないが，ファイルやデータベースとして電子的に格納されているデータのラベル付けについても，その方法を決める必要がある．

ラベル付けは，取り扱う人がその資産や情報をどう扱わなければならないか，一目瞭然でわかるようにすることが目的である．8.2.1で決めた“分類”を想起させるようなラベルであるならば従業員等にとってはわかりやすい．ただし，関連情報の最後にもあるように“わかりやすいラベル表示”は，時として，悪意ある外部の攻撃者にとって攻撃対象として認識しやすいという側面もあることに留意しなければならない．

(2)　旧規格からの変更点

旧規格の7.2.2（情報のラベル付け及び取扱い）は現規格では“8.2.2 情報のラベル付け”及び“8.2.3 資産の取扱い”の二つの管理策に分けられ，そのうちの情報のラベル付けに関する部分のみを抽出したものが本管理策である．ただし，改正にあたって“ラベル付け”に着目した内容にすべく，ラベル付け手順に関する記述を充実させている．

8.2.3　資産の取扱い

管理策

資産の取扱いに関する手順は，組織が採用した情報分類体系に従って策定し，実施することが望ましい．

実施の手引

情報を分類（**8.2.1** 参照）に従って取り扱い，処理し，保管し，伝達するための手順を作成することが望ましい．

この場合，次の事項を考慮することが望ましい．

a）　各レベルの分類に応じた保護の要求事項に対応するアクセス制限をする．

b）　資産の認可された受領者について，正式な記録を維持する．

c）　情報の一時的又は恒久的な複製は，情報の原本と同等のレベルで保護する．

d）　IT 資産は，製造業者の仕様に従って保管する．

e）　媒体の全ての複製には，認可された受領者の注意をひくように明確な印を付ける．

組織で用いる分類体系は，レベルの名称が似ていても，他の組織が用いる分類体系と同等とは限らない．また，複数の組織間を移動する情報は，分類体系が同一であっても，各組織の状況に応じて分類が異なる場合がある．

他組織との情報共有を含む合意には，その情報の分類を特定し，他組織からの分類ラベルを解釈するための手順を含めることが望ましい．

(1)　概　要

“8.2.3 資産の取扱い”では“8.2.1 情報の分類”で定めた分類に応じた資産の取扱いについて述べている．情報はその取得から廃棄に至るまでのライフサイクルにおいて，それぞれのシーンでの取扱いが明確であることが望ましい．

例えば，c)は，ある資産を複製した場合に考慮すべき事項だが，複製物であっても機密性は原本と変わらないことから，その保護レベルも同等となる．

また，実施の手引の最後では，情報が組織間で移動する場合の取扱いについて記述されている．例えば，全く同じ情報分類体系をもつ二者間での業務委託が発生した場合，委託に伴って二者間でやりとりされる情報は受託側にとっては“顧客の情報”となるため，委託側と同じレベルに分類されるとは限らないという例がこれにあたる．

本規格は規格全体を通じて，様々な形態の情報の取扱いについて記載しているといえるが，8.2.3 では，情報のライフサイクルに着目し，シーンごとで考慮すべき事項についてまとめているといってもよいであろう．

(2)　旧規格からの変更点

8.2.3 は先に述べたとおり，旧規格の 7.2.2（情報のラベル付け及び取扱い）から情報の取扱いに関する部分を管理策として独立させたものである．ただし，旧規格では，情報の取扱い手順に関する記述は少なかったため，実際には，情報のライフサイクルに着目して留意すべき事項について，新たにまとめたものといえる．

8.3　媒体の取扱い

> **8.3　媒体の取扱い**
>
> **目的**　媒体に保存された情報の認可されていない開示，変更，除去又は破壊を防止するため．

(1)　概　要

本カテゴリでは，情報に対する損傷，盗難等の損害を回避するために，主に情報を格納する媒体の取扱い方法について説明している．

(2)　旧規格からの変更点

現規格と旧規格のカテゴリと管理策を新旧対応表 ISO/IEC TR 27023 では表 3.8.4 のとおりに対応付けている．“8.3 媒体の取扱い”は旧規格では箇条 10（通信及び運用管理）にあった 10.7（媒体の取扱い）の内容を本カテゴリ

表 3.8.4　現規格と旧規格のカテゴリと管理策の新旧対応表

現規格	旧規格
8.3　媒体の取扱い	10.7　媒体の取扱い
8.3.1　取外し可能な媒体の管理	10.7.1　取外し可能な媒体の管理
8.3.2　媒体の処分	10.7.2　媒体の処分
8.3.3　物理的媒体の輸送	10.8.3　配送中の物理的媒体

へ移したものである．なお“8.3.3 物理的媒体の輸送”は旧規格の 10.8.3（配送中の物理的媒体）を移して媒体管理という観点で整理している．

8.3.1　取外し可能な媒体の管理

管理策

組織が採用した分類体系に従って，取外し可能な媒体の管理のための手順を実施することが望ましい．

実施の手引

取外し可能な媒体の管理のために，次の事項を考慮することが望ましい．

a) 再利用可能な媒体を組織から移動する場合に，その内容が以後不要であるならば，これを復元不能とする．

b) 必要かつ実際的な場合には，組織から移動する媒体について，認可を要求する．また，そのような移動について，監査証跡の維持のために記録を保管する．

c) 全ての媒体は，製造業者の仕様に従って，安全でセキュリティが保たれた環境に保管する．

d) データの機密性又は完全性が重要な考慮事項である場合は，取外し可能な媒体上のデータを保護するために，暗号技術を用いる．

e) 保管されたデータがまだ必要な間に媒体が劣化するリスクを軽減するため，読み出せなくなる前にデータを新しい媒体に移動する．

f) 価値の高いデータは，一斉に損傷又は消失するリスクをより低減するために，複数の複製を別の媒体に保管する．

g) データ消失の危険性を小さくするために，取外し可能な媒体の登録を考慮する．

h) 取外し可能な媒体のドライブは，その利用のための業務上の理由があるときにだけ有効とする．

i) 取外し可能な媒体を用いる必要がある場合，媒体への情報の転送を監視する．

手順及び認可のレベルは，文書化することが望ましい．

(1)　概　要

“8.3.1 取外し可能な媒体の管理”では，移動や携帯が可能な資産の管理について述べられている．

USB メモリ等に代表される取外し可能な媒体を経由した情報漏えい事故が後を絶たない．暗号化や媒体へのデータ転送監視等，媒体からの情報漏えい対策として述べられているのが a)，b)，d)，h)及び i)である．

もう一つ，取外し可能な媒体の特徴として考慮すべき事項としては，物理的に劣化しやすいため，格納されているデータが影響を受けるという点である．これらに関連するのがe)である．取外し可能な媒体はバックアップ用として利用されることも多いが，この際にも上述のような事項に十分に留意する必要がある．

(2)　旧規格からの変更点

8.3.1は旧規格の10.7.1（取外し可能な媒体の管理）を継承している．改正の際，考慮すべき指針としてd)，f)及びi)が追加されている．可搬媒体を経由した情報漏えい事故の対策として，多くの組織で媒体の管理を強化していると思われるが，特にi)は，その特徴的なものといえるだろう．

8.3.2　媒体の処分

管理策

媒体が不要になった場合は，正式な手順を用いて，セキュリティを保って処分することが望ましい．

実施の手引

認可されていない者に秘密情報が漏えいするリスクを最小化するために，媒体のセキュリティを保った処分のための正式な手順を確立することが望ましい．秘密情報を格納した媒体の，セキュリティを保った処分の手順は，その情報の取扱いに慎重を要する度合いに応じたものであることが望ましい．この管理策の実施については，次の事項を考慮することが望ましい．

a)　秘密情報を格納した媒体は，セキュリティを保って，保管し，処分する（例えば，焼却，シュレッダーの利用，組織内の他のアプリケーションでの利用のためのデータ消去）．

b)　セキュリティを保った処分を必要とする品目を特定するために，手順が備わっている．

c)　取扱いに慎重を要する媒体類を選び出そうとするよりも，全ての媒体類を集めて，セキュリティを保ち処分するほうが簡単な場合もある．

d)　多くの業者が，媒体の収集及び処分のサービスを提供している．十分な管理策及び経験をもつ適切な外部関係者を選定することに，注意を払う．

e)　監査証跡を維持するために，取扱いに慎重を要する品目の処分を記録しておく．

処分のために媒体を集める場合，集積することによる影響に配慮することが望ましい．取扱いに慎重を要する情報ではない情報でも，その量が集まると，取扱いに慎重を要する情報に変わる場合がある．

関連情報

取扱いに慎重を要するデータを含んだ装置が損傷した場合には，修理又は廃棄に出すよりも物理的に破壊するほうが望ましいか否かを決定するために，リスクアセスメントが求められる場合がある（**11.2.7** 参照）．

(1)　概　要

“8.3.2 媒体の処分”では，情報が格納されている媒体を安全，かつ，確実に処分するための手順の確立について記述されている．

廃棄された媒体からの情報漏えいも多数発生する例の一つである．特に，文書以外の媒体の場合，オペレーティングシステムのファイル削除機能だけでは実際には情報は消去されないことから，確実なデータ消去をするための施策を採用すべきであるという点は現在では常識となっている．“11.2.7 装置のセキュリティを保った処分又は再利用”も参照のうえ，必要な施策を導入するとよい．

c)では，媒体をより安全，かつ，確実に処分するために，媒体内に格納されている情報にかかわらず，よりセキュリティの高い手順を利用する場合もありうることが記述されている．ただし，実施の手引の最後の一文にあるように，情報が集積されることで，情報の重要度が変化する場合もありうることに留意すべきである．この場合は，長期間集積された状態のままにしておかないような管理手順が必要であろう．

また，確実に処分されたことを示す証拠として，廃棄記録をとっておくことも検討するとよい．

(2)　旧規格からの変更点

8.3.2 は旧規格の 10.7.2（媒体の処分）を継承している．媒体に格納される情報の表現が“取扱いに慎重を要する情報”から“秘密情報”に変更されているが，これは英文原文の表現が“sensitive information”から“confidential information”に変わったことによる．現規格では“取扱いに慎重を要する情報”は“confidential information“よりは１段上の管理を要するものを指すことが多いため，より一般的な秘密情報という表現に改められた．その他，大きな変更はない．

8.3.3　物理的媒体の輸送

管理策

情報を格納した媒体は，輸送の途中における，認可されていないアクセス，不正使用又は破損から保護することが望ましい．

実施の手引

輸送される情報を格納した媒体を保護するために，次の事項を考慮することが望ましい．

a)　信頼できる輸送機関又は運送業者を用いる．

b)　認可された運送業者の一覧について，管理者の合意を得る．

c)　運送業者を確認する手順を導入する．

d)　輸送途中に生じるかもしれない物理的損傷から内容を保護（例えば，媒体の復旧効果を低減させる場合のある，熱，湿気又は電磁気にさらすといった環境要因からの保護）するために，こん（梱）包を十分な強度とし，また，製造業者の仕様にも従う．

e)　媒体の内容，適用された保護，並びに輸送の責任窓口への受渡時刻及び目的地での受取り時刻の記録を特定するログを保持する．

関連情報

情報は，物理的な輸送（例えば，郵便又は運送業者による媒体の送付）の途中で，認可されていないアクセス，不正使用又は改ざんに対する弱点をさらすことがある．この管理策において，媒体には紙の文書も含む．

媒体上の秘密情報が暗号化されていない場合，媒体について，追加の物理的な保護を検討することが望ましい．

(1)　概　要

“8.3.3 物理的媒体の輸送”では，情報を格納した媒体を輸送する場合に考慮すべき事項について説明している．大きく分けて，

①　媒体を輸送する運送者又は運送業者に対する事項［a)～c)］

②　輸送する媒体自体の保護に関する事項［d)］

③　輸送時の記録に関する事項［e)］

の3種類がある．“8.3.2 媒体の処分”と同様，媒体内に格納する情報に応じて，必要な対策を取るのがよい．また，宅配業者等では，重要な情報を含む媒体を対象に，特にセキュリティに配慮した配送サービスを提供している例もあ

るため，その利用も検討するとよいだろう．

(2)　旧規格からの変更点

8.3.3 は旧規格の 10.8.3（配送中の物理的媒体）を継承している．本カテゴリの 8.3.1，8.3.2 とは異なり，旧規格の 10.8（情報の交換）から本箇条へ移されている．

旧規格では“事業所間で配送される”場合を前提とした記述になっていたが，改正にあたってその記述を削除し，より一般的な配送における留意事項の記述となっている．この実施の手引にもあるように，媒体配送には，宅配業者等の利用が一般的だが，他の外部サービス利用時と同様，配送する対象や受渡し及び受取りの時刻等の記録を取っておくことが重要として，今回，e)が追加されている．

また，媒体内の情報を意図しない開示から保護することに着目すれば，暗号化が対策になる場合もあるが，外部サービスの利用というシーンから，何らかの物理的な保護策の導入についても述べられている．

9 アクセス制御

(1) 概 要

本箇条では，アクセス制御に関する管理目的及び管理策を定めている．

情報及び情報処理施設に対して，本来アクセスすべきでない者がアクセスできるような状態を放置しておくことは，情報の漏えいや改ざん，破壊，あるいは情報システムの停止につながりかねず，組織の情報セキュリティにとって大きなリスクとなりうる．このリスクを防ぐためには，情報及び情報処理施設に対し，物理的及び論理的にアクセスできる者を特定し，権限のない者が情報にアクセスできないよう，制限をかけることが重要である．このような目的と対策をアクセス制御に関する管理目的及び管理策として体系化したのがこの箇条である．

本箇条には“9.1 アクセス制御に対する業務上の要求事項”“9.2 利用者アクセスの管理”“9.3 利用者の責任”及び“9.4 システム及びアプリケーションのアクセス制御”の四つのカテゴリがある．

本箇条は図 3.9.1 に示すとおり，四つのカテゴリと 14 の管理策で構成されている．

(2) 旧規格からの変更点

旧規格の箇条 11（アクセス制御）からの改正により，本箇条では主に次の観点に基づく変更が行われている．

(a) パスワード以外の認証情報の考慮

旧規格では，パスワードに関する管理策として 11.2.3（利用者パスワードの管理）及び 11.3.1（パスワードの利用）があったが，現規格では“9.2.4 利用者の秘密認証情報の管理”及び“9.3.1 秘密認証情報の利用”という管理策に置き換わっている．これは，秘密鍵やワンタイムパスワードなど，パスワード以外の情報も認証のために使用されることから，それらを用いた認証に対応するために汎用化した言葉に置き換えられたことによる．

(b) ネットワークアクセス制御における技術的な管理策の削除

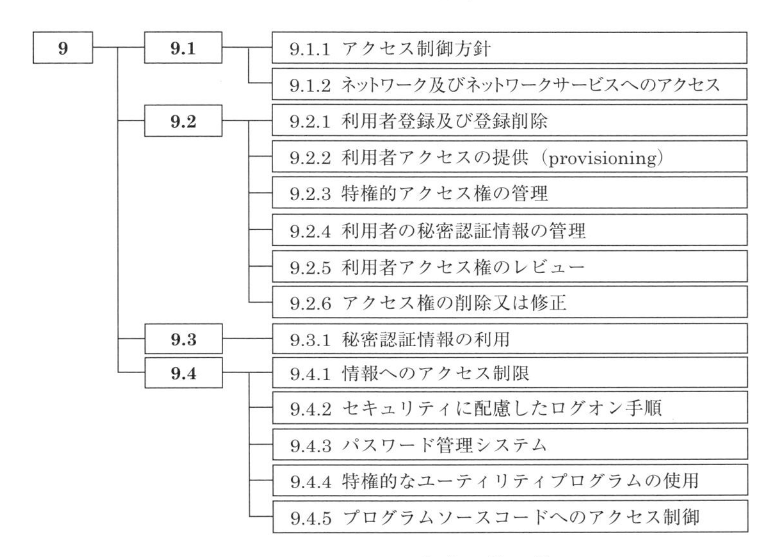

図 3.9.1 アクセス制御の管理策

旧規格の 11.4（ネットワークのアクセス制御）には七つの管理策があった．現規格では，これらのうち，技術的な内容であった次の四つの管理策が削除されている．

11.4.2 外部から接続する利用者の認証

11.4.4 遠隔診断用及び環境設定用ポートの保護

11.4.6 ネットワークの接続制御

11.4.7 ネットワークルーティング制御

これらの管理策が不要ということではなく，ネットワークに関係する技術の規格類がこの規格とは別に開発されていることや，現規格の位置付けがマネジメントから管理策となったことから，技術的な内容が削除されたためである．

技術的な管理策が必要な場合には ISO/IEC 27030 シリーズの規格を参照することもできる．ネットワークセキュリティに関する規格に，ISO/IEC 27033 [*1] がある

[*1] ISO/IEC 27033 Information technology—Security techniques—Network security

(c)　システム及びアプリケーションに対して適用される管理策の整理

旧規格の 11.5（オペレーティングシステムのアクセス制御）及び 11.6（業務用ソフトウェア及び情報のアクセス制御）は現規格では統合されて“9.4 システム及びアプリケーションのアクセス制御”となっている．これによって，旧規格の 11.5.1（セキュリティに配慮したログオン手順），11.5.3（パスワード管理システム）及び 11.6.1（情報へのアクセス制限）が情報システムを構成するオペレーティングシステム及びアプリケーションに対して一貫して適用されるように整理された．

9.1　アクセス制御に対する業務上の要求事項

> **9　アクセス制御**
> **9.1　アクセス制御に対する業務上の要求事項**
>
> **目的**　情報及び情報処理施設へのアクセスを制限するため．

(1)　概　要

本カテゴリでは，業務及び情報セキュリティの要求事項に基づく，情報及び情報処理施設に対する適切なアクセス制御に関する指針を示している．

アクセス制御の基本は，情報にアクセスする権限のない者が，その情報にアクセスできないよう，制限をかけることにある．そのためには情報にアクセスできる経路を限定するとともに，その経路に対してアクセスを制限する手段を講じる必要がある．

(2)　旧規格からの変更点

本カテゴリ及び目的は旧規格の 11.1（アクセス制御に対する業務上の要求事項）を継承している．

旧規格での目的は“情報へのアクセス”に関するものであったが，現規格では“情報及び情報処理施設へのアクセス”に変更されている．これは，単に情報に対する論理的なアクセス制御だけではなく，情報処理施設に対する物理的なアクセス制御も考慮されたことによる．

本カテゴリは，二つの管理策で構成されている．現規格と旧規格のカテゴリと管理策を新旧対応表 ISO/IEC TR 27023 では表 3.9.1 のとおりに対応付けている．

表 3.9.1　現規格と旧規格のカテゴリと管理策の新旧対応表

現規格	旧規格
9.1　アクセス制御に対する業務上の要求事項	11.1　アクセス制御に対する業務上の要求事項
9.1.1　アクセス制御方針	11.1.1　アクセス制御方針
9.1.2　ネットワーク及びネットワークサービスへのアクセス	11.4.1　ネットワークサービスの利用についての方針

9.1.1　アクセス制御方針

管理策

アクセス制御方針は，業務及び情報セキュリティの要求事項に基づいて確立し，文書化し，レビューすることが望ましい．

実施の手引

資産の管理責任者は，資産に対する利用者のそれぞれの役割に対して，適切なアクセス制御規則，アクセス権及び制限を，アクセスに伴う情報セキュリティリスクを反映した制御の詳細さ及び厳密さで，決定することが望ましい．

アクセス制御は，論理的かつ物理的（箇条 **11** 参照）なものであり，この両面を併せて考慮することが望ましい．利用者及びサービス提供者には，アクセス制御によって達成する業務上の要求事項を明確に規定して提供することが望ましい．

アクセス制御方針では，次の事項を考慮に入れることが望ましい．

a)　業務用アプリケーションのセキュリティ要求事項

b)　情報の伝達及び認可に対する方針［例えば，知る必要性の原則，情報のセキュリティ水準，情報の分類（**8.2** 参照）］

c)　システム及びネットワークにおける，アクセス権と情報分類の方針との整合性

d)　データ又はサービスへのアクセスの制限に関連する法令及び契約上の義務（**18.1** 参照）

e)　利用可能な全ての種類の接続を認識する分散ネットワーク環境におけるアクセス権の管理

f)　アクセス制御における役割の分離（例えば，アクセス要求，アクセス認可，アクセス管理）

g)　アクセス要求の正式な認可に対する要求事項（**9.2.1** 及び **9.2.2** 参照）

h)　アクセス権の定期的なレビューに対する要求事項（**9.2.5** 参照）

i)　アクセス権の削除（**9.2.6** 参照）

j）利用者の識別情報及び秘密認証情報の利用及び管理に関する，全ての重要な事象の記録の保管

k）特権的アクセスを認められた役割（**9.2.3** 参照）

関連情報

アクセス制御規則を定めるには，次の事項に注意することが望ましい．

a）“明確に禁止していないことは，原則的に許可する”という前提に基づいた弱い規則よりも，“明確に許可していないことは，原則的に禁止する”という前提に基づいた規則の設定

b）情報処理施設が自動的に初期設定した情報ラベル（**8.2.2** 参照）の変更，及び利用者の裁量で初期設定した情報ラベルの変更

c）情報システムによって自動的に初期設定される利用者のアクセス許可の変更，及び実務管理者によって初期設定される利用者のアクセス許可の変更

d）適用する前に個々の承認を必要とする規則とそのような承認を必要としない規則との区別

アクセス制御規則は，正式な手順（**9.2**～**9.4** 参照）及び定められた責任（**6.1.1** 及び **9.3** 参照）によって支援されることが望ましい．

役割に基づくアクセス制御は，アクセス権を業務上の役割と結び付けるために多くの組織が利用し，成功を収めている取組み方法である．

アクセス制御方針を方向付けるために用いられることが多い二つの原則を，次に示す．

a）**知る必要性**（Need to know）　各人は，それぞれの職務を実施するために必要な情報へのアクセスだけが認められる（職務及び／又は役割が異なれば知る必要性も異なるため，アクセスプロファイルも異なる．）．

b）**使用する必要性**（Need to use）　各人は，それぞれの職務，業務及び／又は役割を実施するために必要な情報処理施設（IT 機器，アプリケーション，手順，部屋など．）へのアクセスだけが認められる．

（1）概　要

本管理策では，組織における業務及び情報セキュリティの要求事項に基づき，アクセス制御方針を確立し，文書化し，レビューすることを求めている．

このアクセス制御方針は“5.1.1 情報セキュリティのための方針群”の一つの個別方針である．

情報及び情報処理施設へのアクセスは，組織における情報セキュリティの要求事項に基づき，利用者のそれぞれの役割に対して必要なアクセス制御を行うための方針を規定する必要がある．

実施の手引では，そのアクセス制御方針で考慮すべき事項として11項目を列挙している．アクセス制御では，誰が，いつ，どこから，どの情報にアクセスすることができるのかを明確にする必要がある．なお，アクセス制御方針の策定にあたっては，単にアクセスの可否だけでなく，その職務や役割に応じて，“参照権限のみ”“更新・削除可能”といった権限の付与も同時に行うことが必要である．

アクセス制御方針を決めるにあたっては，情報に対して適切なレベルでアクセス制御を行うことを確実にするため“8.2 情報の分類”と整合したアクセス制限を考慮することが重要である．

(2)　旧規格からの変更点

“9.1.1 アクセス制御方針”は旧規格の11.1.1（アクセス制御方針）を継承している．

実施の手引において，アクセス制御方針で考慮すべき事項として“j）利用者の識別情報及び秘密認証情報の利用及び管理に関する，すべての重要な事象の記録の保管”及び“k)特権的アクセスを認められた役割”が新たに追加されている．

9.1.2　ネットワーク及びネットワークサービスへのアクセス

管理策

利用することを特別に認可したネットワーク及びネットワークサービスへのアクセスだけを，利用者に提供することが望ましい．

実施の手引

ネットワーク及びネットワークサービスの利用に関し，方針を設定することが望ましい．この方針は，次の事項を対象とすることが望ましい．

a)　アクセスが許されるネットワーク及びネットワークサービス

b)　誰がどのネットワーク及びネットワークサービスへのアクセスが許されるかを決めるための認可手順

c)　ネットワーク接続及びネットワークサービスへのアクセスを保護するための運用管理面からの管理策及び管理手順

d)　ネットワーク及びネットワークサービスへのアクセスに利用される手段（例えば，VPN，無線ネットワーク）

e)　様々なネットワークサービスへのアクセスに対する利用者認証の要求事項

f)　ネットワークサービスの利用の監視

ネットワークサービスの利用に関するこの方針は，組織のアクセス制御方針（**9.1.1** 参照）と整合していることが望ましい．

関連情報

認可されておらず，セキュリティが保たれていないネットワークサービスへの接続は，組織全体に影響を与える可能性がある．これに対する制御は，取扱いに慎重を要する及び重要な業務アプリケーションへのネットワーク接続，又はリスクの高い場所（例えば，組織の情報セキュリティの管理外にある公共の場所又は外部の区域）にいる利用者からのネットワーク接続の場合には，特に重要である．

(1)　概　要

本管理策では，利用者に対して，認可したネットワーク及びそのネットワークサービスへのアクセスだけを提供することを求めている．

組織内で管理するLAN環境においても，許可されていない者からのアクセスを防ぐため，利用者のアクセス権に基づきアクセス可能な範囲を限定し，十分なセキュリティを確保したネットワーク環境を構築する必要がある．

本管理策によりネットワーク及びネットワークサービスへのアクセスに関する方針を検討する際には“9.1.1 アクセス制御方針”で述べているような，業務上のアクセス制御方針との整合を十分に考慮すべきである．

(2)　旧規格からの変更点

“9.1.2 ネットワーク及びネットワークサービスへのアクセス”は旧規格の11.4.1（ネットワークサービスの利用についての方針）を継承している．

実施の手引において，方針で対象とすべき事項として“e）様々なネットワークサービスへのアクセスに対する利用者認証の要求事項”及び“f）ネットワークサービスの利用の監視”が新たに追加されている．

9.2　利用者アクセスの管理

9.2　利用者アクセスの管理

目的　システム及びサービスへの，認可された利用者のアクセスを確実にし，認可されていないアクセスを防止するため．

(1)　概　要

本カテゴリでは，不正なアクセスを防止するため，利用者のアクセス権管理のライフサイクル全般についての指針を示している．ライフサイクルの各プロセスが正しく遅滞なく行われないと，保護対象である情報が損失や盗難等のリスクに晒されるおそれがある．情報を不用意な漏えいから防ぐためにも，適切な利用者アクセスの管理が不可欠である．

(2)　旧規格からの変更点

本カテゴリは旧規格の 11.2（利用者アクセスの管理）を継承している．旧規格では 11.2.1（利用者登録）としてまとめていた管理策を組織における利用者としての登録（"9.2.1 利用者登録及び登録削除"）と登録に基づくアクセスの付与［"9.2.2 利用者アクセスの提供（provisioning)"］という二つの管理策に分けている．

また，旧規格の 8.3.3（アクセス権の削除）を本カテゴリに移すことで，分散していたアクセス権に関する管理策を本カテゴリでまとめている．

本カテゴリは六つの管理策で構成されている．現規格と旧規格のカテゴリと管理策を新旧対応表 ISO/IEC TR 27023 では表 3.9.2 のとおりに対応付けている．

表 3.9.2　現規格と旧規格のカテゴリと管理策の新旧対応表

現規格	旧規格
9.2　利用者アクセスの管理	11.2　利用者アクセスの管理
9.2.1　利用者登録及び登録削除	11.2.1　利用者登録 11.5.2　利用者の識別及び認証
9.2.2　利用者アクセスの提供(provisioning)	11.2.1　利用者登録 11.2.2　特権管理 11.5.2　利用者の識別及び認証
9.2.3　特権的アクセス権の管理	11.2.2　特権管理
9.2.4　利用者の秘密認証情報の管理	11.2.3　利用者パスワードの管理
9.2.5　利用者アクセス権のレビュー	11.2.4　利用者アクセス権のレビュー
9.2.6　アクセス権の削除又は修正	8.3.3　アクセス権の削除

9.2.1　利用者登録及び登録削除

管理策

アクセス権の割当てを可能にするために，利用者の登録及び登録削除についての正式なプロセスを実施することが望ましい．

実施の手引

利用者IDを管理するプロセスには，次の事項を含むことが望ましい．

a)　利用者と利用者自身の行動とを対応付けすること，及び利用者がその行動に責任をもつことを可能にする，一意な利用者IDの利用．共有IDの利用は，業務上又は運用上の理由で必要な場合にだけ許可し，承認し，記録する．

b)　組織を離れた利用者の利用者IDの，即座の無効化又は削除（**9.2.6** 参照）

c)　必要のない利用者IDの定期的な特定，及び削除又は無効化

d)　別の利用者に重複する利用者IDを発行しないことの確実化

関連情報

情報又は情報処理施設へのアクセスの提供又は無効化は，通常，次の二段階の手順からなる．

a)　利用者IDの割当て及び有効化，又は無効化

b)　利用者IDに対するアクセス権の提供又は無効化（**9.2.2** 参照）

(1)　概　要

本管理策では，利用者の登録及び登録削除について正式なプロセスを実施することを求めている．

実施の手引では，そのプロセスに含めるべき事項を列挙している．

a)では，一意な利用者ID付与について求めている．情報や情報システムに誰がアクセスしたのかを明らかにするため，利用者IDは原則として一意である必要がある．

共有IDは業務上又は運用上の理由で必要な場合に限って割り当てる．この場合も，管理者による承認が必要であり，誰に割り当てたかは記録として残しておく必要がある．共有IDの利用者のうち，一部の利用者がそのIDを利用する必要がなくなった場合，その共有IDのパスワードを変更するなど，不正なアクセスを防ぐ手段を講じる必要がある．

c)では，利用者IDの棚卸しについて述べている．新たに利用者が業務に携わることとなった場合や，利用者が業務から離れた場合に速やかにアクセス権

を変更すべきであるが，これが適切に行われているか，定期的に確認を行う必要がある．

d)では，複数の利用者に重複した利用者IDを割り当てないことを確実にすることを求めている．このような重複を防ぐため，利用者IDの管理台帳を作成し，利用者ごとの職務や権限とともに，割り当てている利用者IDを一元的に管理するのも一つの方法である．

この管理策で定める利用者の登録を前提として，次の管理策で定めるアクセス権の管理を行うこととなる．

(2)　旧規格からの変更点

“9.2.1 利用者登録及び登録削除”は旧規格の11.2.1（利用者登録）を継承している．

“利用者登録及び登録削除”としたことで，利用者IDの付与だけでなく，削除も対象とする管理策であることが表題でも明示された．

9.2.2　利用者アクセスの提供（provisioning）

管理策

全ての種類の利用者について，全てのシステム及びサービスへのアクセス権を割り当てる又は無効化するために，利用者アクセスの提供についての正式なプロセスを実施することが望ましい．

実施の手引

利用者IDに対するアクセス権の割当て及び無効化のプロセスには，次の事項を含むことが望ましい．

a)　情報システム又はサービスの利用についての，その情報システム又はサービスの管理責任者からの認可の取得（**8.1.2**参照）．アクセス権について，管理層から別の承認を受けることが適切な場合もある．

b)　許可したアクセスのレベルが，アクセス制御方針に適していること（**9.1**参照），及び職務の分離などのその他の要求事項と整合していること（**6.1.2**参照）の検証

c)　認可手順が完了するまで，（例えば，サービス提供者が）アクセス権を有効にしないことの確実化

d)　情報システム又はサービスにアクセスするために利用者IDに与えられたアクセス権の，一元的な記録の維持

e)　役割又は職務を変更した利用者のアクセス権の変更，及び組織を離れた利用者のアクセス権の即座の解除又は停止

f)　情報システム又はサービスの管理責任者による，アクセス権の定期的なレビュー（**9.2.5** 参照）

関連情報

利用者のアクセス役割を，業務上の要求事項に基づいて確立することを考慮することが望ましい．利用者のアクセス役割とは，多くのアクセス権を典型的な利用者アクセス権限プロファイルとして要約したものである．アクセスの要求及びレビュー（**9.2.5** 参照）の管理は，個々の権限レベルで行うよりも役割レベルで行うほうが容易である．

職員又は契約相手が認可されていないアクセスを試みた場合の制裁を明記する条項を，要員との契約及びサービスの契約に含めることを考慮することが望ましい（**7.1.2**，**7.2.3**，**13.2.4** 及び **15.1.2** 参照）．

(1)　概　要

本管理策では，システムやサービスの利用者 ID に対するアクセス権の割り当て及び無効化について述べている．

実施の手引では，アクセス権の割当て及び無効化のプロセスにおいて考慮すべき事項を列挙している．

a)では，認可手続について求めている．情報システムやサービスにアクセスするためには，そのシステムやサービスの管理責任者のみならず，業務に責任を負う者など，別の管理層から認可を受ける必要がある場合もある．

b)では，アクセス制御方針や職務の分離との整合について述べている．職務の分離においては，システムへのアクセスを認可する管理責任者と実際にシステムへのアクセス権を設定する者とを分けるなどして，不正なアクセスが発生するリスクに対応することが必要である．

f)では，アクセス権の定期的なレビューについて述べている．単にアクセス権の棚卸しだけでなく，参照権限，更新・削除権限など，その職務に応じて適切な権限が与えられているか確認を行うべきである．

(2)　旧規格からの変更点

“9.2.2 利用者アクセスの提供（provisioning）”は主に旧規格の 11.2.1（利用者登録）を継承している．

旧規格では 11.2.1 に包含されていた“利用者の登録”と“登録した利用者に対するアクセス権の提供”を現規格では明確に分離し“9.1.1 アクセス制御

方針”と“9.1.2 ネットワーク及びネットワークサービスへのアクセス”の二つの管理策としている．

9.2.3　特権的アクセス権の管理

管理策

特権的アクセス権の割当て及び利用は，制限し，管理することが望ましい．

実施の手引

特権的アクセス権の割当ては，関連するアクセス制御方針（**9.1.1** 参照）に従って，正式な認可プロセスによって管理することが望ましい．この管理策の実施については，次の段階を考慮することが望ましい．

a) 各々のシステム又はプロセス（例えば，オペレーティングシステム，データベース管理システム，各アプリケーション）に関連した特権的アクセス権，及び特権的アクセス権を割り当てる必要がある利用者を特定する．

b) 特権的アクセス権を，アクセス制御方針（**9.1.1** 参照）に沿って，使用の必要性に応じて，かつ，事象に応じて，利用者に割り当てる．すなわち，利用者の職務上の役割のための最小限の要求事項に基づいて割り当てる．

c) 割り当てた全ての特権の認可プロセス及び記録を維持する．特権的アクセス権は，認可プロセスが完了するまで許可しない．

d) 特権的アクセス権の終了に関する要求事項を定める．

e) 特権的アクセス権は，通常業務に用いている利用者 ID とは別の利用者 ID に割り当てる．特権を与えられた ID からは，通常業務を行わないほうがよい．

f) 特権的アクセス権を与えられた利用者の力量がその職務に見合っていることを検証するために，その力量を定期的にレビューする．

g) 汎用の実務管理者 ID の認可されていない使用を避けるため，システムの構成管理機能に応じて，具体的な手順を確立及び維持する．

h) 汎用の実務管理者 ID に関しては，共有する場合に秘密認証情報の機密性を維持する（例えば，頻繁にパスワードを変更する，特権を与えられた利用者が離職する又は職務を変更する場合はできるだけ早くパスワードを変更する，特権を与えられた利用者の間で適切な方法でパスワードを伝達する）．

関連情報

システムの管理特権（システム又はアプリケーションによる制御を利用者が無効にすることを可能とする情報システムの機能又は手段）の不適切な使用は，システムの不具合又はシステムへの侵害の主要因である．

(1)　概　要

本管理策では，特権的アクセス権の利用の制限及び管理を求めている．情報システムやサービスに与えられるIDには，一般利用者用の利用者IDと，システム管理者用の特権IDとが存在する．特権IDはシステム上のデータの参照やシステム設定ファイルの変更など，利用者IDよりも多くの権限が付与されるため，悪用された場合に組織に与える影響が大きく，より厳格な管理が必要とされる．

実施の手引では，特権的アクセス権を認可する際に考慮すべき事項を列挙している．

b)では，利用者の職務上の役割のための最小限の要求事項に基づく割り当てについて述べている．職務上必要のない特権的な権限を与えることは，個人情報の漏えいといった，組織にとって重大な影響を与えるリスクを増大させることになるため，避けなければならない．

e)では，特権的アクセス権に利用するIDと通常の利用者IDとを分けることを求めている．

g)では，特権を与えられたIDの例である汎用の実務管理者IDの使用について，認可されていない使用を避けるための具体的な手順の確立及び維持を求めている．例えば，特権的アクセス権の使用について記録を取得してこれを定期的にレビューすること，特権的アクセス権は複数人の操作でのみ有効とすることなどが考えられる．

(2)　旧規格からの変更点

“9.2.3 特権的アクセス権の管理”は旧規格の11.2.2（特権管理）を継承している．

実施の手引において，特権の割り当てにおいて考慮すべき事項としてd)，f)～h)が追加されている．

9.2.4　利用者の秘密認証情報の管理

管理策

秘密認証情報の割当ては，正式な管理プロセスによって管理することが望ましい．

実施の手引

正式な管理プロセスには，次の事項を含むことが望ましい．

a)　個人の秘密認証情報を秘密に保ち，グループの（すなわち，共用の）秘密認証情報はグループのメンバ内だけの秘密に保つ旨の文書への署名を，利用者に要求する．この署名文書は，雇用契約の条件に含める場合もある（**7.1.2** 参照）．

b) 利用者に各自の秘密認証情報を保持することを求める場合，最初に，セキュリティが保たれた仮の秘密認証情報を発行し，最初の使用時にこれを変更させる．

c) 新規，更新又は仮の秘密認証情報を発行する前に，利用者の本人確認の手順を確立する．

d) 仮の秘密認証情報は，セキュリティを保った方法で利用者に渡す．外部関係者を通して渡すこと又は保護されていない（暗号化していない）電子メールのメッセージを利用することは避ける．

e) 仮の秘密認証情報は，一人一人に対して一意とし，推測されないものとする．

f) 利用者は，秘密認証情報の受領を知らせる．

g) 業者があらかじめ設定した秘密認証情報は，システム又はソフトウェアのインストール後に変更する．

関連情報

パスワードは，一般に用いられている秘密認証情報の一つで，利用者の本人確認の一般的な手段である．その他の秘密認証情報には，認証コードを作成するハードウェアトークン（例えば，スマートカード）に保管された暗号鍵及びその他のデータがある．

(1)　概　要

本管理策では，秘密認証情報の割り当てを正式な管理プロセスによって管理することを求めている．ここでいう秘密認証情報とは，パスワードのほか，秘密鍵等の暗号を手段とする認証情報，ワンタイムパスワード，図形や指の動きなどの情報，生体認証情報*2 などが含まれる．

特にパスワードは，秘密認証情報として最も一般的に利用されている．どのようなパスワードを利用する必要があるかという点に関しては現規格の“9.3.1 秘密認証情報の利用”で述べられ，また，パスワード管理プロセスを具現化したシステムで留意すべき事項に関しては現規格の“9.4.3 パスワード管理システム”で述べられているので，あわせて参照されたい．

実施の手引では，秘密認証情報の割り当ての管理プロセスにあたって留意す

---

*2 生体認証では，個人の登録時に，指紋，顔などの生体情報から，その特徴点を抽出するなどして認証情報が生成される．認証の際は生成された認証情報との照合が行われる．本規格における秘密認証情報に関する指針は生体情報ではなく，生成された認証情報に適用できる．

べき事項を列挙している．旧規格では“利用者パスワードの管理”であったものが現規格で“利用者の秘密認証情報の管理”に置き換わっていることもあり，ここに述べられている内容は，多くがパスワードに対してあてはまるものである．

b)では，セキュリティが保たれた仮の秘密認証情報の発行について述べている．システム管理者が初期パスワードを発行し，利用者がそのシステムに初めてアクセスする際，初期パスワードを変更しないとシステムが利用できないような制御を行うことも重要である．

c)では，秘密認証情報を発行する際の本人確認の手順の確立を求めている．例えば，パスワードを利用者自身が忘れてしまった際，システム管理者側でパスワードを再発行する場合がある．利用者が電話でパスワードの再発行を要求してきた場合にも，安易にその電話でパスワードを伝えてしまうと，場合によっては，なりすました第三者にこれを伝えてしまうというリスクが伴う．本人しか知り得ない情報をもとに確認を取ったり，郵送など本人に届く手段を用いたりして確実に利用者本人に伝わる手順を確立する必要がある．また，システム上でパスワードが変更された際に，その利用者に対してパスワードが変更された旨を通知する機能をもたせることも，秘密認証情報の割り当てを悪用したなりすましを防ぐ手段として有効である．

e)では，仮の秘密認証情報を推測されにくいものにするよう求めている．特に，機密性の要求の高い情報を扱うシステムでは，初期のパスワードを利用者IDと同じものにしてしまうなどといった方法で，第三者の不正な利用を誘発してしまうリスクは防ぐべきである．

(2)　旧規格からの変更点

“9.2.4 利用者の秘密認証情報の管理”は旧規格の11.2.3（利用者パスワードの管理）を継承している．

パスワードを秘密認証情報に置き換えることで，暗号を手段とする認証，ワンタイムパスワード認証，生体認証など従来のパスワード認証以外の方法についても包含する管理策に変更された．

9.2.5 利用者アクセス権のレビュー

管理策

資産の管理責任者は，利用者のアクセス権を定められた間隔でレビューすることが望ましい．

実施の手引

アクセス権のレビューでは，次の事項を考慮することが望ましい．

a) 利用者のアクセス権を，定められた間隔で及び何らかの変更（例えば，昇進，降格，雇用の終了）があった後に見直す（箇条 **7** 参照）．

b) 利用者の役割が同一組織内で変更された場合，そのアクセス権についてレビューし，割当てをし直す．

c) 特権的アクセス権の認可は，利用者のアクセス権より頻繁な間隔でレビューする．

d) 特権の割当てを定められた間隔で点検して，認可されていない特権が取得されていないことを確実にする．

e) 特権アカウントの変更は，定期的なレビューのためにログをとる．

関連情報

この管理策は，**9.2.1**，**9.2.2** 及び **9.2.6** の管理策の遂行において生じ得る弱点を補う．

(1) 概　要

本管理策では，利用者のアクセス権の定期的なレビューを求めている．

人事異動や組織改正又は担当職務の変更等によって利用者に与えるアクセス権が変わることが考えられる．通常“9.2.2 利用者アクセスの提供(provisioning)”や“9.2.3 特権的アクセス権の管理”で定められたプロセスの中でアクセス権の登録・変更・削除は管理されているはずであるが，申請の漏れや処理の漏れなどで，そのプロセスが正常に行われなかった場合，必要のないアクセス権が残ったままとなる可能性がある．そのため，利用者のアクセス権を定期的にレビューするプロセスを整備する必要がある．

実施の手引では，アクセス権の見直しについて，利用者のアクセス権と特権の二つに分けて述べている．a), b)は，現規格の 9.2.2 の e), f)に対応しており，一般的な利用者のアクセス権の見直しに関する記述である．これに対し，c)～e)は，現規格の 9.2.3 に従って割り当てた特権的アクセス権の見直しに関する記述である．

特権的アクセス権の誤用又は不正利用によるシステムへの影響は，利用者のアクセス権よりも大きいため，レビューの間隔を短くする，レビューのために変更のログを取るなど，より厳しい管理を考慮すべきである．

(2)　旧規格からの変更点

“9.2.5 利用者アクセス権のレビュー”は旧規格の 11.2.4（利用者アクセス権のレビュー）を継承している．

9.2.6　アクセス権の削除又は修正

管理策

全ての従業員及び外部の利用者の情報及び情報処理施設に対するアクセス権は，雇用，契約又は合意の終了時に削除し，また，変更に合わせて修正することが望ましい．

実施の手引

雇用の終了時に，情報並びに情報処理施設及びサービスに関連する資産に対する個人のアクセス権を削除又は一時停止することが望ましい．このためにも，アクセス権を削除する必要があるかどうかを決定する．雇用を変更した場合，新規の業務において承認されていない全てのアクセス権を削除することが望ましい．削除又は修正が望ましいアクセス権には，物理的な及び論理的なアクセスに関するものを含む．アクセス権の削除又は修正は，鍵，身分証明書，情報処理機器又は利用登録の，削除，失効又は差替えによって行うことができる．従業員及び契約相手のアクセス権を特定するあらゆる文書に，アクセス権の削除又は修正を反映することが望ましい．辞めていく従業員又は外部の利用者が引き続き有効な利用者 ID のパスワードを知っている場合，雇用・契約・合意の終了又は変更に当たって，これらのパスワードを変更することが望ましい．

情報及び情報処理施設に関連する資産へのアクセス権は，雇用の終了又は変更の前に，次に示すリスク因子の評価に応じて，縮小又は削除することが望ましい．

a)　雇用の終了又は変更が，従業員若しくは外部の利用者の側によるものか又は経営側によるものかどうか，及び雇用の終了の理由

b)　従業員，外部の利用者，又は他の利用者の現時点の責任

c)　現在アクセス可能な資産の価値

関連情報

ある特定の状況においては，利便性の点から，辞めていく従業員又は外部の利用者よりも多くの者にアクセス権が割り当てられている場合がある（例えば，グループ ID）．そのような状況では，辞めていく者は，いかなるグループアクセスリストからも削除することが望ましい．さらに，関係する他の従業員及び外部の利用者の全てに，辞めていく者とこの情報を共有しないように通知することを取り決めることが望ましい．

経営側による解雇の場合には，解雇に不満な従業員又は外部の利用者が故意に情報を改ざんしたり，情報処理施設を破壊したりすることがある．辞職する人又は解雇される人の場合には，将来利用するために情報を集めたがることがある．

(1)　概　要

本管理策では，アクセス権の適切な削除，修正について求めている．ここでのアクセスには，ネットワークを介して組織の情報システムやサービスを利用することだけでなく，施設の中に物理的に入ることや，資料・記録などを閲覧することなども含む．

組織は，従業員にはもちろんのこと，人材派遣会社からの派遣労働者・請負契約に基づく委託先の従業員・一般来訪者などにも，アクセス権を認めることがある．そのような人々と組織との関係が終了した場合などにはアクセス権を削除する必要がある．また，組織の中での役割に変更が生じた場合には，その変更にあわせてアクセス権の見直しも必要になる．

実施の手引では，アクセス権の削除，修正にあたって考慮すべき事項を述べている．

業務の都合上，共有 ID を利用しているような場合，その利用者の一部が業務を離れた際には，共有 ID のパスワードを変更する必要がある．

また，関連情報にもあるとおり，辞職又は解雇によって離職する場合，次の就業先で活用するために組織内の情報を持ち出すというリスクも高い．アクセス権の削除とともに，不要な情報の持出しがないこともあわせて確認しておく必要がある．

(2)　旧規格からの変更点

“9.2.6 アクセス権の削除又は修正”は旧規格の 8.3.3（アクセス権の削除）を継承している．

管理策には削除だけでなく修正も含まれるため，表題も“アクセス権の削除又は修正”に変更されている．

9.3　利用者の責任

> **9.3　利用者の責任**
>
> **目的**　利用者に対して，自らの秘密認証情報を保護する責任をもたせるため．

(1)　概　要

本カテゴリでは，利用者に秘密認証情報を保護する責任をもたせるための指針を示している．管理策は“9.3.1 秘密認証情報の利用”の一つのみである．パスワードをはじめとする秘密認証情報は，通常利用者本人が管理すべきものである．したがって，この利用者がセキュリティに対する意識が低く，容易に推測できるパスワードを設定したり，パスワード情報をメモにしてコンピュータに張り付けているといったずさんな管理だったりすると，組織のもつ情報の保護が非常にぜい弱な状態になってしまう．利用者自身に秘密認証情報保護の責任意識をもたせることは，組織の管理策にとって非常に重要である．

(2)　旧規格からの変更点

本カテゴリは旧規格の11.3（利用者の責任）を継承している．

なお，旧規格の11.3の管理策のうち11.3.2（無人状態にある利用者装置）及び11.3.3（クリアデスク・クリアスクリーン方針）は，現規格では，装置の管理策として“11.2 装置”のカテゴリに移されている．

本カテゴリは一つの管理策で構成されている．現規格と旧規格のカテゴリと管理策を新旧対応表ISO/IEC TR 27023では表3.9.3のとおりに対応付けている．

表3.9.3　現規格と旧規格のカテゴリと管理策の新旧対応表

現規格	旧規格
9.3　利用者の責任	11.3　利用者の責任
9.3.1　秘密認証情報の利用	11.3.1　パスワードの利用

9.3.1　秘密認証情報の利用

管理策

秘密認証情報の利用時に，組織の慣行に従うことを，利用者に要求することが望ましい．

実施の手引

全ての利用者に，次の事項を実行するように助言することが望ましい．

a)　秘密認証情報を秘密にしておき，関係当局の者を含む他者にこれが漏えいしないことを確実にする．

b)　秘密認証情報を，例えば，紙，ソフトウェアのファイル，携帯用の機器に，記録して保管しない．ただし，記録がセキュリティを確保して保管され，その保管方法が承認されている場合には，この限りではない［例えば，パスワード保管システム(password vault)］．

c) 秘密認証情報に対する危険の兆候が見られる場合には，その秘密認証情報を変更する．

d) 秘密認証情報としてパスワードを用いる場合は，十分な最短文字数をもつ質の良いパスワードを選定する．質の良いパスワードとは，次の条件を満たすものとする．

1) 覚えやすい．

2) 当人の関連情報（例えば，名前，電話番号，誕生日）から，他の者が容易に推測できる又は得られる事項に基づかない．

3) 辞書攻撃にぜい弱でない(すなわち,辞書に含まれる語から成り立っていない.)．

4) 同一文字を連ねただけ，数字だけ，又はアルファベットだけの文字列ではない．

5) 仮のパスワードの場合，最初のログオン時点で変更する．

e) 個人用の秘密認証情報を共有しない．

f) 自動ログオン手順において，秘密認証情報としてパスワードを用い，かつ，そのパスワードを保管する場合，パスワードの適切な保護を確実にする．

g) 業務目的のものと業務目的でないものとに，同じ秘密認証情報を用いない．

関連情報

シングル サインオン（SSO）又はその他の秘密認証情報管理ツールを用いると，利用者に保護を求める秘密認証情報が減り，これによって，この管理策の有効性を向上させることができる．しかし，秘密認証情報の漏えいの影響も大きくなり得る．

(1)　概　要

本管理策では，秘密認証情報を利用する際，組織の慣行に従わせることを求めている．

実施の手引では，すべての利用者が秘密認証情報の利用にあたって実行すべき事項を列挙している．

a)では，秘密認証情報を漏えいさせないことを求めている．システム管理者を名乗って，電話でパスワードを教えるよう要求してくるようなソーシャルエンジニアリングのリスクに対しても適切な対応が取れるように教育を徹底することも重要である．

b)は，パスワードの保管方法について記述している．紙に書くこと，パスワードを記録した電子ファイルを作成することなどは行わないほうがよいが，現規格にも明記されてあるとおり，パスワードが記録された媒体自体がセキュリティを考慮して管理されていれば，これを禁じるものではない．

c)は，パスワードの変更に関して記述している．実施の手引では危険の兆候がみられる場合の秘密認証情報の変更に関して述べている．このほか，パスワードはの漏えいを防ぐ策として，定期的に変更させることも考えられる．定期的な変更を利用者側で意識することはもちろんのこと，情報システムに仕組みを設けて，パスワード変更を確実に実施させることもできる．

d)では“質の良いパスワード”について記述している．パスワードを解読する攻撃方法としては，辞書攻撃や総当たり攻撃等が一般的である．この方法を利用したパスワード解読のための攻撃ツールは，容易に入手可能な状態であり，特にパスワード解読に関する知識がなくてもパスワード解読ができてしまう．

このような辞書攻撃，総当たり攻撃のリスクに対する対応策としては，利用者側で推測しやすいパスワードを用いないことも重要であるが，パスワード認証に一定回数失敗したらパスワードをロックするなど，システム側で制御する方法も有効である．

f)では，自動ログオンについて述べている．ブラウザのcookie機能など，利用者IDやパスワードをシステム上に記憶させておき，次回自動的に（ユーザの操作なしに）ログオンする機能である．利便性の観点では非常に有効であるが，例えば，操作端末を共有しており，別の利用者が同じ認証機能でログオンする可能性がある場合には，このような機能については無効にしておくことが必要である．

g)では，業務目的と業務目的外とで秘密認証情報を分けることを求めている．例えば，メールアドレスをIDとしているような，あるシステムのパスワード情報が漏えいしてしまった場合，そのIDとパスワードの組合せを利用して別のシステムに不正ログインするといったリスト型アカウントハッキングのリスクもある．安易に複数のシステムで同じパスワードを利用してしまうのは，情報漏えい等のリスクを高めるおそれがあり，注意が必要である．

関連情報では，シングルサインオンの特徴について述べている．シングルサインオンでは一度の認証で複数のシステムが利用できるため，利用者の利便性向上にとって有効であるが，秘密認証情報が漏れてしまうと複数のシステムへの許可されていないアクセスを許すことから，秘密認証情報の取扱いにも注意が求められる．

(2)　旧規格からの変更点

“9.3.1 秘密認証情報の利用”は旧規格の 11.3.1（パスワードの利用）を継承している．

現規格の“9.2.4 利用者の秘密認証情報の管理”と同様に，パスワードを秘密認証情報に置き換えることで，従来のパスワード認証以外の方法についても包含する管理策に変更された．

9.4　システム及びアプリケーションのアクセス制御

9.4　システム及びアプリケーションのアクセス制御

目的　システム及びアプリケーションへの，認可されていないアクセスを防止するため．

(1)　概　要

本カテゴリでは，アクセス制御のうち，システム及びアプリケーションに関するアクセス制御について記述している．

通常，組織には複数のシステム，アプリケーションが存在し，その利用目的や求められる機密性もそのシステムやアプリケーションごとに異なる．したがって，そのシステムやアプリケーションに対するアクセス制御は，それを利用する利用者の職務や，そこで取り扱っている情報の種別によって適切に行うことが必要である．

(2)　旧規格からの変更点

本カテゴリは旧規格の 11.5（オペレーティングシステムのアクセス制御）及び 11.6（業務用ソフトウェア及び情報のアクセス制御）を一つのカテゴリに統合している．これによって，旧規格の 11.5.1（セキュリティに配慮したログオン手順），11.5.3（パスワード管理システム）及び 11.6.1（情報へのアクセス制限）が情報システムを構成するオペレーティングシステム及びアプリケーションに対して一貫して適用されるように整理された．

また，旧規格の 12.4（システムファイルのセキュリティ）のカテゴリにあった 12.4.3（プログラムソースコードへのアクセス制御）は本カテゴリに移されている．

本カテゴリは五つの管理策で構成されている．現規格と旧規格のカテゴリと管理策を新旧対応表 ISO/IEC TR 27023 では表 3.9.4 のとおりに対応付けている．

表 3.9.4　現規格と旧規格のカテゴリと管理策の新旧対応表

現規格	旧規格
9.4　システム及びアプリケーションのアクセス制御	11.5　オペレーティングシステムのアクセス制御
9.4.1　情報へのアクセス制限	11.6.1　情報へのアクセス制限 11.6.2　取扱いに慎重を要するシステムの隔離
9.4.2　セキュリティに配慮したログオン手順	11.5.1　セキュリティに配慮したログオン手順 11.5.5　セッションのタイムアウト 11.5.6　接続時間の制限
9.4.3　パスワード管理システム	11.5.3　パスワード管理システム
9.4.4　特権的なユーティリティプログラムの使用	11.5.4　システムユーティリティの使用
9.4.5　プログラムソースコードへのアクセス制御	12.4.3　プログラムソースコードへのアクセス制御

9.4.1　情報へのアクセス制限

管理策

情報及びアプリケーションシステム機能へのアクセスは，アクセス制御方針に従って，制限することが望ましい．

実施の手引

アクセスへの制限は，個々の業務用アプリケーションの要求事項に基づき，定められたアクセス制御方針に従うことが望ましい．

アクセス制限の要求事項を満たすために，次の事項を考慮することが望ましい．

a) アプリケーションシステム機能へのアクセスを制御するためのメニューを提供する．

b) 利用者がアクセスできるデータを制御する．

c) 利用者のアクセス権（例えば，読出し，書込み，削除，実行）を制御する．

d) 他のアプリケーションのアクセス権を制御する．

e) 出力に含まれる情報を制限する．

f) 取扱いに慎重を要するアプリケーション，アプリケーションデータ又はシステムを隔離するための，物理的又は論理的なアクセス制御を提供する．

(1)　概　要

本管理策では，個々の情報やアプリケーションシステムへのアクセスを制御することを求めている．アクセス制御にあたっては“8.1.3 資産利用の許容範囲”及び“9.1.1 アクセス制御方針”と整合させた制限を行うことが必要である．

実施の手引では，アクセス制限の際に考慮すべき事項について述べている．

a)では，アクセスを制御するためのメニューの提供について述べている．利用者向けに表示するメニューで，利用者の権限等に応じて必要な機能だけをみせるようにする．既製のアプリケーションシステムを導入する際には，そのシステムが組織で定めたアクセス制御方針に基づくアクセス制御をメニューその他の機能として提供しているかを確認する必要がある．

c)では，利用者に与える権限について述べている．不必要な書込みや削除，実行権限を与えることは，情報の完全性を維持するうえで大きな脅威となる．業務の必要性に応じて与える権限を厳密に管理することが必要である．

e)では，出力に含まれる情報を制限することを求めている．アプリケーションによっては，ファイルや印刷した帳票などで情報を出力する機能を提供するものがある．安易に機密性の高い情報が出力できてしまうと，そこから情報漏えいのリスクが発生してしまうため，出力できる情報はアクセス制御方針に従って制限する必要がある．

f)では，取扱いに慎重を要するアプリケーション，アプリケーションデータ又はシステムについて述べている．例えば，大量の個人情報を参照可能なアプリケーションなどは，利用者IDとパスワード認証といったアクセス制御だけでは，場合によってはショルダーハッキングといったのぞき見に対するリスクに対してはぜい弱である．例えば，操作できる端末を物理的に専用に仕切られた区画に置き，その区画に対する物理的なアクセス制御を行うといった方法もあわせて検討する必要があるであろう．

（2） 旧規格からの変更点

“9.4.1 情報へのアクセス制限”は主に旧規格の11.6.1（情報へのアクセス制限）を継承している．

旧規格の管理策である11.6.2（取扱いに慎重を要するシステムの隔離）については管理策としては削除され，実施の手引において，アクセス制限の要求事項を満たすために考慮すべき事項として“f)取扱いに慎重を要するアプリケーション，アプリケーションデータ又はシステムを隔離するための，物理的又は論理的なアクセス制御を提供する．”として記述されている．

9.4.2 セキュリティに配慮したログオン手順

管理策

アクセス制御方針で求められている場合には，システム及びアプリケーションへのアクセスは，セキュリティに配慮したログオン手順によって制御することが望ましい．

実施の手引

利用者が提示する識別情報を検証するために，適切な認証技術を選択することが望ましい．

強い認証及び識別情報の検証が必要な場合には，パスワードに代えて，暗号による手段，スマートカード，トークン，生体認証などの認証方法を用いることが望ましい．

システム又はアプリケーションへログオンするための手順は，認可されていないアクセスの機会を最小限に抑えるように設計することが望ましい．したがって，ログオン手順では，認可されていない利用者に無用な助けを与えないために，システム又はアプリケーションについての情報の開示は，最小限にすることが望ましい．良いログオン手順として，次の条件を満たすものが望ましい．

a） システム又はアプリケーションの識別子を，ログオン手順が正常に終了するまで表示しない．

b） “コンピュータへのアクセスは，認可されている利用者に限定する”という警告を表示する．

c） ログオン手順中に，認可されていない利用者の助けとなるようなメッセージを表示しない．

d） ログオン情報の妥当性検証は，全ての入力データが完了した時点でだけ行う．誤り条件が発生しても，システムからは，データのどの部分が正しいか又は間違っているかを指摘しない．

e） 総当たり攻撃でログオンしようとする試みから保護する．

f） 失敗した試み及び成功した試みのログをとる．

g） ログオン制御への違反又は違反が試みられた可能性が検知された場合には，セキュリティ事象として取り上げる．

h） ログオンが成功裏に終了した時点で，次の情報を表示する．

1） 前回成功裏にログオンできた日時

2） 前回のログオン以降，失敗したログオンの試みがある場合は，その詳細

i） 入力したパスワードは表示しない．

j） ネットワークを介してパスワードを平文で通信しない．

k） リスクの高い場所（例えば，組織のセキュリティ管理外にある公共の場所又は外部の区域，モバイル機器）では特に，あらかじめ定めた使用中断時間が経過したセッションは終了する．

l） リスクの高いアプリケーションのセキュリティを高めるために接続時間を制限し，認可されていないアクセスの危険性を低減する．

関連情報

パスワードは，利用者だけが知る秘密に基づき，識別及び認証を行う一般的な方法である．暗号による手段及び認証プロトコルによっても同様のことが可能となる．利用者を認証する強度は，アクセスされる情報の分類に適したものであることが望ましい．

ログオンセッション中にパスワードを平文でネットワーク上で通信するとき，それらのパスワードは，ネットワーク“スニファ”プログラムで捕捉される場合がある．

（1）　概　要

本管理策では，システム及びアプリケーションへのアクセスをセキュリティに配慮したログオン手順によって制御することを求めている．

実施の手引では，システム又はアプリケーションにログオンする際の具体的な手順について述べている．

高い機密性が求められるシステムでは，パスワード以外の認証方法も検討する必要がある．スマートカードや生体認証などの代替手段による認証や，これらの認証を組み合わせた2要素認証の仕組みを導入することで，より強固な

認証が実現する．これらの認証はアクセス制御方針に基づいて必要な手段を導入するとよい．

システム及びアプリケーションへログオンする際に，表示される情報などから，悪意のある第三者に不正アクセスの手掛かりを与えるリスクがある．このような不正アクセスの手段を与えないような仕組みを実装することが重要である．

d)では，ログオン情報の妥当性検証について述べている．入力した利用者IDとパスワードでログオンできなかった場合に，IDとパスワードのどちらが間違っているのか表示するべきではない．また，パスワードが誤っている場合に，誤っていると考えられる箇所を指摘してはならない．

e)では，総当たり攻撃のログオン対策について述べている．認証に一定回数失敗したら，システムにロックをかけて，一定時間そのシステムにログオンできなくする，あるいはシステム管理者にロックを解除してもらうような運用を選ぶということも考えられる．

(2)　旧規格からの変更点

“9.4.2 セキュリティに配慮したログオン手順”は主に旧規格の11.5.1（セキュリティに配慮したログオン手順）を継承している．

旧規格の管理策である11.5.5（セッションのタイムアウト）及び11.5.6（接続時間の制限）については管理策としては削除され，実施の手引において，ログオン手順の満たすべき項目として，それぞれ“k)リスクの高い場所（例えば，組織のセキュリティ管理外にある公共の場所又は外部の区域，モバイル機器）では，特に，あらかじめ定めた使用中断時間が経過したセッションは終了する．”及び“l)リスクの高いアプリケーションのセキュリティを高めるために接続時間を制限し，認可されていないアクセスの危険性を低減する．”といったように記述されている．

9.4.3　パスワード管理システム

管理策

パスワード管理システムは，対話式とすることが望ましく，また，良質なパスワードを確実とするものが望ましい．

実施の手引

パスワードの管理システムは，次の条件を満たすことが望ましい．

a) 責任追跡性を維持するために，それぞれの利用者 ID 及びパスワードを使用させるようにする．

b) 利用者に自分のパスワードの選択及び変更を許可し，また，入力誤りを考慮した確認手順を組み入れる．

c) 質の良いパスワードを選択させるようにする．

d) パスワードは，最初のログオン時に利用者に変更させるようにする．

e) パスワードは，定期的に及び必要に応じて変更させるようにする．

f) 以前に用いられたパスワードの記録を維持し，再使用を防止する．

g) パスワードは，入力時に，画面上に表示しないようにする．

h) パスワードのファイルは，アプリケーションシステムのデータとは別に保存する．

i) パスワードは，保護した形態で保存し，伝達する．

関連情報

アプリケーションによっては，独立した機関によって割り当てられる利用者パスワードを要求する場合がある．このような場合，**9.4.3** の **b)**，**d)** 及び **e)** は適用しない．ほとんどの場合，パスワードは，利用者によって選択され，維持される．

(1)　概　要

本管理策では，パスワード管理システムは対話式とし，良質なパスワードを確実とすることを求めている．

パスワード管理システムが対話式であるとは，管理側から一方的に配付したパスワードを使い続けたり，利用者が選択したパスワードを何の確認もせずに受け入れたりせずに，管理側がパスワードに関する方針（ポリシー）をもって，利用者が選択するパスワードの質を確認するなどを指す．

実施の手引では，パスワード管理システムが満たすべき条件を列挙している．

b)では，利用者によるパスワードの選択及び変更について述べている．通常，パスワード設定する際に画面上にパスワードは表示させるべきでないことから，場合によっては利用者の入力誤りが発生する可能性がある．これを防ぐため，パスワードの選択，変更の際にはパスワードの再入力を求めることが一般的な手法である．

c)では，質の良いパスワードの選択を求めている．“質の良いパスワード”

の定義については現規格の“9.3.1 秘密認証情報の利用”で述べられているので，あわせて参照されたい．

（2）　旧規格からの変更点

“9.4.3 パスワード管理システム”は旧規格の 11.5.3（パスワード管理システム）を継承している．

9.4.4　特権的なユーティリティプログラムの使用

管理策

システム及びアプリケーションによる制御を無効にすることのできるユーティリティプログラムの使用は，制限し，厳しく管理することが望ましい．

実施の手引

システム及びアプリケーションによる制御を無効にすることのできるユーティリティプログラムの使用においては，次の事項を考慮することが望ましい．

a） ユーティリティプログラムのための識別，認証及び認可手順の使用
b） アプリケーションソフトウェアからのユーティリティプログラムの分離
c） 可能な限り少人数の信頼できる認可された利用者だけに限定した，ユーティリティプログラムの使用制限（**9.2.3** 参照）
d） ユーティリティプログラムを臨時に用いる場合の認可
e） ユーティリティプログラムの使用の制限（例えば，認可されたシステム変更のための期間での利用）
f） ユーティリティプログラムの全ての使用に関するログ
g） ユーティリティプログラムの認可レベルの明確化及び文書化
h） 全ての不要なユーティリティプログラムの除去又は無効化
i） 権限の分離が必要な場合の，システム上のアプリケーションへのアクセス権をもつ利用者に対するユーティリティプログラムの使用禁止

関連情報

ほとんどのコンピュータには，導入時点で，システム及びアプリケーションによる制御を無効にすることのできる一つ以上のユーティリティプログラムが組み込まれている．

（1）　概　要

本管理策では，ユーティリティプログラムの使用の制限に関して述べられている．ユーティリティプログラムとは，例えば，オペレーティングシステムをチューニングする機能をもつプログラムなどで，オペレーティングシステムやアプリケーションによる通常のアクセス制御が有効に働かないものが少なくな

い．このようなプログラムがコンピュータに実装されている場合，利用者の制限が必要である．

実施の手引では，ユーティリティプログラムの使用において考慮すべき事項を列挙している．

a)，d) 及び g) では，ユーティリティプログラム使用の認可について述べている．また，c) 及び e) では，ユーティリティプログラムの使用制限について述べている．特権的なユーティリティプログラムの使用は現規格の“9.2.3 特権的アクセス権の管理”で述べているような厳しい使用制限と使用にあたっての認可プロセスが求められる．

(2)　旧規格からの変更点

“9.4.4 特権的なユーティリティプログラムの使用”は旧規格の 11.5.4（システムユーティリティの使用）を継承している．

9.4.5　プログラムソースコードへのアクセス制御

管理策

プログラムソースコードへのアクセスは，制限することが望ましい．

実施の手引

プログラムソースコード及び関連書類（例えば，設計書，仕様書，検証計画書，妥当性確認計画書）へのアクセスは，認可されていない機能が入り込むことを防止し，意図しない変更を回避し，価値の高い知的財産の機密性を維持するために，厳重に管理することが望ましい．プログラムソースコードについては，プログラムソースライブラリのように，コードを集中保管管理することによって，これを達成することができる．その場合は，コンピュータプログラムが破壊される危険性の低減を目的として，プログラムソースライブラリへのアクセスを管理するために，次の事項を考慮することが望ましい．

a)　可能な限り，プログラムソースライブラリは，運用システムの中に保持しない．

b)　プログラムソースコード及びプログラムソースライブラリは，確立した手順に従って管理する．

c)　サポート要員による，プログラムソースライブラリへの無制限のアクセスを許さない．

d)　プログラムソースライブラリ及び関連情報の更新，並びにプログラマへのプログラムソースの発行は，適切な認可を得た後にだけ実施する．

e)　プログラムリストは，セキュリティが保たれた環境で保持する．

f)　プログラムソースライブラリへの全てのアクセスについて，監査ログを維持する．
g)　プログラムソースライブラリの保守及び複製は，厳しい変更管理手順に従う（**14.2.2** 参照）．

プログラムソースコードの公開を意図している場合には，その完全性を保証するために役立つ追加的な管理策（例えば，ディジタル署名）を考慮することが望ましい．

(1)　概　要

本管理策では，プログラムソースコードに対するアクセス制限を求めている．プログラムソースコード又はそれらがまとめられたプログラムソースライブラリは厳重に管理する必要がある．

実施の手引では，プログラムソースライブラリのアクセス管理のために考慮すべき事項を列挙している．

a)では，プログラムソースライブラリと運用システムとの分離を求めている．通常，運用システムとは別に運用システムのネットワークと切り離してプログラムソースライブラリを保管することが多い．これらの運用管理は厳重に管理される必要がある．

(2)　旧規格からの変更点

“9.4.5 プログラムソースコードへのアクセス制御”は旧規格の12.4.3（プログラムソースコードへのアクセス制御）を継承している．

10　暗　　号

(1)　概　要

本箇条では，情報セキュリティマネジメントの基礎となる暗号に関する管理目的及び管理策を定めている．

本箇条には“10.1 暗号による管理策”の一つのカテゴリがある．10.1 は，旧規格の 12.3 (暗号による管理策) のカテゴリを継承している．すなわち，旧規格のカテゴリ 12.3 が現規格の本箇条に格上げされ，内容はほぼそのまま継承している．また, 図 3.10.1 に示すとおり, 本カテゴリには二つの管理策がある．

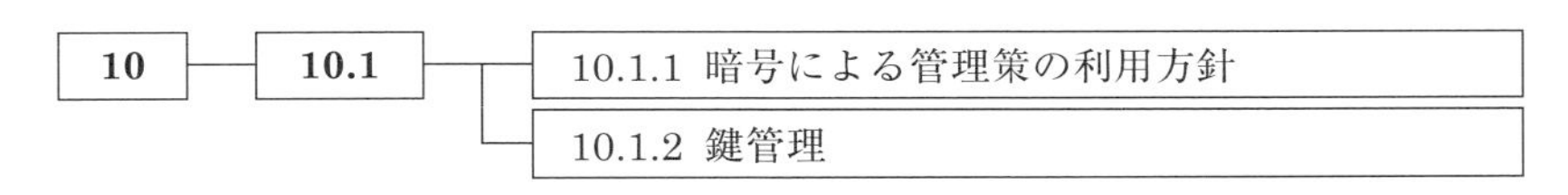

図 3.10.1　暗号の管理策

(2)　旧規格からの変更点

本箇条での大きな変更点として，旧規格の 12.3（暗号による管理策）をほぼそのまま，現規格の箇条 10 に格上げし，管理策として“暗号”を明確に認識してもらえるように変更したことにある．今回の格上げの理由としては，現規格で記述されている多くの管理策，実施の手引において，暗号の利用が触れられているため，その重要性を考慮して箇条として独立させ，多くの箇条から参照できるように考えたことがあげられる．

10.1　暗号による管理策

10　暗号

10.1　暗号による管理策

目的　情報の機密性，真正性及び／又は完全性を保護するために，暗号の適切かつ有効な利用を確実にするため．

(1)　概　要

本カテゴリでは，上述の目的のための管理策が“暗号化の利用方針”と“鍵管理”の二つにまとめられている．その他の詳細な暗号技法については，他の規格を参照することとなる．本箇条の全体を要約すると次のようになる．

守るべき情報をファイアウォールによって，不正侵入やマルウェアなどの脅威から保護すること，さらに，情報（例えば，ファイル）のアクセス権限を決めることにより，情報へのアクセス制御を行うことで保護することが一般的に実施される．しかしながら，不正侵入を100%食い止めることは難しく，一度情報システムへ侵入されてルート権限を奪取された場合は，もはやアクセス制御は無意味となる．取外し可能な記憶媒体に情報を格納して輸送する場合，媒体の紛失は直ちに情報漏えいにつながる．また，電子メール，ウェブアクセスやファイル転送などの外部との通信は，その保護が通信手段に委ねられている．このような状況においても守らなくてはならない情報は存在する．このための対策として“暗号”は有効な管理策となる．

以下の具体的な管理策では，暗号化による管理策の利用方針及び鍵管理について述べられている．

(2)　旧規格からの変更点

本カテゴリは旧規格の12.3（暗号による管理策）をそのまま継承しているため変更はない．現規格と旧規格のカテゴリと管理策を新旧対応表ISO/IEC TR 27023では表3.10.1のとおりに対応付けている．

表3.10.1　現規格と旧規格のカテゴリと管理策の新旧対応表

現規格	旧規格
10.1　暗号による管理策	12.3　暗号による管理策
10.1.1　暗号による管理策の利用方針	12.3.1　暗号による管理策の利用方針
10.1.2　鍵管理	12.3.2　かぎ（鍵）管理

10.1.1　暗号による管理策の利用方針

管理策

情報を保護するための暗号による管理策の利用に関する方針は，策定し，実施することが望ましい．

実施の手引

暗号の利用に関する方針を策定するときは，次の事項を考慮することが望ましい．

a) 業務情報を保護する上での一般原則も含め，暗号による管理策の組織全体での使用に関する管理の取組み

b) リスクアセスメントに基づく，要求される暗号アルゴリズムの種別，強度及び品質を考慮に入れた，要求された保護レベルの識別

c) 持ち運び可能な若しくは取外し可能な媒体装置又は通信によって伝送される情報を，保護するための暗号の利用

d) 鍵管理に対する取組み．これには，暗号鍵の保護手法，及び鍵が紛失した場合，危険になった場合又は損傷した場合の暗号化された情報の復元手法を含む．

e) 役割及び責任．例えば，次の事項に対する責任者の特定．

　1) この方針の実施

　2) 鍵生成を含めた鍵管理（**10.1.2** 参照）

f) 組織全体にわたって効果的に実施するために採用する標準類（業務プロセスに用いるソリューションの選択）

g) 暗号化した情報を用いることの，情報内容の検査（例えば，マルウェアの検出）に依存する管理策への影響

暗号に関わる組織の方針を実施するときには，世界の様々な地域における暗号技術の利用，及び国境を越える暗号化された情報の流れに関する問題に適用される，規制及び国内の制約を考慮することが望ましい（**18.1.5** 参照）．

暗号による管理策は，様々な情報セキュリティ目的を達成するために，例えば，次のように利用できる．

a) **機密性**　保管又は伝送される，取扱いに慎重を要する情報又は重要な情報を守るための，情報の暗号化の利用

b) **完全性・真正性**　保管又は伝送される，取扱いに慎重を要する情報又は重要な情報の完全性・真正性を検証するための，ディジタル署名又はメッセージ認証コードの利用

c) **否認防止**　ある事象又は活動が，起こったこと又は起こらなかったことの証拠を提供するための，暗号技術の利用

d) **認証**　システム利用者，システムエンティティ及びシステム資源へのアクセスを要求している，又はこれらとやり取りしている，利用者及びその他のシステムエンティティを認証するための，暗号技術の利用

関連情報

暗号技術を用いたソリューションが適切であるかどうかに関して決断を下すことは，広い意味でのリスクアセスメントのプロセス及び管理策の選定の一部として捉えることが望ましい．さらに，このアセスメントは，暗号による管理策が適しているかどうか，

どのタイプの管理策を適用することが望ましいか，また，何の目的でどの業務プロセスに適用することが望ましいかを決めるために利用できる．

暗号による管理策の利用に関わる方針は，暗号技術の利用による効果の最大化及びリスクの最小化のために必要であり，また，暗号技術の不適切な利用又は誤った利用を防止するために必要である．

情報セキュリティ方針の目的を満たすために，適切な暗号による管理策の選定においては，専門家の助言を求めることが望ましい．

(1)　概　要

本管理策では，暗号による管理策の利用に関する方針を策定して実施することを求めている．

“10.1.1 暗号による管理策の利用方針”では，暗号は，

①　機密性

②　完全性・真正性

③　否認防止

④　認　証

の目的で利用ができるとしている．

別の表現で解説すると，守るべき情報を暗号化することにより，次の利点を得ることができるといえる．

①　情報の機密性の確保：“復号鍵”を保有する利用者しか読めないことで機密性を保証

②　情報の完全性・真正性の確保：正しい“復号鍵”で復号できることで，その真正性を保証．また，暗号化された情報に改ざんがあると完全な形で復号できなくなるため，改ざんがないことを保証

③　情報の否認防止の確保：暗号を活用することで，ある事象（ある通信を実施したなど）又は活動が起こったこと又は起こらなかったことの証拠の提供

④　認　証：システムの利用や資源へのアクセスの際，正当な利用者及びシステムであるという正当性を保証

本管理策では，リスクの評価の結果によって，暗号による管理策を用いるこ

とを決定する場合，その利用に関する個別方針を定めることを推奨している．暗号による管理策を選択する場合，次のような利用例が役に立つ．

(a)　情報システムや記憶媒体に保存しておく情報に暗号をかけて格納する利用方法

この管理策を選択する場合は，社内，社外の不正者により，情報システム内に格納されている情報が不正に読まれてしまうリスクを想定している．この場合，権限のある正当な利用者が必要な情報を読み出すために，暗号化された情報を復号する必要があるため，何らかの方法で正当な利用者には復号できる権限が必要となる．

例えば“鍵”を格納したICカードを保有している利用者だけ復号できるなどである．

(b)　通信路を流れる情報に秘匿すべき情報がある場合，暗号通信を利用する方法

情報システムが外部と電子メールなどで通信をする際，重要な情報が外部で読まれてしまうといったリスクを想定する．これを防止するには，極秘情報については，電子メールやファイル転送などの手段を用いないといった個別方針も存在するが，暗号化を施した形で通信するといった管理策の選択も考えられる．

例えば，そのような極秘情報を電子メールで扱う場合は，暗号メールツールを用いて，メールを暗号化する方法がある．また，SSL，TSL，IPSecなどの標準的なセキュリティプロトコルを実装した製品やツールを利用するという方法も有効である．

(2)　旧規格からの変更点

本管理策及び実施の手引は旧規格の12.3.1（暗号による管理策の利用方針）がほぼそのまま継承されたものである．

10.1.2　鍵管理

管理策

暗号鍵の利用，保護及び有効期間（lifetime）に関する方針を策定し，そのライフサイクル全体にわたって実施することが望ましい．

実施の手引

方針には，暗号鍵の生成，保管，保存，読出し，配布，使用停止及び破壊を含むライフサイクル全体にわたって，暗号鍵を管理するための要求事項を含めることが望ましい．

最適な慣行に従って，暗号アルゴリズム，鍵の長さ及び使用法を選定することが望ましい．適切な鍵管理には，暗号鍵を生成，保管，保存，読出し，配布，使用停止及び破壊するための，セキュリティを保ったプロセスが必要となる．

全ての暗号鍵は，改変及び紛失から保護することが望ましい．さらに，秘密鍵及びプライベート鍵は，認可されていない利用及び開示から保護する必要がある．鍵の生成，保管及び保存のために用いられる装置は，物理的に保護されることが望ましい．

注記　この規格において，公開鍵（非対称暗号）方式における一対の鍵のうち，“private key”を“プライベート鍵”とし，“public key”を“公開鍵”とした．また，共通鍵（対称暗号）方式における“secret key”を“秘密鍵”とした．

鍵管理システムは，次のために，一連の合意された標準類，手順及びセキュリティを保った手法に基づくことが望ましい．

a)　種々の暗号システム及び種々のアプリケーションのために鍵を生成する．

b)　公開鍵証明書を発行し，入手する．

c)　意図するエンティティに鍵を配布する．これには，受領時に，鍵をどのような方法で活性化するか（使える状態にするか）も含む．

d)　鍵を保管する．これには，認可されている利用者がどのような方法で鍵にアクセスするかも含む．

e)　鍵を変更又は更新する．これには，鍵をいつ，どのような方法で変更するかの規則も含む．

f)　危険になった鍵に対処する．

g)　鍵を無効にする（例えば，鍵が危険になった場合，利用者が組織を離脱した場合．後者の場合には，鍵は保存することが望ましい．）．これには，鍵をどのような方法で取消し又は非活性化するかも含む．

h)　紛失した鍵又は破損した鍵を回復する．

i)　鍵をバックアップ又は保存する．

j)　鍵を破壊する．

k)　鍵管理に関連する活動を記録し，監査する．

不適切な使用を起こりにくくするために，鍵の活性化及び非活性化の期日を定め，これによって，鍵管理の方針で定めた期間内でだけ鍵を使用できるようにすることが望ましい．

秘密鍵及びプライベート鍵をセキュリティを保って管理することに加え，公開鍵の真正性についても考慮することが望ましい．この認証プロセスは，認証局によって通常発行される公開鍵証明書を用いて実施される．この認証局は，要求された信頼度を提供するために適切な管理策及び手順を備えている，認知された組織であることが望ましい．

暗号サービスの外部供給者（例えば，認証局）とのサービスレベルに関する合意又は契約の内容は，賠償責任，サービスの信頼性及びサービス提供のための応答時間に関する事項を扱うことが望ましい（**15.2** 参照）．

関連情報

暗号鍵の管理は，暗号技術の効果的な利用のために不可欠である．鍵管理に関する更なる情報が，**ISO/IEC 11770** 規格群[2]~[4]に示されている．

暗号技術は，暗号鍵を保護するためにも利用される．暗号鍵へのアクセスに関する法的要求（例えば，裁判での証拠として，暗号化された情報を平文で求められた場合．）を取り扱う手順を考慮することが必要な場合がある．

(1) 概　要

暗号技術の使い方は，企業の情報システムが保有するぜい弱性，リスクにより異なる．一般的には，情報の秘匿，完全性（改ざん検知）などを実装する場合は“共通鍵暗号技術”を利用し，相互認証，ディジタル署名，否認防止などを実装する場合は“公開鍵暗号技術”を利用する．もちろん，相手認証を実現する場合，“共通鍵暗号技術”を用いる場合も多くあり，実装の規模，必要な実装コスト，要求するリスク回避度などにより，具体的な実現手法が異なる．

どのような実装を行う場合でも“暗号鍵”の管理は最も重要である．暗号技術は暗号鍵の秘匿に強く依存し，暗号鍵の露呈が起これば，多大なダメージを受けることとなる．

暗号鍵の管理の手順や方法としては，この管理策の実施の手引にあるように，暗号鍵の生成，保管，保存，読出し，配付，使用停止及び破壊のプロセスを手順化することが必要である．暗号鍵を用いる環境や情報システムの方針によって，すべてのプロセスの記述は不要であるが，例えば，次に示すような暗号鍵の管理方法がある．

(a) 共通鍵暗号を用いた情報秘匿（個別管理）の場合

情報システムの利用者がそれぞれ固有の共通鍵を定義して，それを正当な登録機関で管理する方法がある．この場合，利用者Aが利用者Bと通信する場合は互いの利用者の鍵が相手に露呈しないように，鍵配信システムや特殊な鍵生成機構が必要である．

例えば，鍵配信システムを用いる場合は，乱数情報を利用者Aと利用者Bとで利用する“鍵”として配信システムが生成し，その乱数を互いの個別鍵で暗号化したものを配信する手法である．互いの利用者は暗号化された乱数を自分の共通鍵で復号して相手と用いる“鍵情報＝乱数”を得ることになる．この場合，鍵の生成，配付，更新，無効化，回復もすべて“鍵配信システム”に依存する形態である．

本管理方法は小規模な利用者による情報システムにおける暗号鍵の管理をする場合に有効となる．暗号化モジュールをはじめから開発することは難しいため，市販の暗号パッケージを購入し，その鍵管理部分を本管理に従って設計することになるため，暗号技術の知識を保有する専門家が必要となる．

(b)　共通鍵暗号を用いた情報秘匿（マスタ鍵管理）の場合

情報システム全体で共通に利用できるマスタ鍵を設定し，具体的な利用の段階では，マスタ鍵を用いてその場でしか使えない“鍵”（セッション鍵）を乱数などにより生成する．この場合，セッション鍵の管理は不要であり，システム全体にかかわるマスタ鍵だけの管理が必要となる．

マスタ鍵はハードウェアや端末機器に組み込まれる場合も多い．特に，事後の証拠として，セッション鍵を導く必要がある場合は，そのときの“鍵生成”に用いた乱数を通信回線上モニタなどによってそれを格納する手法がある．本鍵管理の場合，マスタ鍵の更新，無効化が問題となり，マスタ鍵手法の課題とされる．

本管理方法は交通・鉄道システムや多くの入退出システムのICカード利用による管理方法で活用されている．これらの場合の多くは暗号化というよりも利用者の認証の観点で暗号技術が活用されており，マスタ鍵を保有することによって大規模な利用者を管理するシステム構築に有効となる．

(c)　公開鍵暗号を用いた“鍵情報”の管理の場合

利用者Aと利用者Bとの秘匿通信を行う場合，例えば，利用者Aが利用者Bの公開鍵証明書を取得し，利用者Aが乱数を発生し，その乱数を利用者Bの公開鍵で暗号化する．暗号化結果を利用者Aから利用者Bに送り，利用者Bはその復号を自分の秘密鍵を用いて実行し，利用者Aと利用者Bとの間で共通な乱数を得る．この乱数情報を鍵として，情報秘匿を実行する手法である．

この場合，暗号鍵の生成，配付，更新，無効化は，公開鍵暗号技術に基づくものが適用される．また，鍵の回復については，通信回線上を流れる乱数をモニタ，保管すること，さらに，利用者の秘密鍵の提示によって回復は可能となる．特に，公開鍵暗号の場合の秘密鍵は，ICカードなどの耐タンパーモジュール（物理的に改ざん不可な装置）に格納する方法が多い．

本管理方法はSSL，TLSなどの標準セキュリティプロトコルの活用の場合に広く利用されており，インターネット環境においてウェブサーバを立ち上げる場合は，ブラウザ標準搭載のSSL，TLSを活用することが一般的である．また，遠隔地から企業（組織）へのリモートアクセスなどを実現する場合，IPSecやsshなどの市販ツールを使いことが多い．これらのツールについても，本鍵管理方法に基づいたものとなっている．

以上，(a)～(c)の三つの一般的な暗号鍵管理方法について説明した．組織の中で暗号技術を用いる形態や環境によって暗号鍵管理方法が異なるものとなり，具体的な暗号活用の要求事項を明確にして，暗号技術の専門家を交えたうえで鍵管理方法を設計，実装することが望まれる．

(2)　旧規格からの変更点

本管理策は旧規格の12.3.2［かぎ（鍵）管理］を継承したものである．

11　物理的及び環境的セキュリティ

(1)　概　要

本箇条では，物理的及び環境的セキュリティの管理目的及び管理策を定めている．

保護すべき対象である“情報”は物理的な設備又は媒体の中に存在しており，それらを安全に設置し，管理することが情報の保護に必要である．

セキュリティ境界内であってもアクセスを一部の者にだけ認める情報は，設備又は媒体の管理を通して，認可されていないアクセスから保護する必要がある．

本箇条は図3.11.1に示すとおり“11.1 セキュリティを保つべき領域”及び“11.2 装置”の二つのカテゴリと15の管理策で構成されている．

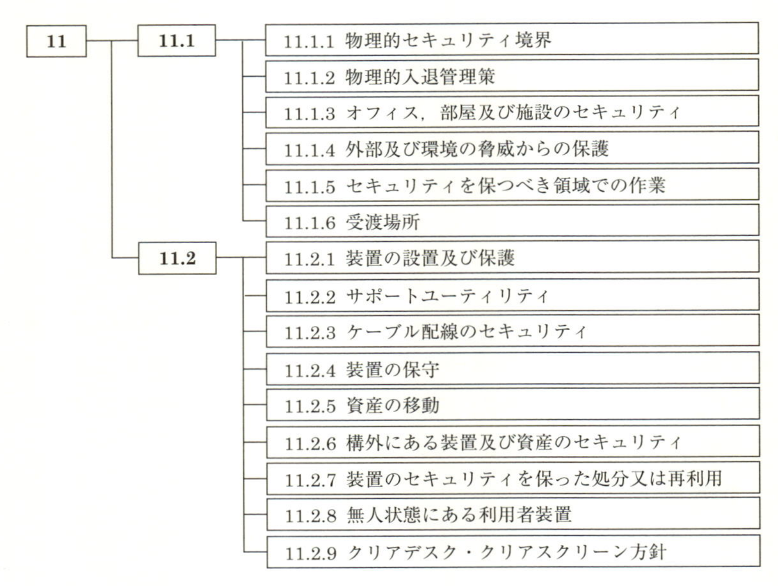

図3.11.1　物理的及び環境的セキュリティの管理策

(2)　旧規格からの変更点

本箇条は旧規格から大きく変更はされていない．ただし，旧規格の 11.3.2（無人状態にある利用者装置）及び 11.3.3（クリアデスク・クリアスクリーン方針）の二つの管理策は，各利用者の実施事項というよりも，物理的なアクセスに対する保護という意味合いが強いとして本箇条に移している．

11.1　セキュリティを保つべき領域

11.1　セキュリティを保つべき領域

目的　組織の情報及び情報処理施設に対する認可されていない物理的アクセス，損傷及び妨害を防止するため．

(1)　概　要

先に述べたとおり，保護対象である"情報"は媒体や設備などに存在しており，情報セキュリティを考える場合，それらを"安全な"領域に設置し，管理することが重要である．物理的なセキュリティ境界をどのように設計するかによって，セキュリティの水準は大きく異なってくる．

(2)　旧規格からの変更点

本カテゴリは旧規格の 9.1（セキュリティを保つべき領域）を継承している．現規格と旧規格のカテゴリと管理策の対応を新旧対応表 ISO/IEC TR 27023 では表 3.11.1 のとおりに対応付けている．細部に変更はあるものの，旧規格からの大きな変更はない．

表 3.11.1　現規格と旧規格のカテゴリと管理策の新旧対応表

現規格	旧規格
11.1　セキュリティを保つべき領域	9.1　セキュリティを保つべき領域
11.1.1　物理的セキュリティ境界	9.1.1　物理的セキュリティ境界
11.1.2　物理的入退管理策	9.1.2　物理的入退管理策
11.1.3　オフィス，部屋及び施設のセキュリティ	9.1.3　オフィス，部屋及び施設のセキュリティ

表 3.11.1　（続き）

現規格	旧規格
11.1.4　外部及び環境の脅威からの保護	9.1.4　外部及び環境の脅威からの保護
11.1.5　セキュリティを保つべき領域での作業	9.1.5　セキュリティを保つべき領域での作業
11.1.6　受渡場所	9.1.6　一般の人の立寄り場所及び受渡場所

11.1.1　物理的セキュリティ境界

管理策

取扱いに慎重を要する又は重要な情報及び情報処理施設のある領域を保護するために，物理的セキュリティ境界を定め，かつ，用いることが望ましい．

実施の手引

物理的セキュリティ境界について，次の事項を，必要な場合には，考慮し，実施することが望ましい．

a) 物理的セキュリティ境界を定める．それぞれの境界の位置及び強度は，境界内に設置している資産のセキュリティ要求事項及びリスクアセスメントの結果に基づく．

b) 情報処理施設を収容した建物又は敷地の境界は，物理的に頑丈にする（すなわち，境界には隙間がなく，又は容易に侵入できる箇所がない．）．敷地内の屋根，壁及び床は，堅固な構造物とし，外部に接する全ての扉を，開閉制御の仕組み（例えば，かんぬき，警報装置，錠）によって，認可されていないアクセスから適切に保護する．要員が不在のときには，扉及び窓を施錠し，窓（特に一階の窓）については外部からの保護を考慮する．

c) 敷地又は建物への物理的アクセスを管理するための有人の受付又はその他の手段を備える．敷地及び建物へのアクセスは，認可された要員だけに制限する．

d) 認可されていない物理的アクセス及び周囲への悪影響を防止するために，適用できる場合は，物理的な障壁を設置する．

e) セキュリティ境界上にある全ての防火扉は，該当する地域標準，国内標準及び国際標準が要求するレベルの抵抗力を確立するために，壁と併せて，警報機能を備え，監視し，試験する．防火扉は，その地域の消防規則に従って，不具合が発生しても安全側に作動するように運用する．

f) 全ての外部に接する扉及びアクセス可能な窓を保護するために，侵入者を検知する適切なシステムを，地域標準，国内標準又は国際標準に沿って導入し，定めに従って試験する．無人の領域では，常に警報装置を作動させる．他の領域（例えば，コンピュータ室，通信機器室）にも，このような仕組みを設置する．

g)　組織が自ら管理する情報処理施設は，外部関係者が管理する施設から物理的に分離する.

関連情報

物理的な保護は，組織の施設及び情報処理施設の周囲に一つ以上の物理的障壁を設けることで達成することができる．複数の障壁を利用することは，一つの障壁の故障が直ちにセキュリティを損なうことにはならないという，更なる保護をもたらす.

セキュリティを保つべき領域は，施錠できるオフィス，又は連続する内部の物理的セキュリティ障壁によって囲まれた部屋であってもよい．セキュリティ境界内のセキュリティ要求事項が異なる領域の間には，物理的アクセスを管理するための障壁及び境界を追加することが必要な場合がある．複数の組織の資産が収容されている建物では，物理的なアクセスのセキュリティについて，特別な注意を払うことが望ましい.

物理的な管理策，特にセキュリティを保つべき領域に関する管理策の適用は，リスクアセスメントによって示されるように，組織の技術的及び経済的状況に適合するものであることが望ましい.

(1)　概　要

“11.1.1 物理的セキュリティ境界”は情報や情報処理施設に対するリスクアセスメントの結果，取扱いに慎重を要する，又は重要な業務の情報処理設備が設置される領域をどのように定義し，その領域を何によって構成するべきかを検討するうえで必要となる管理策である.

通常，物理的なセキュリティ境界はその保護対象の資産が何か，及び保護対象の資産を何から保護するのかなどの条件によって設計される．例えば，重要な情報を保有するサーバ等の資産であれば，通常，次のような何重もの物理的セキュリティ境界によって保護される.

①　建物の敷地を取り囲む外周壁

②　建物の外壁

③　建物内で社員が入場可能な入退管理された作業エリア

④　建物内で，限られた社員のみが入場可能な入退管理された作業エリア

一方で，来訪者にも公開する情報であれば，作業エリア内に設置しなくてもよいだろう.

このようなセキュリティ領域の設計はリスクアセスメントの結果に基づいて，情報が適切に保護されるよう行わなければならない．ただし，物理的境界

の設計及び実装は当然のことながら費用がかかるため，その組織の経済的状況も考慮すべきである．

（2）旧規格からの変更点

11.1.1 は旧規格の 9.1.1（物理的セキュリティ境界）を継承している．

11.1.2　物理的入退管理策

管理策

セキュリティを保つべき領域は，認可された者だけにアクセスを許すことを確実にするために，適切な入退管理策によって保護することが望ましい．

実施の手引

この管理策の実施については，次の事項を考慮することが望ましい．

a) 訪問者の入退の日付及び時刻を記録する．また，アクセスが事前に承認されている場合を除いて，全ての訪問者を監督する．訪問者には，特定され，認可された目的のためのアクセスだけを許可し，その領域のセキュリティ要求事項及び緊急時の手順についての指示を与える．適切な手段によって，訪問者の識別情報を認証する．

b) 適切なアクセス制御の実施（例えば，アクセスカード及び秘密の個人識別番号のような，二要素認証の仕組みの導入）によって，秘密情報を処理又は保管する領域へのアクセスを，認可された者だけに制限する．

c) 全てのアクセスについて，物理的な記録日誌又は電子形式の監査証跡を，セキュリティを保って維持及び監視する．

d) 全ての従業員，契約相手及び外部関係者に，何らかの形式の，目に見える証明書の着用を要求する．関係者が付き添っていない訪問者及び目に見える証明書を着用していない者を見かけた場合は，直ちにセキュリティ要員に知らせる．

e) セキュリティを保つべき領域又は秘密情報処理施設への，外部のサポートサービス要員によるアクセスは，限定的かつ必要なときにだけ許可する．このアクセスは，認可を必要とし，監視する．

f) セキュリティを保つべき領域へのアクセス権は，定期的にレビューし，更新し，必要なときには無効にする（**9.2.5** 及び **9.2.6** 参照）．

（1）概　要

“11.1.2 物理的入退管理策”は外部からの物理的アクセスを認可してセキュリティ境界を通過させるうえで必要となる管理策であり，有人受付やいわゆる入退室管理システム等がこれに相当する．アクセス認可者を限定し，特定し，その記録を管理するということがこの管理策の主旨である．

一般的に，セキュリティ境界の通過を管理する場合であっても，外部から内部への通過，例えば，建物への入館や設備室への入室しか管理しないことが多い．入室後退室するまでの時間や入退室時の同行者等の管理は，セキュリティ事件・事故が発生した際の重要な情報となりうるため，退館・退室時の管理も適切に行うべきである．

(2)　旧規格からの変更点

11.1.2 は旧規格の 9.1.2（物理的入退管理策）を継承している．

旧規格の 9.1.2 b)では，認可された者だけにアクセスを制限することと，そのアクセスの監査証跡を適切に管理することがあわせて記述されていたが，今回の改正では，その目的の違いを明確にすべく，それぞれ b)及び c)として分離して記述されている．ただし，内容に大きな違いはない．

11.1.3　オフィス，部屋及び施設のセキュリティ

管理策

オフィス，部屋及び施設に対する物理的セキュリティを設計し，適用することが望ましい．

実施の手引

オフィス，部屋及び施設のセキュリティを保つために，次の事項を考慮することが望ましい．

a)　主要な施設は，一般の人のアクセスが避けられる場所に設置する．

b)　適用可能な場合，建物を目立たせず，その目的を示す表示は最小限とし，情報処理活動の存在を示すものは，建物の内外を問わず，一切表示しない．

c)　施設は，秘密の情報又は活動が外部から見えたり聞こえたりしないように構成する．該当する場合，電磁遮蔽も考慮する．

d)　秘密情報処理施設の場所を示す案内板及び内線電話帳は，認可されていない者が容易にアクセスできないようにする．

(1)　概　要

現規格の“11.1.1 物理的セキュリティ境界”では物理的セキュリティ境界によってセキュリティを保つべき領域を規定したが“11.1.3 オフィス，部屋及び施設のセキュリティ”では，オフィス，部屋及び施設自体の表示やロケーション等をセキュリティ上考慮すべきものとして規定している．取り扱う情報によっては，施設の中でどのような業務を行っているかを推測されないような処置を検討しなければならない．

（2）　旧規格からの変更点

11.1.3は旧規格の9.1.3（オフィス，部屋及び施設のセキュリティ）を継承している．

改正にあたり，施設の外側から施設内の状況がわからないように設計する旨のc)が追加されている．あわせてc)では電磁波放射による情報漏えいのリスクに対しても考慮すべきであるとしている．これは，旧規格では9.2.1（装置の設置及び保護）で装置のセキュリティとして記述されていたが，いわゆる“テンペスト対策”は個々の装置よりも部屋などのセキュリティ領域に対して取られる場合が多いため，11.1.3にも記述されている．なお，11.1.1及び11.1.2と同様，内容に大きな違いはない．

11.1.4　外部及び環境の脅威からの保護

管理策

自然災害，悪意のある攻撃又は事故に対する物理的な保護を設計し，適用することが望ましい．

実施の手引

火災，洪水，地震，爆発，暴力行為，及びその他の自然災害又は人的災害からの損傷を回避する方法について，専門家の助言を得ることが望ましい．

（1）　概　要

“11.1.4 外部及び環境の脅威からの保護”では，自然災害や人的災害等，外部要因で発生する脅威から資産を保護するために，セキュリティ領域設計時にこれら脅威を考慮すべきとしている．

我が国は地震や台風等の被害を受けやすいという地域的な特徴があるため，物理的セキュリティ設計時には，11.1.4で述べられているような脅威について十分な配慮が必要である．

（2）　旧規格からの変更点

11.1.4は旧規格の9.1.4（外部及び環境の脅威からの保護）を継承している．

ただし，旧規格では，セキュリティ領域内に設置された装置に対する自然災害や人的災害からの影響に対しても述べられていたが，セキュリティ領域に焦点を合わせた記述として旧規格の 9.1.4 に記述されていた装置に関する事項は，現規格の“11.2.1 装置の設置及び保護”及び“12.3.1 情報のバックアップ”等に吸収され，記述内容が整理された．

11.1.5　セキュリティを保つべき領域での作業

管理策

セキュリティを保つべき領域での作業に関する手順を設計し，適用することが望ましい．

実施の手引

この管理策の実施については，次の事項を考慮することが望ましい．

a) 要員は，セキュリティを保つべき領域の存在又はその領域内での活動を，知る必要性の原則に基づく範囲でだけ認識している．

b) 安全面の理由のため及び悪意ある活動の機会を防止するための両面から，セキュリティを保つべき領域での監督されていない作業は，回避する．

c) セキュリティを保つべき領域が無人のときは，物理的に施錠し，定期的に点検する．

d) 画像，映像，音声又はその他の記録装置（例えば，携帯端末に付いたカメラ）は，認可されたもの以外は許可しない．

セキュリティを保つべき領域での作業に関する取決めには，その領域で作業する従業員及び外部の利用者に対する管理策を含む．また，この取決めは，セキュリティを保つべき領域で行われる全ての活動に適用される．

(1)　概　要

セキュリティを保つべき領域の存在とその領域内での作業は，a)にあるとおり“知る必要がある人だけが知る”という原則に基づいて管理されることが望ましい．その領域の中で行われる作業は何らかの監督の下に実施されるべきとしている．この“監督”はその領域に常駐する人による監督のほか，ビデオカメラのような監視・録画装置を使う監督であってもよいであろう．

d)の記録装置に関しては，特に，小型化している大容量記憶装置（スマートフォン，USB メモリ等）について，考慮する必要がある．個人情報や企業機密情報の漏えいは，先にあげたような記録装置による外部への情報の持出しが発端となっている例が多い．このような記録装置のその領域への持込みについても，必要性及び管理手順を十分に検討すべきである．

(2)　旧規格からの変更点

“11.1.5 セキュリティを保つべき領域での作業”は，旧規格の 9.1.5（セキュリティを保つべき領域での作業）を継承している．読みやすさの点から若干の変更はあるが，内容上の変更はない．

11.1.6　受渡場所

管理策

荷物の受渡場所などの立寄り場所，及び認可されていない者が施設に立ち入ることもあるその他の場所は，管理することが望ましい．また，可能な場合には，認可されていないアクセスを避けるために，それらの場所を情報処理施設から離すことが望ましい．

実施の手引

この管理策の実施については，次の事項を考慮することが望ましい．

a)　建物外部からの受渡場所へのアクセスは，識別及び認可された要員に制限する．

b)　受渡場所は，配達要員が建物の他の場所にアクセスすることなく荷積み及び荷降ろしできるように設計する．

c)　受渡場所の外部扉は，内部の扉が開いているときにはセキュリティを保つ．

d)　入荷物は，受渡場所から移動する前に，爆発物，化学物質又はその他の危険物がないかを検査する．

e)　入荷物は，事業所へ持ち込むときに資産の管理手順（箇条 8 参照）に従って登録する．

f)　可能な場合には，入荷と出荷とは，物理的に分離した場所で扱う．

g)　入荷物は，輸送中に開封された痕跡がないかを検査する．開封の痕跡が見つかった場合には，直ちにセキュリティ要員に報告する．

(1)　概　要

“11.1.6 受渡場所”では，荷物の搬入や搬出等の作業に伴って，荷物の配送業者等が立ち入る場所についてセキュリティ上考慮すべき事項が述べられている．

一般に，荷物を搬入する際には，配送業者自身が指定された場所まで搬入し，その場所で受渡しを行う．このとき，立ち入った業者が不必要に組織の重要な情報を見聞きできないように，受渡し場所のロケーションや物理的セキュリティ境界（外部扉）などについて考慮する必要がある．さらに，実際に搬入された荷物がセキュリティ領域内に持ち込まれて利用されるまでの手順等について考慮することで，荷物の搬入にかかわるリスクに対応することができる．

(2)　旧規格からの変更点

11.1.6 は旧規格の 9.1.6（一般の人の立寄り場所及び受渡場所）を継承している．旧規格の表題にあった“一般の人の立寄り場所”という文言が，いわゆる“一般の人”ではなく，主に荷物の受渡し等のために敷地内への入場を許可された人という意味であったことから，改正にあたって表題の見直しが行われている．内容としては，荷物がセキュリティ領域に持ち込まれる前に検査するという点についての記述が追加されている．

11.2　装　　置

11.2　装置

目的　資産の損失，損傷，盗難又は劣化，及び組織の業務に対する妨害を防止するため．

(1)　概　要

資産としての装置はリスクマネジメントの対象として扱われることが期待されている．情報システムを例にあげると，装置は電力の供給を受けて起動及び動作して外部から入力されたデータに対してあらかじめ登録された処理を実行する．その結果として外部にデータを出力する．これら一連の動きの中で，一つでも妨害を受けて停止すると装置としての機能を全く発揮することができない状況となってしまう．

本カテゴリでは，このような観点から，セキュリティに対する脅威及び環境上の危険から装置を物理的に保護するうえで考慮すべき管理策を取り上げている．

(2)　旧規格からの変更点

本カテゴリは旧規格の 9.2（装置のセキュリティ）を継承している．現規格と旧規格のカテゴリと管理策の対応を新旧対応表 ISO/IEC TR 27023 では表 3.11.2 のとおりに対応付けている．大きな変更点としては 11.3.2(無人状態にある利用者装置）及び 11.3.3（クリアデスク・クリアスクリーン方針）の二つの管理策をこのカテゴリに移している点である．その他，表題も変更されている．

表 3.11.2　現規格と旧規格のカテゴリと管理策の新旧対応表

現規格	旧規格
11.2　装置	9.2　装置のセキュリティ
11.2.1　装置の設置及び保護	9.2.1　装置の設置及び保護
11.2.2　サポートユーティリティ	9.2.2　サポートユーティリティ
11.2.3　ケーブル配線のセキュリティ	9.2.3　ケーブル配線のセキュリティ
11.2.4　装置の保守	9.2.4　装置の保守
11.2.5　資産の移動	9.2.7　資産の移動
11.2.6　構外にある装置及び資産のセキュリティ	9.2.5　構外にある装置のセキュリティ
11.2.7　装置のセキュリティを保った処分又は再利用	9.2.6　装置の安全な処分又は再利用
11.2.8　無人状態にある利用者装置	11.3.2　無人状態にある利用者装置
11.2.9　クリアデスク・クリアスクリーン方針	11.3.3　クリアデスク・クリアスクリーン方針

11.2.1　装置の設置及び保護

管理策

装置は，環境上の脅威及び災害からのリスク並びに認可されていないアクセスの機会を低減するように設置し，保護することが望ましい．

実施の手引

装置を保護するために，次の事項を考慮することが望ましい．

a） 装置は，作業領域への不必要なアクセスが最小限になるように設置する．

b） 取扱いに慎重を要するデータを扱う情報処理施設は，施設の使用中に認可されていない者が情報をのぞき見るリスクを低減するために，その位置を慎重に定める．

c） 認可されていないアクセスを回避するため，保管設備のセキュリティを保つ．

d） 特別な保護を必要とする装置は，それ以外の装置と一緒にすると，共通に必要となる保護のレベルを増加させてしまうので，その保護のレベルを軽減するために，他と区別して保護する．

e） 潜在的な物理的及び環境的脅威［例えば，盗難，火災，爆発，ばい（煤）煙，水（又は給水の不具合），じんあい（塵埃），振動，化学的汚染，電力供給の妨害，通信妨害，電磁波放射，破壊］のリスクを最小限に抑えるための管理策を採用する．

f) 情報処理施設の周辺での飲食及び喫煙に関する指針を確立する．

g) 情報処理施設の運用に悪影響を与えることがある環境条件（例えば，温度，湿度）を監視する．

h) 全ての建物に，落雷からの保護を適用する．全ての電力及び通信の引込線に避雷器を装着する．

i) 作業現場などの環境にある装置には，特別な保護方法（例えば，キーボードカバー）の使用を考慮する．

j) 電磁波の放射による情報漏えいのリスクを最小限にするため，秘密情報を処理する装置を保護する．

(1) 概　要

装置が正常にその本来の機能を発揮するためには，まず，装置の設置環境について考慮しなければならない．ここで考えるべき脅威としては，人的脅威及び環境上の脅威があげられる．a)～c)は主に人間を脅威源とした不正な情報の開示を，d)～j)は環境上の脅威をあげている．

なお“11.2.1 装置の設置及び保護”では脅威として扱われていないが，特に，我が国において大きな脅威となりうるものとして，地震や温度，湿度，雷雨等がある．特に，地震に対しては，リスクアセスメントに基づいて十分な対策を講じておく必要がある．地震等の災害に対する保護はセキュリティを保つべき領域の観点から“11.1.4 外部及び環境の脅威からの保護”でも取り上げられている．

(2) 旧規格からの変更点

11.2.1 は旧規格の 9.2.1（装置の設置及び保護）を継承している．

旧規格の 9.2.1 b)では，のぞき見リスク低減及び記憶装置の認可されないアクセス回避の二つの目的があわせて記述されていたが，今回の改正ではこれらを b)と c)に分離している．ただし，内容に差異はない．

11.2.2　サポートユーティリティ

管理策

装置は，サポートユーティリティの不具合による，停電，その他の故障から保護することが望ましい．

実施の手引

サポートユーティリティ（例えば，電気，通信サービス，給水，ガス，下水，換気，空調）は，次の条件を満たすことが望ましい．

a)　装置の製造業者の仕様及び地域の法的要求事項に適合している．

b)　事業の成長及び他のサポートユーティリティとの相互作用に対応する能力を，定期的に評価する．

c)　適切に機能することを確実にするために，定期的に検査及び試験する．

d)　必要であれば，不具合を検知するための警報装置を取り付ける．

e)　必要であれば，物理的な経路が異なる複数の供給元を確保する．

非常用の照明及び通信手段を備えることが望ましい．非常口又は設備室の近くに，電源，給水，ガス又はその他のユーティリティを遮断するための緊急スイッチ及び緊急バルブを設置することが望ましい．

関連情報

ネットワーク接続の追加的な冗長性は，一つ以上のユーティリティ提供者から複数の経路を確保することで得られる．

(1)　概　要

“11.2.2 サポートユーティリティ”では，電気，ガス，上下水道等のいわゆる社会インフラや，空調等の施設管理，業務遂行のうえで不可欠といえる通信サービス等から提供される各種サービスについて述べられている．このようなサポートユーティリティは第三者サービスの提供を受けるのが一般的だが，不具合発生時の対応も考慮に入れた契約を締結しておくことが肝要である．また，不具合発生時に，サービス提供者との間で確実にそれを共有できるような通信手段についても考慮しておくべきだろう．

(2)　旧規格からの変更点

11.2.2 は旧規格の 9.2.2（サポートユーティリティ）を継承している．旧規格では，電源供給に重きを置いた記述となっていたが，改正にあたり，他の管理策同様，ポイントを明確に絞って簡潔な記述となるよう改めている．また，通信サービスも他のサービスと同様に業務に欠かせないサービスであることから 11.2.2 に追加されている．

11.2.3　ケーブル配線のセキュリティ

管理策

データを伝送する又は情報サービスをサポートする通信ケーブル及び電源ケーブルの配線は，傍受，妨害又は損傷から保護することが望ましい．

実施の手引

ケーブル配線のセキュリティのために，次の事項を考慮することが望ましい．

a)　情報処理施設に接続する電源ケーブル及び通信回線は，可能な場合には，地下に埋設するか，又はこれに代わる十分な保護手段を施す．

b)　干渉を防止するために，電源ケーブルは，通信ケーブルから隔離する．

c)　取扱いに慎重を要するシステム又は重要なシステムのために，次の追加の管理策を考慮する．

1)　外装電線管の導入．点検箇所・終端箇所の施錠可能な部屋又は箱への設置

2)　ケーブルを保護するための電磁遮蔽の利用

3)　ケーブルに取り付けられた認可されていない装置の技術的探索及び物理的検査の実施

4)　配線盤，端子盤及びケーブル室への管理されたアクセス

(1)　概　要

“11.2.3 ケーブル配線のセキュリティ”では，電源ケーブル及び通信ケーブル自体が火災や洪水等の外部の要因によって損傷を受け，電力や通信データの伝送が停止するという“可用性に対する脅威”と重要な情報を扱うシステムと接続される通信ケーブル又はその終端装置において認可されていない盗聴を受けるという“機密性に対する脅威”について考慮すべき事項が述べられている．

なお，コンピュータのケーブル類が通路上に置かれていたりすると，コンピュータの可用性の面からも（安全衛生の面からも）リスクとなりうるので，些細なことではあるが留意が必要である．

(2)　旧規格からの変更点

11.2.3 は旧規格の 9.2.3（ケーブル配線のセキュリティ）を継承している．内容には差異はないが，記述の詳細さなどの観点から見直した結果，旧規格の b)，d)，e)，並びに f)の 2)及び 3)は削除されているので注意されたい．

11.2.4　装置の保守

管理策

装置は，可用性及び完全性を継続的に維持することを確実にするために，正しく保守することが望ましい．

実施の手引

装置の保守のために，次の事項を考慮することが望ましい．

a)　装置は，供給者の推奨する間隔及び仕様に従って保守する．

b)　認可された保守要員だけが，装置の修理及び手入れを実施する．

c)　故障と見られるもの及び実際の故障の全て，並びに予防及び是正のための保守の全てについての記録を保持する．

d)　装置の保守を計画する場合には，この保守を，要員が構内で行うのか，又は組織の外で行うのかを考慮して，適切な管理策を実施する．必要な場合には，その装置から秘密情報を消去するか，又は保守要員が十分に信頼できる者であることを確かめる．

e)　保険約款で定められた，保守に関する全ての要求事項を順守する．

f)　保守の後，装置を作動させる前に，その装置が改ざんされていないこと及び不具合を起こさないことを確実にするために検査する．

(1)　概　要

“11.2.4 装置の保守”では，完全性・可用性の側面から装置の保守について述べられている．

実際の保守作業は認可された保守担当者だけに実施させることが推奨される．さらに保守担当者は保守作業についての記録を作成し，保守作業の管理者がその記録を確認することが望まれる．

また，顧客情報や企業機密情報等の重要な情報を扱った装置の保守を外部の供給者に依頼する際に，装置内の重要な情報が漏えいするリスクがあることを忘れてはならない．対策としては，搬出前に装置内からそのような重要なデータをすべて削除しておくこと，さらに装置の保守完了後の円滑な作業の継続のために，バックアップ等について考慮しておくことなどが重要である．データ削除の際には確実に削除されたことの確認を忘れてはならない．

(2)　旧規格からの変更点

11.2.4 は旧規格の 9.2.4（装置の保守）を継承している．旧規格から，f）が追加されていることに注意されたい．これは，装置の保守が終わった後，本格的にその装置を作動させる前に不正に改ざんされていないか，及び正常に動作するかどうかを確認するというものである．その他の内容には，旧規格からの変更はない．

11.2.5　資産の移動

管理策

装置，情報又はソフトウェアは，事前の認可なしでは，構外に持ち出さないことが望ましい．

実施の手引

この管理策の実施については，次の事項を考慮することが望ましい．

a)　資産を構外に持ち出すことを許す権限をもつ従業員及び外部の利用者を特定する．

b)　資産の持出し期限を設定し，また，返却がそのとおりであったか検証する．

c)　必要かつ適切な場合は，資産が構外に持ち出されていることを記録し，また，返却時に記録する．

d)　資産を扱う又は利用する者について，その識別情報，役割及び所属を文書化する．この文書は，その装置，情報又はソフトウェアとともに返却させる．

関連情報

認可されていない資産の持出しを見つけるために実施される抜打ち点検は，認可されていないもの（例えば，記録装置，武器）を検知して，それらが構内へ持ち込まれたり構内から持ち出されたりすることを防止するために実施する場合もある．このような抜打ち点検は，関連する法令及び規則に従って実施することが望ましい．各人に抜打ち点検の実施を認識させておくことが望ましく，こうした点検は，法的及び規制の要求事項に対する適切な認可の下でだけ実施することが望ましい．

(1)　概　要

資産が設置又は保管されている場所の把握は，その資産に対するリスクを把握するために重要である．当然，資産をその場所から動かす際には新たなリスクに対応する必要がある．“11.2.5 資産の移動”では，資産を移動する場合に考慮すべき管理策について述べられている．

資産目録の陳腐化を防ぐためにも，持出し等の資産の移動に対してはその管理責任者の認可を得る必要がある．さらに，資産の持出し時及び返却時の記録を残しておけば資産の紛失や盗難の抑止につながり，万一，盗難が発生した際でも，早急な状況判断等に有効な情報になることが期待される．無認可の資産の移動が行われていないかの現場検査をすること，及び現場検査を実施することを関係者に認識させることは，資産の紛失や盗難に対する大きな抑止効果となりうる．

（2）　旧規格からの変更点

11.2.5 は旧規格の 9.2.7（資産の移動）を継承している．旧規格からの大きな変更はないが，管理策と内容が重複していたために旧規格の 9.2.7 a)が削除されている点と，新たに d)が追加されている点の 2 点が変更点としてあげられる．

d)は資産目録で考慮すべき事項として適切な内容のように思われるが，本管理策で記述されていることから，資産の構内への持込み又は構外への持出しにあたっても，誰がそれを行ったかを明確にしておくことを示している．

11.2.6　構外にある装置及び資産のセキュリティ

管理策

構外にある資産に対しては，構外での作業に伴った，構内での作業とは異なるリスクを考慮に入れて，セキュリティを適用することが望ましい．

実施の手引

情報を保管及び処理する装置を組織の構外で用いる場合は，管理層の認可を得ることが望ましい．これは，組織が所有する装置，及び個人が所有し組織のために用いる装置に適用される．

構外にある装置の保護のために，次の事項を考慮することが望ましい．

a） 構外に持ち出した装置及び媒体は，公共の場所に無人状態で放置しない．

b） 装置の保護（例えば，強力な電磁場にさらすことに対する保護）に関する製造業者の指示を常に守る．

c） 在宅勤務，テレワーキング及び一時的サイトのような構外の場所についての管理策を，リスクアセスメントに基づいて決定し，状況に応じた管理策（例えば，施錠可能な文書保管庫，クリアデスク方針，コンピュータのアクセス制御，セキュリティを保ったオフィスとの通信）を適切に適用する（**ISO/IEC 27033** 規格群[15]～[19]も参照）

d） 構外にある装置を，複数の個人又は外部関係者の間で移動する場合には，その装置の受渡記録を明記した記録（少なくとも，その装置に対して責任を負う者の氏名及び組織を含むもの）を維持することが望ましい．

リスク（例えば，損傷，盗難，傍受）は，場所によってかなり異なる場合がある．それぞれの場所に応じた最も適切な管理策の決定には，リスクを考慮することが望ましい．

関連情報

情報の記憶・処理装置には，在宅勤務のために保持される又は通常の作業場所から他の場所に移動される，全ての種類の，パーソナルコンピュータ，電子手帳などの管理用機器，携帯電話，スマートカード，書類及び他の形態のものが含まれる．

モバイル機器の保護に関する他の側面の詳細については，**6.2** に示す．

特定の従業員には，構外での作業をさせない又は携帯可能な IT 装置の使用を制限することで，リスクを回避することが適切な場合がある．

(1)　概　要

“11.2.5 資産の移動”では，装置等を構外へ持ち出す，又は持ち帰る場合について述べているが“11.2.6 構外にある装置及び資産のセキュリティ”では，持ち出した資産を構外で利用するシーンに着目し，いかにして盗難や紛失，損傷といった脅威から保護し，装置内のデータの漏えいを阻止するかについて考慮すべき事項を示している．

実施の手引の最後の段落にあるとおり，どのような環境で使用されるかによって，その装置に対するリスクは異なる．構外で利用される場合は，管理体制も明確で監視も行き届いている構内で利用する場合とは異なるリスクに晒されることを十分に考慮し，必要な対策を取らなければならない．

なお，実施の手引 c)では，ISO/IEC 27033 規格群を参照している．これはネットワークセキュリティに関するマルチパートの規格である．現在，発行されているパート 1 からパート 5 の表題と概要を表 3.11.3 に示す．

表 3.11.3　ISO/IEC 27033 の規格群の名称

番号	表　題	概　要
Part 1	Overview and concepts	ネットワークセキュリティの概念の定義及び説明，また，その管理のガイドラインを提供
Part 2	Guidelines for the design and implementation of network security	ネットワークセキュリティの計画，設計，文書化及び実装のガイダンスを提供

表 3.11.3　（続き）

番号	表　題	概　要
Part 3	Reference networking scenarios—threats, design techniques and control issues	ネットワーク利用のシナリオを設定し，各々のシナリオにおける，ネットワークセキュリティのリスク・設計技法・管理策のガイダンスを提供
Part 4	Securing communications between networks using security gateways	ファイアウォール等のセキュリティゲートウェイを用いたネットワーク間通信のセキュア化に関し，セキュリティ上の脅威，セキュリティ要件，管理策，設計手法等を提供
Part 5	Securing communications across networks using Virtual Private Networks (VPNs)	VPN（仮想私設網）を用いたネットワーク間通信やリモート接続に関するセキュリティ上の脅威，セキュリティ要件,管理策,設計手法等を提供

（2）　旧規格からの変更点

11.2.6は旧規格の9.2.5（構外にある装置のセキュリティ）を継承している．“構外の場所”として旧規格のc)では“在宅勤務”のみとしていたが，改正にあたって“テレワーキング”や“一時的サイト”も追加されている．テレワーキングや在宅勤務は，構外での業務遂行が常態であるために装置の設置にあわせてセキュリティを考慮することが想定されるが，展示会等である程度の期間，構外に装置を設置する場合でも，装置設置時にセキュリティを考慮しなければならない．このような場合が今回の改正で追記されたと考えてよいだろう．

なお，資産のライフサイクルという観点からも，d)として，装置が一旦構外へ持ち出された後に，他の管理者・利用者に受け渡す場合には，構内から構外へ持ち出すときと同様，その記録を取っておくことが追加されている．

11.2.7　装置のセキュリティを保った処分又は再利用

管理策

記憶媒体を内蔵した全ての装置は，処分又は再利用する前に，全ての取扱いに慎重を要するデータ及びライセンス供与されたソフトウェアを消去していること，又はセキュリティを保って上書きしていることを確実にするために，検証することが望ましい．

実施の手引

装置は，処分又は再利用する前に，記憶媒体が内蔵されているか否かを確かめるために検証することが望ましい．

秘密情報又は著作権のある情報を格納した記憶媒体は，物理的に破壊することが望ましく，又はその情報を破壊，消去若しくは上書きすることが望ましい．消去又は上書きには，標準的な消去又は初期化の機能を利用するよりも，元の情報を媒体から取り出せなくする技術を利用することが望ましい．

関連情報

記憶媒体を内蔵した装置が損傷した場合，その装置を修理又は廃棄するよりも物理的に破壊するほうが適切であるか否かを決定するために，リスクアセスメントが必要となる場合がある．情報は，装置の不注意な処分又は再利用によって危険にさらされることもある．

ディスクの内容のセキュリティを保った消去のほかに，ディスク全体の暗号化によっても，装置を処分又は再配備した場合に秘密情報が開示されるリスクが低減する．ただし，次の事項が条件となる．

a)　暗号化プロセスは十分に強じん（靭）なものであり，ディスク全体（スラックスペース，スワップファイルなども含む．）を対象とする．

b)　暗号鍵は，総当たり攻撃に耐えられるだけの十分な長さである．

c)　暗号鍵そのものが，秘密に保たれる（例えば，同じディスク上に保管しない．）．

暗号化に関する詳細な助言を，箇条**10**に示す．

セキュリティを保って記憶媒体を上書きする技術は，その記憶媒体の技術によって異なる．記憶媒体の技術に適用可能であることを確認するために，上書き用のツールをレビューすることが望ましい．

(1)　概　要

ハードディスク等の記憶装置に保存されていたデータは，コンピュータのオペレーティングシステム（OS）が備えるデータ削除機能やディスクの初期化機能を用いても，データ本体はハードディスク上に存在したままである．そのため，リース機器の返却時や社内のコンピュータを中古コンピュータとして処分する場合などに顧客情報や機密情報が外部に漏えいするという例もある．これらに対応するためには“11.2.7 装置のセキュリティを保った処分又は再利用”で推奨されているとおり，ハードディスクの物理的破壊か徹底的な上書きが最も確実である．

重要なデータが保存されている装置が損傷した場合は，そのデータの重要性，修理によって装置が復旧する可能性，並びに修理のために外部に搬出することによる情報漏えいの危険度及び情報漏えいの影響度，さらには“12.3.1 情報のバックアップ”の管理策の実施レベルといった点を総合的に判断して，装置の破壊，修理又は廃棄等の決定を下すべきである．

(2)　旧規格からの変更点

11.2.7 は旧規格の 9.2.6（装置の安全な処分又は再利用）を継承している．改正にあたって，表題が“安全な”から“セキュリティを保った”と一部変更されているが，これは JIS 化において“secure”の訳語を変更したためであり，英文原文では表題の変更はない．

なお，11.2.7 の関連情報には大きな変更点がある．旧規格では，装置を処分するか，再利用する際には物理的に破壊するか，又は装置内のデータを消去することが実施の手引として記述され，それに基づいて関連情報も記述されていた．

しかし“装置の再利用”にも様々な場合があり“暗号化”による情報漏えい対策もその装置が置かれる状況によっては有効であるとして，暗号化の際の注意事項が関連情報に追加されている．

11.2.8　無人状態にある利用者装置

管理策

利用者は，無人状態にある装置が適切な保護対策を備えていることを確実にすることが望ましい．

実施の手引

無人状態にある装置の保護を実施する責任と同様に，その装置を保護するためのセキュリティ要求事項及び手順についても，全ての利用者に認識させることが望ましい．利用者に，次の事項を実施するように助言することが望ましい．

a) 実行していた処理が終わった時点で，接続を切る．ただし，適切なロック機能（例えば，パスワードによって保護されたスクリーンセーバ）によって保護されている場合は，その限りではない．

b) 必要がなくなったら，アプリケーション又はネットワークサービスからログオフする．

c) コンピュータ又はモバイル機器は，利用していない場合，キーロック又は同等の管理策(例えば，パスワードアクセス)によって，認可されていない利用から保護する．

(1) 概　要

“11.2.8 無人状態にある利用者装置”では，利用者が利用する装置が，離席等により無人状態になる，又は利用者が相対していないのが常態である場合に考慮すべき事項について述べている．本管理策と関連が深い管理策として“11.2.9 クリアデスク・クリアスクリーン方針”にクリアスクリーンに関する記述があるのであわせて考慮するとよい．

利用者が打合せによる離席や外出等の理由で不在である場合，不正な利用者が容易にその装置内の情報にアクセス可能な状態においておくことは，セキュリティ上，十分な管理がなされていないといえる．

(2) 旧規格からの変更点

11.2.8 は旧規格の 11.3.2（無人状態にある利用者装置）を継承している．旧規格では 11.3（利用者の責任）を構成する管理策とされていたが，記述されている内容が個々の利用者が認識すべき事項というよりは，無人状態で設置される措置に対する適切な管理手順と呼ぶべき事項であったことから，本カテゴリに移されている．

旧規格では“汎用大型コンピュータ”等の装置を対象に記述されていた感があったが，現規格では“アプリケーションやネットワークサービス等”に変更されていたり，モバイル機器”というデバイスが導入されたりしている．これは，業務で利用されるデバイスやサービスの変化を取り入れたものであるが，内容に大きな違いはないと考えてよい．

11.2.9　クリアデスク・クリアスクリーン方針

管理策

書類及び取外し可能な記憶媒体に対するクリアデスク方針，並びに情報処理設備に対するクリアスクリーン方針を適用することが望ましい．

注記 クリアデスクとは，机上に書類を放置しないことをいう．また，クリアスクリーンとは，情報をスクリーンに残したまま離席しないことをいう．

実施の手引

クリアデスク・クリアスクリーン方針において，組織の，情報分類（**8.2** 参照），法的及び契約上の要求事項（**18.1** 参照），並びにそれらに対応するリスク及び文化的側面を考慮することが望ましい．この管理策の実施については，次の事項を考慮することが望ましい．

a) 取扱いに慎重を要する業務情報又は重要な業務情報（例えば，紙又は電子記憶媒体上の業務情報）は，必要のない場合，特にオフィスに誰もいないときには，施錠して（理想的には金庫，書庫又はセキュリティを備えた他の形態の収納用具に）保管しておく．

b) コンピュータ及び端末は，離席時には，ログオフ状態にしておくか，又はパスワード，トークン若しくは類似の利用者認証機能で管理されたスクリーン及びキーボードのロック機能によって保護している．また，利用しないときは，施錠，パスワード又は他の管理策によって保護している．

c) コピー機及びその他の再生技術（例えば，スキャナ，ディジタルカメラ）の認可されていない利用は，防止する．

d) 取扱いに慎重を要する情報又は機密扱い情報を含む媒体は，プリンタから直ちに取り出しておく．

関連情報

クリアデスク・クリアスクリーン方針は，通常の勤務時間内及び時間外の情報への認可されていないアクセス，情報の消失及び損傷のリスクを低減する．金庫又はセキュリティを備えた他の形態の保管設備は，それらに保管された情報を，火災，地震，洪水，爆破などの災害から保護することもできる．

個人識別番号（PIN）コード機能をもつプリンタを利用すれば，印刷を実行した人だけが，プリンタの横に立ったときにだけ，印刷物を得ることができる．

(1)　概　要

“11.2.9 クリアデスク・クリアスクリーン方針”では，利用者が最も頻繁に情報を扱うと思われるデスク周辺で考慮すべき事項について述べている．

b)は露呈や盗難のリスク（ここではのぞき見られるリスク）が高いと考えられるコンピュータのスクリーンについて述べている．離席中又は作業中断時にスクリーンセーバ等を起動させ，当該作業に関連する情報を画面上に不用意に表示させないようにしたり，スクリーンセーバを解除する際にパスワード入力を要求するスクリーンロック機能を利用したりすることが，先にあげたようなリスクに対しては有効である．

c)，d)は，通常，無人の状態で利用者領域に置かれる，共用の OA 設備について留意すべき事項である．特に，重要な情報を印刷する場合は，印刷後に，その情報がその場に一定期間置かれていれば，取り去られるというリスクがある．複合機をはじめとした OA 設備側でも PIN コード機能を備える機器が多い．このような機能を有する OA 設備を導入することによって共用 OA 設備に関連して発生する脅威に対応することも有効である．

環境マネジメントや安全衛生活動等でよく利用される“5S 活動”というものがある．5S（ごえす）とは“整理”“整頓”“清潔”“清掃”“しつけ”の五つの言葉のローマ字表記の頭文字“S”を取って名付けられた，仕事上，基本的な活動の一つとされるものである．11.2.8 や 11.2.9 で述べられている事項が情報セキュリティにおける“5S 活動”に相当するだろう．

“7.2.2 情報セキュリティの意識向上，教育及び訓練”の実施の手引の d)にもあるとおり，クリアデスク・クリアスクリーンは情報セキュリティに関する基本的な手順の一つといえるので，従業員の意識向上のための教育及び訓練とこの“5S 活動”を組み合わせて実施するとよい．

(2)　旧規格からの変更点

11.2.9 は旧規格の 11.3.3（クリアデスク・クリアスクリーン方針）を継承している．旧規格の c)にあった，郵便物の受渡場所や無人状態のファクシミリ装置の保護に関する項目が削除されているが，それぞれ他の管理策内で扱うのが適切であるためである．その他の変更はない．

12　運用のセキュリティ

(1)　概　要

本箇条では，情報処理設備の運用における管理目的及び管理策を定めている．

本箇条には“12.1 運用の手順及び責任”“12.2 マルウェアからの保護”“12.3 バックアップ”“12.4 ログ取得及び監視”“12.5 運用ソフトウェアの管理”“12.6 技術的ぜい弱性管理”及び“12.7 情報システムの監査に対する考慮事項”の七つのカテゴリがある．

本箇条は，図 3.12.1 に示すとおり，七つのカテゴリと 14 の管理策で構成されている．

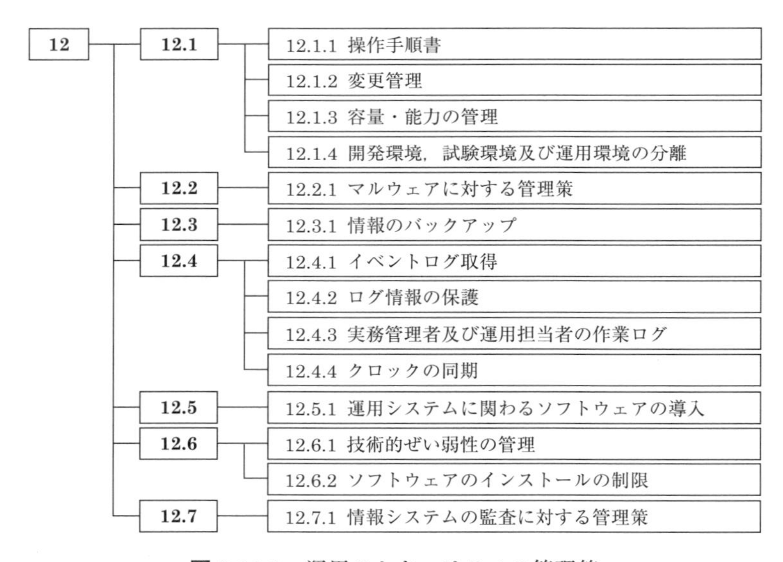

図 3.12.1　運用のセキュリティの管理策

(2)　旧規格からの変更点

旧規格の箇条 10（通信及び運用管理）は，通信及び情報処理施設，並びに情報システムの運用に関するカテゴリを含む，大きな箇条であった．今回の改正において，通信と運用との位置付けの違いに留意してこれを分割し，運用に関するカテゴリを本箇条に置いている．ただし，旧規格の 10.2（第三者が提供するサービスの管理）は現規格では“15 供給者関係”に移して“15.2 供給者のサービス提供の管理”としている．

12.1　運用の手順及び責任

12　運用のセキュリティ

12.1　運用の手順及び責任

目的　情報処理設備の正確かつセキュリティを保った運用を確実にするため．

(1)　概　要

本カテゴリでは，情報処理設備の運用に関する基本的な事項として“操作手順書”“変更管理”“容量・能力の管理”及び“開発環境，試験環境及び運用環境の分離”についての指針を示している．情報処理設備では，正確，かつ，セキュリティを保った運用が求められている．

(2)　旧規格からの変更点

本カテゴリは，旧規格の 10.1（運用の手順及び責任）が現規格では 12.1 になっているが，表題は変わっていない．現規格と旧規格のカテゴリと管理策を新旧対応表 ISO/IEC TR 27023 では表 3.12.1 のとおりに対応付けている．

表 3.12.1　現規格と旧規格のカテゴリと管理策の新旧対応表

現規格	旧規格
12.1　運用の手順及び責任	10.1　運用の手順及び責任
12.1.1　操作手順書	10.1.1　操作手順書
12.1.2　変更管理	10.1.2　変更管理
12.1.3　容量・能力の管理	10.3.1　容量・能力の管理
12.1.4　開発環境，試験環境及び運用環境の分離	10.1.4　開発施設，試験施設及び運用施設の分離

旧規格では 10.1.1（操作手順書），10.1.2（変更管理），10.1.3（職務の分割）及び 10.1.4（開発施設，試験施設及び運用施設の分離）の四つの管理策

で構成されていたが，現規格では“12.1.1 操作手順書”“12.1.2 変更管理”“12.1.3 容量・能力の管理”及び“12.1.4 開発環境，試験環境及び運用環境の分離”の四つの管理策となっている．旧規格の 10.1.3（職務の分割）が“6.1.2 職務の分離”に移設され，旧規格の 10.3（システムの計画作成及び受入れ）に置かれていた 10.3.1（容量・能力の管理）が現規格の“12.1.3 容量・能力の管理”になっている．

なお，運用においても職務の分離は重要である．これについては，現規格では“6.1 内部組織”の“6.1.2 職務の分離”で運用における職務の分離も含めて総括的に述べられている．

12.1.1　操作手順書

管理策

操作手順は，文書化し，必要とする全ての利用者に対して利用可能とすることが望ましい．

実施の手引

情報処理設備及び通信設備に関連する操作（例えば，コンピュータの起動・停止の手順，バックアップ，装置の保守，媒体の取扱い，コンピュータ室及びメールの取扱いの管理・安全）の手順書を作成することが望ましい．

操作手順には，次の事項を含む，操作上の指示を明記することが望ましい．

a)　システムの導入及び構成
b)　情報の処理及び取扱い（自動化されたもの及び手動によるものを含む．）
c)　バックアップ（**12.3** 参照）
d)　スケジュール作成に関する要求事項．これには，他のシステムとの相互依存性，最も早い作業の開始時刻及び最も遅い作業の完了時刻を含む．
e)　作業中に発生し得る，誤り又はその他の例外状況の処理についての指示．これには，システムユーティリティの利用の制限を含む（**9.4.4** 参照）．
f)　操作上又は技術上の不測の問題が発生した場合の，外部のサポート用連絡先を含む，サポート用及び段階的取扱い（escalation）用の連絡先
g)　特別な出力及び媒体の取扱いに関する指示（**8.3** 及び **11.2.7** 参照）．例えば，特殊な用紙の使用，秘密情報の出力の管理（失敗した作業出力のセキュリティを保った処分手順を含む．）．
h)　システムが故障した場合の再起動及び回復の手順
i)　監査証跡及びシステムログ情報の管理（**12.4** 参照）
j)　監視手順

> システムの管理活動のための操作手順及び文書化手順は，正式な文書として取り扱い，その手順書の変更は，管理層によって認可されることが望ましい．技術的に可能であれば，情報システムは，同一の手順，ツール及びユーティリティを用いて，首尾一貫した管理を行うことが望ましい．

(1)　概　要

情報処理設備を正確に，かつ，セキュリティを保った状態で運用するためには，それぞれの情報処理設備やシステムごとの操作手順書が不可欠である．すなわち，操作手順書は，実務管理者や運用担当者の個人的な文書ではなく，正式な手順書として文書化しておくことが必要である．具体的には，

①　具体的な手順が決められていること

②　当該情報処理設備におけるセキュリティ環境の維持に責任をもつ管理者によって承認されていること

③　定めたとおりに見直されて最新の情報処理設備やシステムの変更を反映した手順書になっていること

が必要である．操作手順書内には，それぞれの情報処理設備やシステムの定常的な運用について a)～d)で示した事項を記述し，異常時の運用について e)～h)で示した事項を記述することが望ましいとされている．すなわち，何らかの異常が発生した場合に，その事態を想定した手順が確立されていれば，正常運用への復旧を早く確実に行うことができる．特に，発生した問題の規模や重大性に合わせて“段階的取扱い（escalation）用の連絡先”を定めておくことが述べられていることに留意されたい．

“12.1.1 操作手順書”は“16 情報セキュリティインシデント管理”及び“17 事業継続マネジメントにおける情報セキュリティの側面”とも関係するので，操作手順書を作成・変更する際はこれらの箇条もあわせて参照されたい．

(2)　旧規格からの変更点

12.1.1 は旧規格の 10.1.1（操作手順書）を継承し，一部変更，拡充している．

旧規格の管理策には“文書化し，維持していくことが望ましい”となってい

た．この維持する行為について，システムの変更管理の一部であり，文書のみで変更する必然性がないことから削除されたことに留意されたい．現規格では，操作手順の最初に“a)システムの導入及び構成”が追加され，さらに，運用における不正行為抑制のための“j)監視手順”が追加されて運用の現場での操作に必要な事項が拡充されている．また，f)においては“段階的取扱い（escalation）用の連絡先”が追加されており，運用中に不測の事態が起きたときにも，その重大性に応じて対処することが追記されている．

12.1.2　変更管理

管理策

情報セキュリティに影響を与える，組織，業務プロセス，情報処理設備及びシステムの変更は，管理することが望ましい．

実施の手引

この管理策の実施については，特に，次の事項を考慮することが望ましい．

a)　重要な変更の特定及び記録

b)　変更作業の計画策定及びテストの実施

c)　そのような変更の潜在的な影響（情報セキュリティ上の影響を含む．）のアセスメント

d)　変更の申出を正式に承認する手順

e)　情報セキュリティ要求事項が満たされていることの検証

f)　全ての関係者への変更に関する詳細事項の通知

g)　うまくいかない変更及びこれに伴う予期できない事象を取り消し，これらから回復する手順及び責任を含む，代替手順

h)　インシデントの解決のために必要な変更を，迅速にかつ管理して実施できるようにするための，緊急時の変更プロセスの提供（**16.1** 参照）

あらゆる変更の十分な管理を確実にするためには，正式な責任体制及び手順を備えていることが望ましい．変更がなされたときには，変更に関わる全ての関連情報を含んだ監査ログを保持することが望ましい．

関連情報

情報処理設備及びシステムの変更に対する不十分な管理は，システム又はセキュリティ不具合の一般的な原因となる．特に，システムを開発ステージから運用ステージに移す段階では，運用環境の変更は，アプリケーションの信頼性に影響を及ぼすことがある（**14.2.2** 参照）．

(1)　概　要

“12.1.2 変更管理”では“情報セキュリティに影響を与える，組織，業務プロセス，情報処理設備及びシステムの変更の管理”について述べられている．変更管理の目的は，これらの変更においても，本カテゴリの目的である“情報処理設備の正確，かつ，セキュリティを保った運用を確実にする”ためである．変更管理の対象に，情報処理設備やシステムだけでなく，組織や業務（の変更）も含まれていることに留意されたい．

なお，変更管理の対象にあげられている組織，業務プロセス，情報処理設備及びシステムの変更によって，運用における情報セキュリティリスク，運用に関する責任，運用における情報セキュリティ対策及び操作手順書等についての変更が必要になりうる．この管理策では，これらの対応を的確に行う前提として変更管理の実施を求めている．

(2)　旧規格からの変更点

12.1.2 は旧規格の 10.1.2（変更管理）を継承している．管理策が旧規格では“情報処理設備及びシステムの変更”となっていたが，現規格では，変更の内容をより具体的に“情報セキュリティに影響を与える，組織，業務プロセス，情報処理設備及びシステムの変更”としている．これは旧規格では，情報セキュリティにかかわらない変更も範囲に含まれてしまうため，より範囲を明確にしたものである．

一方，旧規格では対象が設備やシステムであったが，現規格では，対象を情報システムだけではなく，組織，業務プロセスという，IT 以外の要素も含めている．変更管理の範囲や対象が変更されていることに留意されたい．

現規格では，旧規格の実施の手引の a)～ f)を継承し，新たに“e)情報セキュリティ要求事項が満たされていることの検証”及び“h)インシデントの解決のために必要な変更を迅速に，かつ，管理して実施できるようにするための，緊急時の変更プロセスの提供（“16.1 情報セキュリティインシデントの管理及びその改善”を参照)”の二つが追加されている，

旧規格の関連情報では，運用環境の変更について“システムを更新すること

は，いつも業務上の利益になるとは限らない”と述べられていたが，経営陣が判断することであり，削除されている．

12.1.3　容量・能力の管理

管理策

要求されたシステム性能を満たすことを確実にするために，資源の利用を監視・調整し，また，将来必要とする容量・能力を予測することが望ましい．

実施の手引

事業におけるシステムの重要度を考慮に入れて，その容量・能力に関する要求事項を特定することが望ましい．システムの可用性及び効率性を確実にするため，また，必要な場合には，改善のために，システム調整及び監視を適用することが望ましい．適切な時点で問題を知らせるために，検知のための管理策を備えることが望ましい．将来必要とされる容量・能力の予測では，新しい事業及びシステムに対する要求事項並びに組織の情報処理の能力についての現在の傾向及び予測される傾向を考慮することが望ましい．

入手時間がかかるか又は費用がかかる資源については，特別な注意を払う必要がある．したがって，管理者は，主要なシステム資源の使用を監視することが望ましい．管理者は，使用の傾向，特に業務用アプリケーション又は情報システムの管理ツールに関連した傾向を特定することが望ましい．

システムセキュリティ又はサービスに脅威をもたらすおそれのある，潜在的なあい（隘）路（bottlenecks）及び主要な要員への依存度合いを特定し，回避するために，管理者は，この情報を用いることが望ましく，また，適切な処置を立案することが望ましい．

容量・能力を増やすか，要求を減らすことによって，十分な容量・能力を提供することができる．容量・能力の要求に関する管理の例には，次を含む．

a)　古いデータの削除（ディスクスペース）

b)　アプリケーション，システム，データベース又は環境の廃止

c)　バッチのプロセス及びスケジュールの最適化

d)　アプリケーションの処理方法及びデータベースへの問合せの最適化

e)　事業上重要でない場合，大量の帯域を必要とするサービス（例えば，動画のストリーミング）に対する帯域割当ての拒否又は制限

業務上必須のシステムについては，容量・能力の管理計画を文書化することを検討することが望ましい．

関連情報

この管理策は，人的資源，オフィス及び施設の容量・能力にも対処するものである．

(1)　概　要

“12.1.3 容量・能力の管理”では，システムの資源利用の監視及び必要な容量や能力の予測と確保の重要性について述べている．

稼働中のシステムの能力や容量を拡張する場合や同種のシステムを構築する場合，システムの処理能力や記憶容量の需要を予測することは難しくないだろう．しかし，全く新規の事業や業務に供するためのシステムを構築する場合は，需要が予測を大きく上回る場合がありうるので，注意を要する．このため，事前にシステムの可用性を考慮しながら，どの程度の容量や能力を必要とするかを識別しておくことが重要である．

(2)　旧規格からの変更点

12.1.3 は，旧規格の 10.3.1（容量・能力の管理）を継承している．現規格では，この内容をそのまま継承している．ただし，現規格では，容量・能力の要求に関する管理の例が追加され，具体例としてディスク，アプリケーション，データベースやスケジュールなどが a)～e)で述べられている．特に，e)では，動画のストリーミングなど大量の容量が利用されるようになっている現状を踏まえて，帯域割当ての拒否又は制限について触れている．

12.1.4　開発環境，試験環境及び運用環境の分離

管理策

開発環境，試験環境及び運用環境は，運用環境への認可されていないアクセス又は変更によるリスクを低減するために，分離することが望ましい．

実施の手引

運用上の問題を防ぐために必要な，開発環境，試験環境及び運用環境の間の分離レベルを特定し，それに従って分離することが望ましい．

特に，次の事項を考慮することが望ましい．

a)　ソフトウェアの開発から運用の段階への移行についての規則は，明確に定め，文書化する．

b)　開発ソフトウェア及び運用ソフトウェアは，異なるシステム又はコンピュータ上で，及び異なる領域又はディレクトリで実行する．

c)　運用システム及びアプリケーションに対する変更は，運用システムに適用する前に，試験環境又はステージング環境（運用環境に近い試験環境）で試験する．

d)　例外的な状況以外では，運用システムで試験を行わない．

e）コンパイラ，エディタ，及びその他の開発ツール又はシステムユーティリティは，必要でない場合には，運用システムからアクセスできない．

f）利用者は，運用システム及び試験システムに対して，異なるユーザプロファイルを用いる．また，メニューには，誤操作によるリスクを低減するために，適切な識別メッセージを表示する．

g）取扱いに慎重を要するデータは，試験システムに同等の管理策が備わっていない限り，その試験システム環境には複写しない（**14.3** 参照）．

関連情報

開発作業及び試験作業は，重大な問題（例えば，ファイル環境・システム環境に対する望ましくない変更，システム不具合）を引き起こすことがある．意味のある試験を実施し，開発者による運用環境への不適切なアクセスを防止するために，既知で安定した環境を維持する必要がある．

開発要員及び試験要員が運用システム及びその情報にアクセスする場合には，これらの要員は，認可されていないコード及び検査されていないコードを挿入すること，又は運用データを変更することができる場合がある．システムによっては，このような可能性が，不正行為を働いたり，検査されていないコード又は悪意のあるコードを挿入するために悪用されることがあり，これらのコードは，深刻な運用上の問題を引き起こすこともある．

開発要員及び試験要員は，運用情報の機密性に脅威をもたらすこともある．開発作業と試験作業とが同じコンピュータの環境を利用している場合，ソフトウェア又は情報に意図しない変更を引き起こす場合がある．したがって，運用ソフトウェア及び業務用データへの過失による変更のリスク又は認可されていないアクセスのリスクを低減するために，開発環境，試験環境及び運用環境を分離することが望ましい（試験データの保護については，**14.3** を参照）．

(1) 概 要

“12.1.4 開発環境，試験環境及び運用環境の分離”では，システムの運用について，開発及び試験の影響を受けることなく安定してこれを行うために，運用環境・試験環境・開発環境を分離することについて述べている．

既存システムの運用は組織における業務プロセスの遂行を支えるものであり，安定した稼働の維持が必須である．このための管理策に，システムの運用に係る操作手順書（12.1.1），変更管理（12.1.2）及び容量・能力の管理（12.1.3）等がある．

他方では，システムの開発及び試験においては，その目的で，開発中のソフトウェアやシステム構成を頻繁に変更し，試験のために異常なデータを用い，システムに負荷をかけたりする．故意又は過失によって開発環境・試験環境での操作がシステムの運用に悪影を与えることを避けるために，開発環境及び試験環境は注意深く運用環境から分離しなければならない．

実施の手引で，分離について考慮することが望ましい事項を示している．また，関連情報では，開発要員及び試験要員の行為がシステムの運用に対する脅威になりうることを説明している．

(2)　旧規格からの変更点

12.1.4 は旧規格の 10.1.4（開発施設，試験施設及び運用施設の分離）を継承している．ただし，旧規格の実施の手引を一部見直している．a)，b)は旧規格と同じであるが，そのほかについては組換えがある．

なお，“c)運用システム及びアプリケーションに対する変更は，運用システムに適用する前に，試験環境又はステージング環境（運用環境に近い試験環境）で試験する”及び“d)例外的な状況以外では，運用システムで試験を行わない”が追加されている．これらは，試験環境と運用環境の分離について指針を業務プロセス等に追加拡充したものである．

12.2　マルウェアからの保護

12.2　マルウェアからの保護

目的　情報及び情報処理施設がマルウェアから保護されることを確実にするため．

(1)　概　要

本カテゴリでは，情報及び情報処理施設をマルウェアから保護するための指針が示されている．このカテゴリでは一つの管理策が述べられている．用語として“マルウェア”は現規格から新しく用いられている．

(2)　旧規格からの変更点

本カテゴリは旧規格の 10.4（悪意のあるコード及びモバイルコードからの保護）のうち 10.4.1（悪意のあるコードに対する管理策）を継承している．現規格と旧規格のカテゴリと管理策を新旧対応表 ISO/IEC TR 27023 では表

表 3.12.2　現規格と旧規格のカテゴリと管理策の新旧対応表

現規格	旧規格
12.2　マルウェアからの保護	10.4　悪意のあるコード及びモバイルコードからの保護
12.2.1　マルウェアに対する管理策	10.4.1　悪意のあるコードに対する管理策

3.12.2 のとおりに対応付けている．

旧規格の 10.4（悪意のあるコード及びモバイルコードからの保護）の目的は，その第 1 文が“ソフトウェア及び情報の完全性を保護するため．”であった．これに対して現規格の本カテゴリは，完全性に限ることなく，情報及び情報処理施設が保護されることを確実にすることを目的としている．マルウェアは，情報の機密性，完全性及び可用性のいずれをも阻害しうるためである．旧規格で使用した悪意のあるコード（malicious code）という語を現規格ではその後定着したマルウェア（malware）に置き換えている．

旧規格の管理策 10.4.2（モバイルコードに対する管理策）は現規格では採用されていない．モバイルコードとは，通常は利用者の管理を受けることなく，あるコンピュータから別のコンピュータに移動するソフトウェアを指す．JavaScript や Applet がその例である．通常のモバイルコード自体は，情報セキュリティを侵害する目的でつくられたものではない．情報セキュリティを侵害する仕組みが組み込まれたモバイルコードは，現規格ではマルウェアとして，管理策“12.2.1 マルウェアに対する管理策”を適用することとなる．

なお，この管理策を利用する場合には，実施の手引に記述される手法，手順などを活用するのは必要であるが，今後，様々なものが出現することが予想されるため，これらの管理策だけで対策が十分とはいえない可能性があることに留意されたい．

12.2.1　マルウェアに対する管理策

管理策

マルウェアから保護するために，利用者に適切に認識させることと併せて，検出，予防及び回復のための管理策を実施することが望ましい.

実施の手引

マルウェアからの保護は,マルウェアに対する検出・修復ソフトウェア,情報セキュリティに対する認識,及びシステムへの適切なアクセス・変更管理についての管理策に基づくことが望ましい.この管理策の実施については,次の事項を考慮することが望ましい.

a) 認可されていないソフトウェアの使用を禁止する,正式な方針の確立（**12.6.2** 及び **14.2** 参照）

b) 認可されていないソフトウェアの使用を防止又は検出するための管理策の実施（例えば,アプリケーションのホワイトリスト化）

c) 悪意のあるウェブサイトであると知られている又は疑われるウェブサイトの使用を,防止又は検出するための管理策の実施（例えば,ブラックリスト）

d) 外部ネットワークから若しくは外部ネットワーク経由で,又は他の媒体を通じてファイル及びソフトウェアを入手することによるリスクから保護し,どのような保護対策を行うことが望ましいかを示す組織の正式な方針の確立

e) マルウェアに付け込まれる可能性のあるぜい弱性を,技術的ぜい弱性管理などを通じて低減させる（**12.6** 参照）.

f) 重要な業務プロセスを支えるシステムのソフトウェア及びデータの,定めに従ったレビューの実施.未承認のファイル又は認可されていない変更があった場合には,正式に調査する.

g) 予防又は定常作業として,コンピュータ及び媒体を走査（scan）するための,マルウェアの検出・修復ソフトウェアの導入及び定めに従った更新.実施する走査には,次を含める.

1) ネットワーク経由又は何らかの形式の記憶媒体を通じて入手した全てのファイルに対する,マルウェア検出のための使用前の走査

2) 電子メールの添付ファイル及びダウンロードしたファイルに対する,マルウェア検出のための使用前の走査.この走査は,様々な場所（例えば,電子メールサーバ,デスクトップコンピュータ,組織のネットワークの入口）で実施する.

3) ウェブページに対するマルウェア検出のための走査

h) システムにおけるマルウェアからの保護,保護策の利用方法に関する訓練,マルウェアの攻撃の報告及びマルウェアの攻撃からの回復に関する手順及び責任の明確化

i) マルウェアの攻撃から回復するための適切な事業継続計画の策定.これには,必要な全てのデータ及びソフトウェアの,バックアップ及び回復の手順を含める（**12.3** 参照）.

j) 常に情報を収集するための手順の実施（例えば,新種のマルウェアに関する情報を提供するメーリングリストへの登録又はウェブサイトの確認）

k) マルウェアに関する情報を確認し,警告情報が正確かつ役立つことを確実にするための手順の実施.管理者は,単なるいたずらと真のマルウェアとを識別するために,適切な情報源（例えば,定評のある刊行物,信頼できるインターネットサイト,マ

ルウェアの対策ソフトウェア供給者）の利用を確実にする．また，単なるいたずらの問題及びそれらを受け取ったときの対応について，全ての利用者に認識させる．

l) 壊滅的な影響が及ぶ可能性のある環境の隔離

関連情報

情報処理の環境全体を通して，異なる業者及び技術による，マルウェアからの対策ソフトウェア製品を複数利用することによって，マルウェアからの保護の有効性を高めることができる．

保守及び緊急時手順においては，マルウェアに対する通常の管理策を回避する場合があるため，マルウェアの侵入防止に向けた注意を払うことが望ましい．

特定の条件下では，マルウェアからの保護策が業務に障害を及ぼす可能性がある．

通常，マルウェアに対する管理策として，マルウェアの検出及び修復ソフトウェアだけを利用するのでは不十分であり，一般にはマルウェアの侵入を防止するための運用手順を併用する必要がある．

(1)　概　要

“12.2.1 マルウェアに対する管理策”では，情報処理施設及びシステムの運用における，マルウェアからの保護に関する指針を示している．

12.2.1 で取り上げているマルウェアには，すでに書籍やウェブサイトなどで作成方法や作成のツールなどが紹介されていて，高度な技術をもたない人にも作成できるものもある．

一方で，APT 攻撃（Advanced Persistent Threat 攻撃）のように，狙った組織に侵入して時間をかけて機密情報を盗むという犯罪行為も増えている．このような状況に対して，各組織では，マルウェアの侵入は少なからずありうるということを前提に，いかにしてこれを確実に検出し，必要な対策を速やかに実施するか，また，侵入を検知したときは，その事実を利用者にいかに通知して，将来の証拠の保全（デジタルフォレンジクス）*1 を考慮して対処するなどを検討しておくことが必要である．特に，マルウェア対策を最低限実施すべきポイント（対策場所）を次に示す．

① 組織外ネットワークと組織内のネットワークの相互接続ポイント（ゲートウェイ）

② メールサーバやファイルサーバ等の，組織内のコンピュータ端末がアク

セスするサーバ群やDMZ（非武装地帯）に設置されるサーバ群

③　組織内の利用者が使用するコンピュータ端末（クライアント）

上記の三つのポイントの中でも，マルウェアの影響が深刻なのは②のサーバ群である．そのため，サーバ群に対策ソフトウェア等を導入することが必要であろう．ただし，③のマルウェアは電子メールなどを通じて利用者のクライアントに侵入するだけでなく，踏み台にして，サーバ群に送り込まれることなど，防ぐことが難しくなっている．このようなマルウェアが組織内に侵入した場合の対策として，その事実を組織内の全ての利用者に周知する，組織外の利害関係者にも影響が及ぶことも想定して連絡するなど事前に十分な対策を立てておくことが求められる．マルウェアの侵入を検知した場合には，それらがAPT攻撃などの場合には，速やかに関係当局や専門組織等にも連絡することが重要である．あわせて“6.1.3 関係当局との連絡”及び“6.1.4 専門組織との連絡”も考慮するとよい．

特に，管理策“6.1.4 専門組織との連絡”の専門組織にあたるJ-CSIP（サイバー情報共有イニシアティブ）[*2]，JPCERT/CC，Telecom-ISAC Japan及び企業内のCSIRT（ある場合には）などの専門組織では，マルウェアや様々な攻撃に関する情報を集めて共有する仕組みがあるので活用するとよい．独立行政法人情報処理推進機構（IPA）では，このようなマルウェア対策につい

[*1] デジタルフォレンジクスについて次の規格が出版されている。
ISO/IEC 27037 Information technology—Security techniques—Guidelines for identification, collection, acquisition and preservation of digital evidence, ISO/IEC 27041 Information technology—Security techniques—Guidance on assuring suitability and adequacy of incident investigative method, ISO/IEC 27042 Information technology—Security techniques—Guidelines for the analysis and interpretation of digital evidence, ISO/IEC 27043 Information technology—Security techniques—Incident investigation principles and processes, ISO/IEC 27050-1 Information technology—Security techniques—Electronic discovery—Part 1: Overview and concepts

[*2] J-CSIPは，IPAを情報ハブ（集約点）として，参加組織間で高度なサイバー攻撃に対する情報共有を行う取組みのこと．IPAと各参加組織（あるいは参加組織を束ねる業界団体）間で締結した秘密保持契約（NDA）のもと，参加組織及びそのグループ企業において検知されたサイバー攻撃等の情報をIPAに集約する．情報提供元に関する情報や機微情報の匿名化を行い，分析情報を付加して，参加組織間での情報共有を行う．

てまとめた情報を公開している．詳しくは，同機構のウェブサイト（http://www.ipa.go.jp/）を参照されたい．

(2)　旧規格からの変更点

12.2.1 は旧規格の 10.4.1（悪意のあるコードに対する管理策）の“悪意のあるコード”を“マルウェア”に変えている．実施の手引はほとんどを継承している．現規格の実施の手引では“b) 認可されていないソフトウェアの使用を防止又は検出するための管理策の実施（例えば，アプリケーションのホワイトリスト化）”と“c) 悪意のあるウェブサイトであると知られている，又は疑われるウェブサイトの使用を防止又は検出するための管理策の実施（例えば，ブラックリスト）”が追加されている．ブラックリストとホワイトリストをうまく組み合わせて利用することが望まれる．

また，関連情報には“特定の条件下では，マルウェアからの保護策が業務に障害を及ぼす可能性がある”と“通常，マルウェアに対する管理策として，マルウェアの検出及び修復ソフトウェアだけを利用するのでは不十分であり，一般にはマルウェアの侵入を防止するための運用手順を併用する必要がある”が追加されている．

12.3　バックアップ

12.3　バックアップ

目的　データの消失から保護するため．

(1)　概　要

本カテゴリでは，一般的なデータ（ソフトウェアや情報を含む一般的な意味合い）が消失して利用できなくなることから保護することを目的としている．

(2)　旧規格からの変更点

本カテゴリは旧規格の 10.5（バックアップ）から表題は変わっていない．現規格と旧規格のカテゴリと管理策を新旧対応表 ISO/IEC TR 27023 では表3.12.3 のとおりに対応付けている．

表 3.12.3　現規格と旧規格のカテゴリと管理策の新旧対応表

現規格	旧規格
12.3　バックアップ	10.5　バックアップ
12.3.1　情報のバックアップ	10.5.1　情報のバックアップ

旧規格の 10.5 の下には一つの管理策だけとなっていた．旧規格では，“情報及び情報処理設備の完全性及び可用性を維持するため”となっていたが，現規格では“データの消失から保護するため”となっている．管理策に示される“バックアップ”は，旧規格の目的のとおり，情報及び情報処理施設の完全性及び可用性の維持に利用できる．ただし，完全性を維持する対策は，情報のバックアップのほかに，アクセス制御，情報を格納する情報処理設備の冗長化や，ディジタル署名の利用もある．また，可用性を維持する対策も，情報のバックアップのほかに，情報を格納する情報処理設備の冗長化や通信機器の冗長化などがある．

この目的の下に管理策として“情報のバックアップ”だけを置いているので，現規格ではこの管理策に直接関係する“消失から保護するため”としている．

12.3.1　情報のバックアップ

管理策

情報，ソフトウェア及びシステムイメージのバックアップは，合意されたバックアップ方針に従って定期的に取得し，検査することが望ましい．

実施の手引

バックアップ方針を確立し，情報，ソフトウェア及びシステムイメージのバックアップに関する組織の要求事項を定めることが望ましい．

バックアップ方針では，保管及び保護に関する要求事項を定めることが望ましい．

災害又は媒体故障の発生の後に，全ての重要な情報及びソフトウェアの回復を確実にするために，適切なバックアップ設備を備えることが望ましい．

バックアップ計画を策定するときは，次の事項を考慮に入れることが望ましい．

a)　バックアップ情報の正確かつ完全な記録及び文書化したデータ復旧手順を作成する．

b)　バックアップの範囲（例えば，フルバックアップ，差分バックアップ），及びバックアップの頻度は，組織の業務上の要求事項，関連する情報のセキュリティ要求事項，及びその情報の組織の事業継続に対しての重要度を考慮して決定する．

c)　バックアップ情報は，主事業所の災害による被害から免れるために，十分離れた場所に保管する．

d）バックアップ情報に対して，主事業所に適用されている標準と整合した，適切なレベルの物理的及び環境的保護（箇条**11**参照）を実施する．

e）バックアップに用いる媒体は，必要になった場合の緊急利用について信頼できることを確実にするために，定めに従って試験する．この試験は，データ復旧手順の試験と併せて行い，必要なデータ復旧時間に照らし合わせて確認することが望ましい．バックアップデータを復旧させる能力の試験は，バックアップ手順又はデータ復旧プロセスに失敗し，データに修復不能な損傷又は損失が発生した場合に備えて，原本の媒体に上書きするのではなく，専用の試験媒体を用いて行う．

f）機密性が重要な場合には，暗号化によってバックアップ情報を保護する．

運用手順では，バックアップ方針に従って，バックアップの完全性を確保するために，その実行を監視し，計画されたバックアップの失敗に対処することが望ましい．

個々のシステム及びサービスに関するバックアップの取決めは，事業継続計画の要求事項を満たすことを確実にするために，定めに従って試験することが望ましい．重要なシステム及びサービスに関するバックアップの取決めは，災害に際してシステム全体を復旧させるために必要となる，システム情報，アプリケーション及びデータの全てを対象とすることが望ましい．

永久保存する複製物に関するあらゆる要求事項を考慮に入れて，不可欠な業務情報の保管期間を決定することが望ましい．

（1）　概　要

“12.3.1 情報のバックアップ”では，データが自然災害，システム障害又はシステムに対する外部からの攻撃等によって消失するリスクを想定している．バックアップの取得はこれらのリスクに対して有効な対策である．

なお“12.5 運用ソフトウェアの管理”におけるデータの消去からの保護という広い概念の目的に対して，具体的に“情報，ソフトウェア及びシステムイメージのバックアップ”について触れて“合意されたバックアップ方針に従って定期的に取得し，検査する”という具体的なバックアップの方法論について述べている．

バックアップは，バックアップを取得することに意義があるのではなく，それを使ってシステムを復元することにその目的があるためである．実施の手引では，a）及び e）はバックアップ情報からのデータの復旧について述べている．

バックアップを行った場合に，そのバックアップから意図する状態へシステムを復元できることを確認しておくことは重要である．

また，c)，d) 及び f) は，バックアップ情報やバックアップ媒体の管理方法について述べられている．特に c) は，災害復旧管理（disaster recovery management）の観点から必要な対策である．

（2）　旧規格からの変更点

12.3.1 は旧規格の 10.5.1（情報のバックアップ）をほとんど継承していて，実施の手引の内容もほぼそのまま継承されている．

ただし，旧規格の実施の手引にある“a) 情報のバックアップの必要なレベルを明確化する．”は，実施の手引の冒頭に記された“バックアップ方針の確立”に吸収されている．現規格では，旧規格の項目の配置を換えたり，統合したりしている［旧規格の f) と g) をあわせて現規格の e) としている］が，内容に大きな変更はない．

12.4　ログ取得及び監視

12.4　ログ取得及び監視

目的　イベントを記録し，証拠を作成するため．

（1）　概　要

本カテゴリでは，情報処理設備及びシステムの運用におけるログの取得に関する指針を示している．

“12.4 ログ取得及び監視”には，その下に四つの管理策が述べられている．情報システムを含む情報処理設備の運用においては，運用の状態や事故の発生について逐次把握したり，事後の確認・調査又は監査に必要な情報，若しくは事後に証拠となりうる情報を確保したりする“監視”が行われる．監視には，監視カメラ，入退室管理システムなどによる物理的な監視や情報システムでその操作や状態を記録する“ログ”が用いられる．

本カテゴリでは，後者の情報システムなどのログについて，取得，保護，作業者のログ，ログ情報を利用するために必須となる時刻同期について指針を示している．なお，旧規格では10.1.1（監査ログ取得）が“監査ログ”（audit log）に関する管理策であったが，ログについての指針は監査以外目的にも共通であることから，現規格では“12.4.1 イベントログ取得”について利用目的を限定しない“イベントログ”に関する管理策にしている．

(2) 旧規格からの変更点

本カテゴリは旧規格10.10（監視）から中心となる管理策を継承している．現規格と旧規格のカテゴリと管理策を新旧対応表ISO/IEC TR 27023では表3.12.4のとおりに対応付けている．

表 3.12.4 現規格と旧規格のカテゴリと管理策の新旧対応表

現規格	旧規格
12.4 ログ取得及び監視	10.10 監視
12.4.1 イベントログ取得	10.10.1 監査ログ取得 10.10.5 障害のログ取得
12.4.2 ログ情報の保護	10.10.3 ログ情報の保護
12.4.3 実務管理者及び運用担当者の作業ログ	10.10.4 実務管理者及び運用担当者の作業ログ
12.4.4 クロックの同期	10.10.6 クロックの同期

現規格の“12.4 ログ取得及び監視”の表題は旧規格10.10（監視）の対象を広げて，ログが追加されて“ログ取得及び監視”となっている．旧規格では，その下に六つの管理策，10.10.1（監査ログ取得），10.10.2（システム使用状況の監視），10.10.3（ログ情報の保護），10.10.4（実務管理者及び運用担当者の作業ログ），10.10.5（障害のログ取得）及び10.10.6（クロックの同期）を置いていた．現規格では“12.4.1 イベントログ取得”“12.4.2 ログ情報の保護”“12.4.3 実務管理者及び運用担当者の作業ログ”及び“12.4.4 クロックの同期”となっている．

旧規格の10.10.1及び10.10.5の内容を現規格の12.4.1にまとめている．また，ISO/IEC TR 27023では対応付けていないが，旧規格の10.10.2もその内容が現規格の 12.4.1 に含まれている．現規格では，12.4.1 を監査以外の利用も含む，利用目的を限定しない一般的なものとしている．また，障害のログだけを区別して取得するものではない実態にあわせて，旧規格の 10.10.5 も現規格の 12.4.1 に統合している．旧規格のそのほかは，ほぼ現規格に継承されている．

12.4.1　イベントログ取得

管理策

利用者の活動，例外処理，過失及び情報セキュリティ事象を記録したイベントログを取得し，保持し，定期的にレビューすることが望ましい．

実施の手引

関連がある場合は，次の事項をイベントログに含めることが望ましい．

a) 利用者 ID
b) システムの動作
c) 主要なイベントの日時及び内容（例えば，ログオン，ログオフ）
d) 装置の ID 又は所在地（可能な場合），及びシステムの識別子
e) システムへのアクセスの，成功及び失敗した試みの記録
f) データ及び他の資源へのアクセスの，成功及び失敗した試みの記録
g) システム構成の変更
h) 特権の利用
i) システムユーティリティ及びアプリケーションの利用
j) アクセスされたファイル及びアクセスの種類
k) ネットワークアドレス及びプロトコル
l) アクセス制御システムが発した警報
m) 保護システム（例えば，ウィルス対策システム，侵入検知システム）の作動及び停止
n) アプリケーションにおいて利用者が実行したトランザクションの記録

イベントログの取得は，システムのセキュリティについて整理統合したレポート及び警告を生成する能力を備えた自動監視システムの基礎となる．

関連情報

イベントログには，取扱いに慎重を要するデータ及び PII が含まれる場合がある．適切なプライバシー保護対策をとることが望ましい（**18.1.4** 参照）．

可能な場合には，システムの実務管理者には，管理者自身の活動ログを削除又は停止する許可を与えないことが望ましい（**12.4.3** 参照）．

(1)　概　要

“12.4.1 イベントログ取得”では表題が“イベントログ取得”となっている．ここで述べるイベントログには，様々な情報が記録されている．

実施の手引では，

① イベントの属性としてイベントログに記録すべき項目

② イベントログに記録すべき事象の種類

をあげている．

関連情報にも記述されているように，ログにはPII（個人を特定できる情報，18.1.4を参照）が記録される場合があることに留意すべきである．ログにどのような情報を記録するかを明確にしたうえで，ログ全体の機密性の維持についても十分配慮して管理することが必要である．

(2)　旧規格からの変更点

12.4.1は旧規格の10.10.1（監査ログ取得）をほとんど継承している．

現規格では旧規格の10.10.1（監査ログ取得），10.10.2（システム使用状況の監視）及び10.10.5（障害のログ取得）の内容を12.4.1にまとめている．

なお，実施の手引には“b) システムの動作”及び“n) アプリケーションにおいて利用者が実行したトランザクションの記録”が追加されている．

12.4.2　ログ情報の保護

管理策

ログ機能及びログ情報は，改ざん及び認可されていないアクセスから保護することが望ましい．

実施の手引

管理策は，次の事項を含むログ取得機能を用いて，ログ情報の認可されていない変更及び運用上の問題から保護することを目指すことが望ましい．

a) 記録されたメッセージ形式の変更

b) ログファイルの編集又は削除

c) イベント記録の不具合又は過去のイベント記録への上書きを引き起こす，ログファイル媒体の記録容量超過

監査ログの幾つかは，記録の保持に関する方針の一部として，又は証拠の収集及び保全のための要求事項であることから，保存を要求される場合がある（**16.1.7** 参照）．

関連情報

多くの場合，システムログは多量の情報を含んでいるが，その多くは情報セキュリティの監視とは無関係である．情報セキュリティの監視を目的として，重要イベントの特定を補助するために，適切なメッセージタイプを二次的ログとして自動的に複製すること，又はファイル調査・正当性確認を実施する適切なシステムユーティリティ若しくは監査ツールを用いることを考慮することが望ましい．
システムログに含まれているデータが改ざん又は削除されると，セキュリティ上の誤った判断をする場合があるため，システムログを保護する必要がある．ログを保護するために，システムの実務管理者又は運用担当者の管理外にあるシステムに，ログを逐次複製することがある．

(1)　概　要

“12.4.2 ログ情報の保護”では，表題が“ログ情報の保護”となっている．システムでセキュリティ上の問題が発生した場合，その経緯を把握するために，ログ情報を用いてシステムの運用がどのように行われたかを後日分析することがある．ログの改ざんがないことが分析の前提であることから，この管理策でログ機能及びログ情報を改ざん及び認可されていないアクセスから保護することを求めている．

ログの保護については，当該ログの用途も意識しておく必要があるだろう．当該ログを民事又は刑事訴訟における証拠としても利用する可能性がある場合には，訴訟においてログが証拠として認められるための取扱いが求められる．“16.1.7 証拠の収集”もあわせて参照されたい．

(2)　旧規格からの変更点

関連情報で“ログを保護するために，システムの実務管理者又は運用担当者の管理外にあるシステムにログを逐次複製することがある”と記述されている．12.4.2 はログを扱う権限及び技術をもつ者による内部犯罪への対策である．我が国においても，管理者等による内部犯罪が報告されており，内部不正の防止が重要となっている．内部犯罪の防止についてはガイドラインが発表されているので参考にされたい[*3]．

[*3] IPA（独立行政法人情報処理推進機構）の“組織における内部不正ガイドライン”
http://www.ipa.go.jp/security/fy24/reports/insider/

12.4.3　実務管理者及び運用担当者の作業ログ

管理策

システムの実務管理者及び運用担当者の作業は，記録し，そのログを保護し，定期的にレビューすることが望ましい．

実施の手引

特権を与えられた利用者のアカウントの保有者は，その直接の管理下で，情報処理施設に関するログを操作することが可能な場合がある．したがって，特権を与えられた利用者に関する責任追跡性を維持するために，ログを保護及びレビューする必要がある．

関連情報

システム及びネットワークの実務管理者の管理外にある侵入検知システムは，システム及びネットワークの管理の活動が規則を順守していることを監視するために利用することができる．

(1)　概　要

“12.4.3 実務管理者及び運用担当者の作業ログ”では，システムの運用責任をもつ実務管理者（administrator）及び実際に運用している運用担当者（operator）の作業における誤操作及び不正操作への対応を示している．システムを正常に動作させるためには“12.1.1 操作手順書”で要求された操作手順書に従って運用することが求められている．システムを正常に運用するうえで，実務管理者及び運用担当者によるシステムの操作が操作手順書どおりかどうか，また不正操作が行われていないかどうかを客観的に判断するために，作業を継続的に記録して，内容を定期的にレビューすることが要求されている．これらによって，実務管理者や運用担当者の不正行為に対する抑止効果も期待できる．

実務管理者及び運用担当者は，システムの操作について特権が与えられていて，不正が行われた場合に組織に大きな影響があることに留意されたい．

(2)　旧規格からの変更点

12.4.3 は旧規格の 10.10.4（実務管理者及び運用担当者の作業ログ）をほとんど継承している．旧規格の管理策では“作業は，記録することが望ましい”となっていたが，現規格の管理策では，さらに“そのログを保護し，定期的にレビューする”が追加された．

旧規格では，実施の手引には，作業ログに含める内容について例示している．現規格では，これらの例示については“12.4.1 イベントログ取得”と内容が重なることから削除されている．その代わりに，特権をもつ実務責任者及び運用担当者に対する牽制が述べられている．

12.4.4　クロックの同期

管理策

組織又はセキュリティ領域内の関連する全ての情報処理システムのクロックは，単一の参照時刻源と同期させることが望ましい．

実施の手引

時刻の表示，同期及び正確さに関する外部及び内部の要求事項は，文書化することが望ましい．このような要求事項は，法的，規制及び契約上の要求事項，標準類の順守，又は内部監視に関する要求事項であり得る．組織内で用いるための基準となる時刻源を定めることが望ましい．

基準となる時刻源を外部から取得するための組織の取組み及び内部のクロックを確実に同期させる方法を文書化し，実施することが望ましい．

関連情報

コンピュータ内のクロックの正しい設定は，監査ログの正確さを確実にするために重要である．監査ログは，調査のために又は法令若しくは懲戒が関わる場合の証拠として必要となる場合がある．不正確な監査ログは，そのような調査を妨げ，また，証拠の信頼性を損なう場合がある．時刻の国家標準に基づく時報と同期したクロックは，記録システムのマスタクロックとして利用することができる．時刻同期プロトコル（Network time protocol：NTP）は，全てのサーバをマスタクロックに同期させておくために利用することができる．

(1)　概　要

“12.4.4 クロックの同期”は情報システムを構成するパソコンやサーバなどのクロックを一つの参照時刻源（マスタクロック）に同期させておくという管理策である．

コンピュータのログは，内蔵するクロック（時計）による時刻を含めて記録する．システムは複数のコンピュータや通信機器を接続して構成しているため，ログ分析では，複数の機器で取得したログを突き合わせる．この際，異なる機器のログは，それらの発生順序を記録されている時刻によって決定するため，時刻にずれのないことが重要となる．このため，すべての機器の時刻を一つのマスタクロックに同期させる．

関連情報に述べられているNTPによって，機器の時刻をマスタクロックに同期をさせるのが一般的である．マスタクロックについては，組織内にNTPサーバを用意するなり，外部のNTPサーバから時刻を得るなり，GPSの時刻情報を用いるなどがあげられる．国内では，NICT（独立行政法人情報通信研究機構）で，日本標準時に関する標準電波を発信して，電波時計で常時校正できるようになっている．また，インターネットでも時刻情報を配信している．詳細はNICTのウェブサイト（http://www.nict.go.jp/）を参照されたい．

なお，関連情報で使われている“監査ログ”は，旧規格の10.10（監視）において使用されていた用語である．現規格では“12.4.1 イベントログ取得”にある“イベントログ”を主に使用している．

(2)　旧規格からの変更点

12.4.4は旧規格の10.10.6（クロックの同期）をほとんど継承していて，内容が拡充されている．旧規格では，実施の手引に“合意された標準時［例えば，万国標準時（UCT）又は現地の標準時］に合わせることが望ましい．”となっていたが，現規格では，組織が採用を決定した時刻に合わせることだけになっている．

また，現規格では“時刻の表示，同期及び正確さに関する外部及び内部の要求事項は，文書化することが望ましい．このような要求事項は，法的，規制及び契約上の要求事項，標準類の順守，又は内部監視に関する要求事項であり得る”と法的な側面にまで踏み込んでいるところに留意されたい．

12.5　運用ソフトウェアの管理

12.5　運用ソフトウェアの管理

目的　運用システムの完全性を確実にするため．

(1)　概　要

本カテゴリには，その下に一つの管理策が述べられているだけである．“12.5

運用ソフトウェアの管理”は旧規格で管理策であったものが，現規格では，管理目的の表題となっている．

ここでは，運用ソフトウェアとは，運用システムのソフトウェアであり，オペレーティングシステム，ミドルウェア及びアプリケーションソフトウェアを含む．運用ソフトウェアを改ざんのリスクから保護して，システムの完全性の維持を確実にすることが要求されている．

(2)　旧規格からの変更点

本カテゴリは旧規格の 12.4（システムファイルのセキュリティ）から中心となる管理策の 12.4.1（運用ソフトウェアの管理）のみを継承している．現規格と旧規格のカテゴリと管理策を新旧対応表 ISO/IEC TR 27023 では表 3.12.5 のとおりに対応付けている．

表 3.12.5　現規格と旧規格のカテゴリと管理策の新旧対応表

現規格	旧規格
12.5　運用ソフトウェアの管理	12.4　システムファイルのセキュリティ
12.5.1　運用システムに関わるソフトウェアの導入	12.4.1　運用ソフトウェアの管理

旧規格の 12.4.1（運用ソフトウェアの管理）は箇条 12（情報システムの取得，開発及び保守）に 12.4.2（システム試験データの保護）及び 12.4.3（プログラムソースコードへのアクセス制御）とともに置かれていた．しかし，内容は情報システムの運用に関することであったため，現規格への改正にあたり“12 運用のセキュリティ”にカテゴリを新設して移されている．

12.5.1　運用システムに関わるソフトウェアの導入

管理策

運用システムに関わるソフトウェアの導入を管理するための手順を実施することが望ましい．

実施の手引

運用システムに関わるソフトウェアの変更を管理するために，次の事項を考慮することが望ましい．

a)　運用ソフトウェア，アプリケーション及びプログラムライブラリの更新は，適切な管理層の認可に基づき，訓練された実務管理者だけが実施する（**9.4.5** 参照）.

b）運用システムは，実行可能なコードだけを保持し，開発用コード又はコンパイラは保持しない.

c）アプリケーション及びオペレーティングシステムソフトウェアは，十分な試験に成功した後に導入する．試験は，使用性，セキュリティ，他システムへの影響及びユーザフレンドリ性を対象とし，別のシステムで実行する（**12.1.4** 参照）．対応するプログラムソースライブラリが更新済みであることを確実にする.

d）導入したソフトウェアの管理を維持するために，システムに関する文書化と同様に，構成管理システムを利用する.

e）変更を実施する前に，ロールバック計画を備える.

f）運用プログラムライブラリの更新の全てについて，監査ログを維持する.

g）緊急時対応の手段として，一つ前の版のアプリケーションソフトウェアを保持する.

h）ソフトウェアの旧版は，そのソフトウェアが扱ったデータが保存されている間は，必要とされる情報及びパラメータの全て，手順，設定の詳細並びにサポートソフトウェアとともに保管しておく.

運用システムに利用される業者供給ソフトウェアは，供給者によってサポートされるレベルを維持することが望ましい．徐々に，ソフトウェア業者は，古い版のソフトウェアのサポートを中止する．組織は，サポートのないソフトウェアに依存することのリスクを考慮することが望ましい.

新リリースにアップグレードするとの決定には，その変更に対する事業上の要求及びそのリリースのセキュリティ（例えば，新しい情報セキュリティ機能の導入，この版が必要になった情報セキュリティ問題の量及び質）を考慮に入れることが望ましい．情報セキュリティ上の弱点を除去するか，又は低減するために役立つ場合には，ソフトウェアパッチを適用することが望ましい（**12.6** 参照）.

供給者による物理的又は論理的アクセスは，サポート目的で必要なときに，管理層の承認を得た場合にだけ許可することが望ましい．供給者の活動を監視することが望ましい（**15.2.1** 参照）.

コンピュータソフトウェアは，外部から供給されるソフトウェア及びモジュールに依存する場合がある．セキュリティ上の弱点を招く可能性のある認可されていない変更を回避するために，外部から供給されるソフトウェア及びモジュールは，監視し，管理することが望ましい.

(1)　概　要

“12.5.1 運用システムに関わるソフトウェアの導入”では，運用システムにソフトウェアを導入し，維持するための手順を実施することを求めている．ここで運用システムとは，運用中の情報システムを指し，それらのシステムで動作するソフトウェアを総称して運用ソフトウェアと呼んでいる．外部の業者からから供給されるソフトウェアについて，サポートのレベルなどを考慮して管理することも推奨されている．

運用ソフトウェアについては，その保管，更新について，十分に注意をする必要がある．適切な権限のないものが勝手に運用ソフトウェアを更新したり，起動させたりすることは，そのシステムそのものを破壊することになりかねないため，運用ソフトウェアの慎重な運用管理が必要となる．また，実行可能コードだけではなく，ソースコードを運用システムに保管することは，その盗用，解析などの対象となるばかりか，不正な改変によるシステムへの悪影響が計り知れない．したがって，ソースコードについては，運用システムとは別のシステムで厳重に管理される必要がある．

運用ソフトウェアの版管理は最も重要，かつ，慎重を要する作業である．それぞれのソフトウェアの更新については慎重に対処する必要がある．特に，更新を実施した後，業務システム全体の確認試験を実施して，それが合格となる以前に古い版のソフトウェアを破棄することは非常に危険である．

古い版については，事故対策用としてその復旧に不可欠である．さらに，運用ソフトウェアの更新においては，必要なセキュリティパッチを実施することが望ましい．

(2)　旧規格からの変更点

12.5.1 は旧規格の 12.4.1（運用ソフトウェアの管理）をほとんどそのまま継承している．なお，旧規格の関連情報には，オペレーティングシステムのアップグレードの制限が述べられていた．しかし，オペレーティングシステムは新版が逐次提供され，機能の活用及び情報セキュリティの向上のために新版へのアップグレードが必要となる実態に対して過度の制限を提示していたため，現規格への改正にあたり，関連情報全体が削除されている．

12.6 技術的ぜい弱性管理

12.6 技術的ぜい弱性管理

目的 技術的ぜい弱性の悪用を防止するため．

（1） 概 要

本カテゴリには，その下に二つの管理策が述べられている．情報システムのソフトウェア（OSのみならずウェブブラウザ，汎用的に用いるアプリケーションソフトウェア，ミドルウェアなど）には様々な技術的ぜい弱性があり，これを悪用した攻撃が一般的となっている．ソフトウェアに関する技術的ぜい弱性問題は重要な課題である．

（2） 旧規格からの変更点

本カテゴリは旧規格の12.6（技術的ぜい弱性管理）から中心となる管理策を継承している．現規格と旧規格のカテゴリと管理策を新旧対応表ISO/IEC TR 27023では表3.12.6のとおりに対応付けている．

表 3.12.6 現規格と旧規格のカテゴリと管理策の新旧対応表

現規格	旧規格
12.6 技術的ぜい弱性管理	12.6 技術的ぜい弱性管理
12.6.1 技術的ぜい弱性の管理	12.6.1 技術的ぜい弱性の管理
12.6.2 ソフトウェアのインストールの制限	12.4.1 運用ソフトウェアの管理

現規格の“12.6 技術的ぜい弱性管理”の表題は旧規格の12.6（技術的ぜい弱性管理）から変わっていない．旧規格では“公開された技術的ぜい弱性の悪用によって生じるリスクを低減するため”となっている．

現規格では“技術的ぜい弱性の悪用を防止するため”として“公開された”は削除されている．これは，技術的ぜい弱性の問題が公開・非公開によらず起きていることによる．なお，現規格では新しい管理策として“12.6.2 ソフトウェアのインストールの制限”が追加されているが，ISO/IEC TR 27023では，これに関連するものとして旧規格の 12.4.1（運用ソフトウェアの管理）を対応付けている．

12.6.1　技術的ぜい弱性の管理

管理策

利用中の情報システムの技術的ぜい弱性に関する情報は，時機を失せずに獲得することが望ましい．また，そのようなぜい弱性に組織がさらされている状況を評価することが望ましい．さらに，それらと関連するリスクに対処するために，適切な手段をとることが望ましい．

実施の手引

最新で完全な資産目録（箇条 **8** 参照）は，技術的ぜい弱性に対する有効な管理のために不可欠である．技術的ぜい弱性の管理をサポートするために必要となる具体的な情報には，ソフトウェア業者，版番号，配置状況（例えば，どのソフトウェアがどのシステム上に導入されているか），及びそのソフトウェアに責任のある組織内の担当者が含まれる．

潜在していた技術的ぜい弱性を特定したときは，適切かつ時機を失しない処置をとることが望ましい．技術的ぜい弱性に対する有効な管理プロセスを確立するためには，次の事項に従うことが望ましい．

a) 組織は，技術的ぜい弱性の管理に関連する役割及び責任を定め，確立する．技術的ぜい弱性の管理には，ぜい弱性監視，ぜい弱性に関わるリスクアセスメント，パッチの適用，資産移動の追跡，及び要求される全ての調整責務が含まれる．

b) 技術的ぜい弱性を特定し，また，それらぜい弱性を継続して認識させるために用いる情報資源（ぜい弱性検査ツールなど）を，ソフトウェア及びその他の技術（組織の資産目録リストに基づく．**8.1.1** 参照．）に対応させて特定する．これら情報資源は，この目録を変更したとき，又は他の新しい若しくは有益な資源を発見したときに更新する．

c) 潜在的に関連がある技術的ぜい弱性の通知に対処するための予定表を定める．

d) ひとたび潜在的な技術的ぜい弱性が特定されたときは，組織は，それと関連するリスク及びとるべき処置（例えば，ぜい弱性のあるシステムへのパッチ適用，他の管理策の適用）を特定する．

e) 技術的ぜい弱性の扱いの緊急性に応じて，変更管理に関連する管理策（**12.1.2** 参照）又は情報セキュリティインシデント対応手順（**16.1.5** 参照）に従って，とるべき処置を実行する．

f) 正当な供給元からパッチを入手できる場合は，そのパッチを適用することに関連したリスクを評価する（ぜい弱性が引き起こすリスクと，パッチの適用によるリスクとを比較する．）．

g) パッチの適用前に，それらが有効であること及びそれらが耐えられない副作用をもたらさないことを確実にするために，パッチを試験及び評価する．利用可能なパッチがない場合は，次のような他の管理策を考慮する．

1) そのぜい弱性に関係するサービス又は機能を停止する．

2) ネットワーク境界におけるアクセス制御（例えば，ファイアウォール）を調整又は追加する（**13.1** 参照）．

3) 実際の攻撃を検知するために，監視を強化する．

4) ぜい弱性に対する認識を高める．

h) 監査ログは，実施した全ての手順について保持する．

i) 技術的ぜい弱性の管理プロセスは，その有効性及び効率を確実にするために，常に監視及び評価する．

j) リスクの高いシステムには最初に対処する．

k) 技術的ぜい弱性に対する有効な管理プロセスは，インシデント管理活動と整合させる．これは，ぜい弱性に関するデータをインシデント対応部署に伝達し，インシデントが発生した場合に実施する技術的手順を準備するためである．

l) ぜい弱性が特定されていながら適切な対応策がない場合には，その状況に対処するための手順を定める．このような状況においては，組織は，既知のぜい弱性に関するリスクを評価し，適切な検知及び是正処置を定める．

関連情報

技術的ぜい弱性の管理は，変更管理の従属機能としてみなすことができ，そう見ることで，変更管理のプロセス及び手順が利用できることになる（**12.1.2** 及び **14.2.2** 参照）．

業者には，できるだけ早くパッチを発行しなければならないとの大きな圧力がしばしばかかる．したがって，パッチがその問題に的確に対処せず，また，好ましくない影響を及ぼす可能性がある．さらに，場合によっては，一度パッチを適用すると，そのパッチの除去が容易ではないこともある．

パッチの適切な試験が可能でない場合（その理由として，例えば，コスト，リソース不足がある．）には，パッチ適用の遅れは，他のパッチ利用者によって報告された経験に基づいて，関連するリスクを評価することになるとみなせる．**ISO/IEC 27031**[14]の利用が有用になり得る．

(1)　概　要

本カテゴリは，情報システムにおける技術的ぜい弱性管理の実施を求めている．

組織が使用する情報システムは，多くソフトウェア群，すなわちオペレーションシステム，ミドルウェア，アプリケーションソフトウェア（パッケージソフトウェアを含む），ユーティリティソフトウェアなどにより構成されている．

これらの構成要素は，ソフトウェアであり何らかの技術的ぜい弱性を現段階で保有しているか，潜在的に保有している可能性がある．技術的ぜい弱性はセキュリティ上問題となる箇所を指しており，マルウェアなどの脅威と強く関連している．したがって，技術的ぜい弱性が発覚した場合は，情報システムに対するそのぜい弱性の影響を十分に評価し，リスクに適切に対応する管理策を適用することが望ましい．具体的な技術的ぜい弱性の管理については，次の事項を考慮する必要がある．

① 技術的ぜい弱性管理のための準備段階として，技術的ぜい弱性の対応が付きやすい資産目録が必要である．新たな技術的ぜい弱性の情報を入手した場合は，どの資産に関連するか目録から該当するものを探し出す．次に，技術的ぜい弱性が該当する資産にどれだけ影響するかを早急に判断する．

② 技術的ぜい弱性は，多くソフトウェアベンダなどから公開情報が提供されている．また，収集された技術的ぜい弱性については，我が国では，図3.12.2に示すとおりIPA及びJPCERT/CCによって発見から公開までの手順が運用されている．各国にこれと同様の仕組みがあり，外国のベンダーが提供するソフトウェアについても，ぜい弱性情報が国境を越えて管理されている．

③ 技術的ぜい弱性が発表や公開されるタイミングとほぼ同時（又は以前）に“ゼロデイ攻撃”と呼ばれるそのぜい弱性をついた攻撃がなされ，企業などに影響を与えている．このような場合を想定したインシデント対応についても，運用手順書を定め，迅速円滑な対処が求められる（“16 情報セキュリティインシデント管理”及びISO/IEC 27035を参照[*4]）．

(2)　旧規格からの変更点

“12.6.1 技術的ぜい弱性の管理”は旧規格の12.6.1をほとんど継承してい

[*4] 現規格では，12.6.1の関連情報の最後の段落でISO/IEC 27031を参照している．ただし，この規格はインシデント対応よりも事業継続へのICTの対応に関する指針であることに注意されたい．情報セキュリティインシデント対応については，ISO/IEC 27035に詳しい解説があるので参考にされたい．

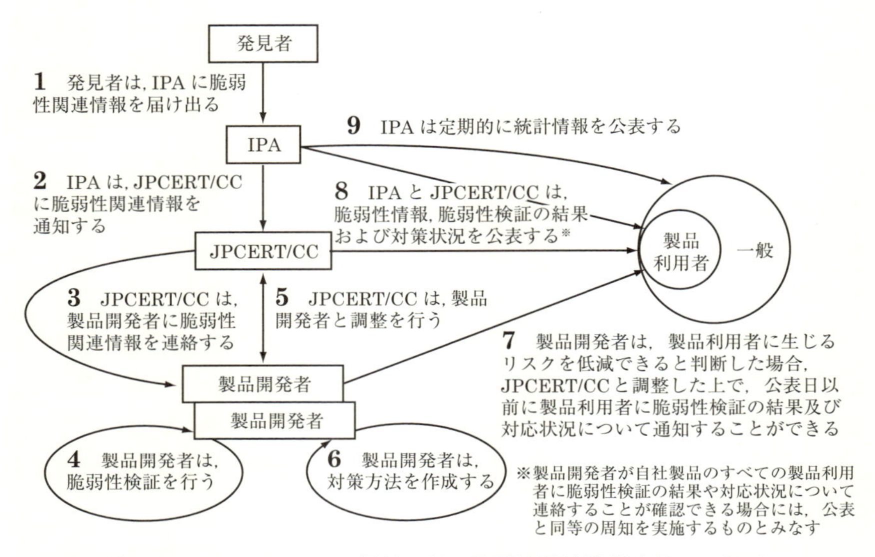

図 3.12.2　ソフトウェア製品に係る脆弱性関連情報取扱いの概要

出典　情報システム等の脆弱性情報の取扱いに関する研究会著（2014）：情報セキュリティ早期警戒パートナーシップガイドライン 2014 年版，独立行政法人情報処理推進機構（IPA）発行
http://www.ipa.go.jp/security/ciadr/partnership_guide.html
http://www.ipa.go.jp/files/000039236.pdf

て，一部，内容が拡充されている．実施の手引の“k)技術的ぜい弱性に対する有効な管理プロセスは，インシデント管理活動と整合させる．これは，ぜい弱性に関するデータをインシデント対応部署に伝達し，インシデントが発生した場合に実施する技術的手順を準備するためである．”及び“l)ぜい弱性が特定されていながら適切な対応策がない場合には，その状況に対処するための手順を定める．このような状況においては，組織は，既知のぜい弱性に関するリスクを評価し，適切な検知及び是正処置を定める．”である．追加されたこれらは，技術的ぜい弱性の管理をインシデント対応にあわせて，組織内で効率よく対応するためのものである．

12.6.2　ソフトウェアのインストールの制限

管理策

利用者によるソフトウェアのインストールを管理する規則を確立し，実施することが望ましい.

実施の手引

組織は，利用者がインストールしてもよいソフトウェアの種類について，厳密な方針を定め，施行することが望ましい.

特権の許可は最小限にするという原則を適用することが望ましい．特定の特権を許可された利用者の場合，ソフトウェアのインストールが可能となることがある．組織は，ソフトウェアのインストールの種類のうち，許可するもの（例えば，既存のソフトウェアの更新及びセキュリティパッチの適用），及び禁止するもの（例えば，個人利用のためのソフトウェア，潜在的な悪意の有無が不明又はその疑いがあるソフトウェア）を特定することが望ましい．特権は，関連する利用者の役割を考慮したうえで付与することが望ましい.

関連情報

コンピュータ及びその他の機器へのソフトウェアのインストールを管理しなかった場合，ぜい弱性が生じ，そのために情報の漏えい，完全性の喪失若しくはその他の情報セキュリティインシデント，又は知的財産権の侵害につながる可能性がある.

(1)　概　要

“12.6.2 ソフトウェアのインストールの制限”では，新しい管理策である“利用者によるソフトウェアのインストールを管理する規則”について述べられている．これは，利用者が勝手にソフトウェアをインストールした結果，そのソフトウェアが組織に悪影響を与えることを避けるためである．多くの場合，ソフトウェアをインストールする場合には特権が必要となる.

一般的には，利用者には特権が付与されないため，ソフトウェアのインストールのために，利用者に一時的に特権の利用を許可するという運用が必要となる．この場合，利用者の役割を考慮したうえで付与することが述べられている．これは“12.6.1 技術的ぜい弱性の管理”に述べられているように，ソフトウェアにぜい弱性があり，緊急なパッチの適用が必要な場合などがあり，情報システム部門で集中的に対応できない場合もある．このような場合には，利用者に特権を許可して速やかにパッチを適用することが合理的である.

したがって，管理策では，利用者に特権を許可することを前提に“許可するもの及び禁止するものを特定”して“組織が，利用者がインストールしてもよいソフトウェアの種類について，厳密な方針を定め”，特権の利用を許可する場合には，利用を管理しながら実施すべきとされていることに留意されたい．

12.6.2では，タブレット端末やスマートフォンの利用も念頭に置かれている．これらの機器では，各種のアプリケーションソフトウェアをこれらの機器の利用者が容易にダウンロードして機器に導入することができる．タブレット端末やスマートフォンにおけるソフトウェアの導入について，管理する規則を確立し，実施することが求められている．

(2)　旧規格からの変更点

12.6.2は，旧規格には同じものはない．関連するものとしては，旧規格の12.4.1（運用ソフトウェアの管理）がある．12.6.2は利用者によるソフトウェアのインストールの管理を求めるものであり，管理策の範囲が異なっている．また，旧規格の12.4.1では“運用システムにかかわるソフトウェアの導入を管理する手順を備える”として，実施の手引では，具体的な指針があげられている．旧規格では，運用ソフトウェアのインストールを情報システム部門が実施する場合を想定しているが，現規格では，より広い範囲のソフトウェアのインストールが対象となっていて，利用者がソフトウェアをインストールする場合を想定している．このような場合には，利用者に特権を許可することになり，情報セキュリティ上の懸念がある．

12.7　情報システムの監査に対する考慮事項

12.7　情報システムの監査に対する考慮事項

目的　運用システムに対する監査活動の影響を最小限にするため．

(1)　概　要

本カテゴリには，その下に一つの管理策が述べられているだけである．管理目的は運用システムを監査すべきことや，その監査の内容・方法をテーマにしたものではなく，運用システムについて，組織が内部要員によって又は外部に依頼して監査したり，JIS Q 27001の適合性審査のために認証機関の審査を受け入れたり，取引先が契約条項に基づいて監査したり，法的根拠をもった捜査当局の強制的な検査・監査・審査などを受けたりする場合に対する注意事項を述べたものである.

すなわち，検査・監査・審査などで用いられる方法によっては運用システムの中断や停止を招いたりする可能性に対する注意喚起と検査・監査・審査などをその目的に照らして有効なものとするための留意点を取り上げたものである．箇条としては，監査の実施が目的ではないので，もともと運用に分類すべきものであった．この趣旨から，旧規格で箇条 15（順守）に置かれていた管理策を現規格では“12 運用のセキュリティ”に移している.

なお，現規格の本文中で“情報システムの監査”（information systems audit）が指すものは，狭義の監査を意味するではなく，適切な運用を維持するための検査・監査・審査などを含む総称であることに注意されたい.

本管理策は，外部者による監査の要求事項等に対して，組織が拒否することや監査活動に関与することを意図しているわけではない.

経営陣は検査・監査・審査の方法によって運用システムに好ましくない影響が生じることが考えられる場合にあっても，監査の実施にあたって運用システムに与える影響について考える必要がある．ただし，経営陣は監査の実施が運用システムの中断や停止を招く可能性があっても，法的な順守や外部からの依頼などで監査を実施させることがあることに注意されたい.

情報システムの運用の担当部署では，本管理策に基づき，監査の実施前に，実施者に対して運用システムの中断や停止を招くことを伝えて，慎重に計画して問題発生を避けることが重要である.

（2）　旧規格からの変更点

本カテゴリは旧規格の 15.3（情報システムの監査に対する考慮事項）から，中心となる管理策を継承している．現規格と旧規格のカテゴリと管理策を新旧対応表 ISO/IEC TR 27023 では表 3.12.7 のとおりに対応付けている.

表 3.12.7　現規格と旧規格のカテゴリと管理策の新旧対応表

現規格	旧規格
12.7　情報システムの監査に対する考慮事項	15.3　情報システムの監査に対する考慮事項
12.7.1　情報システムの監査に対する管理策	15.3.1　情報システムの監査に対する管理策

本カテゴリは旧規格では15.3にあり，同じ表題で“12 運用のセキュリティ”に移したものである．表題が“情報システムの監査に対する考慮事項”となっていたため，監査という用語に引きずられて，旧規格では箇条15（順守）の管理策として扱われていたものである．なお，旧規格では15.3.2（情報システムの監査ツールの保護）の管理策も15.3（情報システムの監査に対する考慮事項）に含まれていたが，現規格では削除されている．

12.7.1　情報システムの監査に対する管理策

管理策

運用システムの検証を伴う監査要求事項及び監査活動は，業務プロセスの中断を最小限に抑えるために，慎重に計画し，合意することが望ましい．

実施の手引

この管理策の実施については，次の事項を守ることが望ましい．

a) システム及びデータへのアクセスに関する監査要求事項は，適切な管理層の同意を得る．

b) 技術監査における試験の範囲を，合意し，管理する．

c) 監査における試験は，ソフトウェア及びデータの読出し専用のアクセスに限定する．

d) 読出し専用以外のアクセスは，システムファイルの隔離された複製に対してだけ許可し，それらの複製は，監査が完了した時点で消去するか，又は監査の文書化の要求の下でそのようなファイルを保存する義務があるときは，適切に保護する．

e) 特別又は追加の処理に関する要求事項を特定し，合意する．

f) 監査における試験がシステムの可用性に影響する可能性がある場合，こうした試験は営業時間外に実施する．

g) 参照用の証跡を残すために，全てのアクセスを監視し，ログをとる．

(1)　概　要

“12.7.1 情報システムの監査に対する管理策”では“業務プロセスの中断のリスクを最小限に抑えるため”として指針が掲げられている．また，管理目的にも“運用システムに対する監査活動の影響を最小限にする”と述べられているので，運用での中断を避ける目的に監査を制限できるように誤解するかもしれない．運用を考慮しながら有効な監査を計画して実施することが求められていることに留意されたい．

実施の手引には“慎重に計画し，合意する”ための実施方法が述べられていると解釈すべきである．例えば，b)の“試験の範囲を，合意し，管理する”は，試験（監査）を実施する場合にはその範囲を合意してから実施することが述べられている．

a)の“システム及びデータへのアクセスに関する監査要求事項は，適切な管理層の同意を得る．”との文言は，監査側からの要求を受けること又は拒否することを被監査側の担当者レベルでの判断とはせずに，経営陣レベルでの判断事項としている．“情報システムの監査”は実施する根拠（組織が依頼したものや強制されるものなど）が様々であり，監査側からの要求を拒否することができない監査もあれば，拒否できる監査もある．参考までに，JIS Q 27001への適合性を審査する認証機関（ISMS 認証機関）は，機密性の観点から監査を拒絶する対象の有無を尋ねて，拒絶する対象があり，かつ，審査のためにはその監査が不可欠であると考える場合には，審査の打切りを含む対応（例えば，守秘義務契約の内容見直し及び審査範囲の変更）を組織と協議するとしている．

(2)　旧規格からの変更点

12.7.1 は旧規格の 15.3.1（情報システムの監査に対する管理策）をほとんど継承しているが，用語や内容が大きく見直されていることに注意が必要である．例えば，旧規格の“点検”（checks）を現規格では“検証”（verification）又は“試験”（tests）としている．

また，旧規格での“e)点検を実施するための資源を，明確に識別し，利用可能にする”“h)すべての手順，要求事項及び責任について，文書化する”及び“i)監査の実施者は被監査活動と独立とする”の3項目については，具体的な監査の内容であって，運用システムに対する監査の影響の考慮とは異なるため削除されている．

13　通信のセキュリティ

(1)　概　要

本箇条では，通信に関する管理目的及び管理策を定めている．

本箇条には“13.1 ネットワークセキュリティ管理”及び“13.2 情報の転送”の二つのカテゴリがある．

“13.1 ネットワークセキュリティ管理”は，ネットワーク上を流れる電子的な情報の保護，及びそのネットワークを支える情報処理施設の保護を実現するための管理策について記述されている．一方，“13.2 情報の転送”では，電子的な情報のみでなく，物理的な媒体の移送も含めた情報の転送に関する管理策について記述している．

この通信のセキュリティは，英文原文では“Communications security”という表題であり，電子的な通信に限らず，コミュニケーションに関する幅広いセキュリティについて記述されている．

この箇条は，図 3.13.1 に示すとおり，二つのカテゴリと七つのの管理策で構成されている．

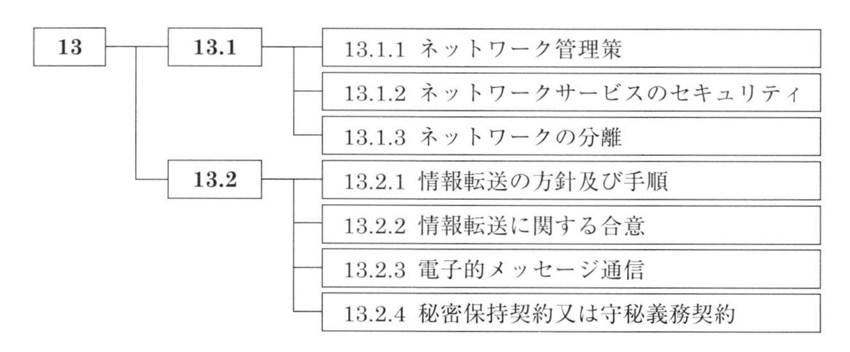

図 3.13.1　通信のセキュリティの管理策

(2)　旧規格からの変更点

旧規格の箇条 10（通信及び運用管理）のうち，通信に関係する 10.6（ネットワークセキュリティ管理）及び 10.8（情報の交換）を現規格の本箇条に移している．

13.1　ネットワークセキュリティ管理

13　通信のセキュリティ

13.1　ネットワークセキュリティ管理

目的　ネットワークにおける情報の保護，及びネットワークを支える情報処理施設の保護を確実にするため．

(1)　概　要

本カテゴリは，ネットワーク上における情報及び情報処理施設におけるセキュリティについて述べたものである．

どの組織においても，業務環境には有線・無線を問わず，様々な形でネットワーク環境が張り巡らされており，ネットワーク環境が組織の業務基盤を支えているといっても過言ではない．

一方で，ネットワークの拡充は，組織内外からの情報への不適切なアクセスのリスクを増大させることにもつながる．ネットワーク通信におけるセキュリティ管理は，組織にとって極めて重要な課題である．

ここでは，重要な情報が流れるネットワークを組織外の脅威から保護するために考慮すべき管理策について説明している

(2)　旧規格からの変更点

現規格の本カテゴリ及び目的は，旧規格の10.6（ネットワークセキュリティ管理）を継承している．また，旧規格の11.4（ネットワークのアクセス制御）の中で，ネットワークの分離についての管理策である11.4.5（ネットワークの領域分割）は“13.1.3 ネットワークの分離”としてこのカテゴリに移されている．

本カテゴリは三つの管理策で構成されている．現規格と旧規格のカテゴリと管理策を新旧対応表ISO/IEC TR 27023では表3.13.1のとおりに対応付けている．

表 **3.13.1**　現規格と旧規格のカテゴリと管理策の新旧対応表

現規格	旧規格
13.1　ネットワークセキュリティ管理	10.6　ネットワークセキュリティ管理
13.1.1 ネットワーク管理策	10.6.1　ネットワーク管理策 11.4.3　ネットワークにおける装置の識別
13.1.2　ネットワークサービスのセキュリティ	10.6.2　ネットワークサービスのセキュリティ
13.1.3　ネットワークの分離	11.4.5　ネットワークの領域分割

13.1.1　ネットワーク管理策

管理策

システム及びアプリケーション内の情報を保護するために，ネットワークを管理し，制御することが望ましい．

実施の手引

ネットワークにおける情報のセキュリティ，及び接続したネットワークサービスの認可されていないアクセスからの保護を確実にするために，管理策を実施することが望ましい．特に，次の事項を考慮することが望ましい．

a)　ネットワーク設備の管理に関する責任及び手順を確立する．

b)　ネットワークの運用責任は，コンピュータの運用から，適切な場合には，分離する（**6.1.2** 参照）．

c)　公衆ネットワーク又は無線ネットワークを通過するデータの機密性及び完全性を保護するため，並びにネットワークを介して接続したシステム及びアプリケーションを保護するために，特別な管理策を確立する（箇条 **10** 及び **13.2** 参照）．ネットワークサービスの可用性及びネットワークを介して接続したコンピュータの可用性を維持するためには，更に特別な管理策が要求される場合もある．

d)　情報セキュリティに影響を及ぼす可能性のある行動，又は情報セキュリティに関連した行動を記録及び検知できるように，適切なログ取得及び監視を適用する．

e)　組織に対するサービスを最適にするため，また，管理策を情報処理基盤全体に一貫して適用することを確実にするために，様々な管理作業を綿密に調整する．

f)　ネットワーク上のシステムを認証する．

g)　ネットワークへのシステムの接続を制限する．

関連情報

ネットワークセキュリティについての追加情報が，**ISO/IEC 27033** 規格群[15]〜[19]に示されている．

（1）　概　要

本管理策では，ネットワークの管理及び制御を求めている．

また，実施の手引では，ネットワーク管理において考慮すべき事項を列挙している．

b)では，ネットワークの運用における職務分離を求めている．ネットワークサービスの停止（リスク）が業務に及ぼす影響は非常に大きいため，不注意又は故意による当該リスク発生を抑制するためにネットワークの運用と情報システムの運用との適切な職務分離を考慮すべきであろう．

c)では，ネットワークを経由するデータを，盗聴による漏えい，あるいは紛失，破壊といった脅威から保護するために，必要な管理策を導入することを求めている．具体的には，現規格の“10 暗号”の暗号技術の利用を考え，例えば，インターネット VPN（Virtual Private Network）やディジタル署名の導入などを検討するとよい．また，ネットワークの可用性を維持するため，必要に応じてネットワークの冗長化も検討するとよい．

d)では，適切なログ取得及び監視を求めている．具体的には，ゲートウェイサーバ等で，いつ，誰が，どこに対して（接続元，接続先），どのような通信を行ったかログを取るといった方法が考えられる，あるいは，侵入検知システム（IDS）のようなシステムにより不正な行動を監視して検知する仕組みを導入するのも一つの手段である．

e)では，コンピュータネットワークにおけるセキュリティを実現するうえで，様々な管理策を個別に導入するのではなく，一貫した方針の下に，綿密な調整を経て，適切に導入することを求めている．

f)及び g)は，ネットワークを認可されていないシステム（装置）によるアクセスから保護するための管理策であるが，これを実現する方法の一つとして，自動での装置識別という方法がある．特定の場所又は装置だけから通信ができることが重要である場合に有効である．MAC アドレスなどの装置固有の識別子を用いて，ネットワークへの接続を特定の装置のみに制限する方法もある．

(2)　旧規格からの変更点

“13.1.1 ネットワーク管理策”は旧規格の 10.6.1（ネットワーク管理策）を継承している.

旧規格の管理策である 11.4.3（ネットワークにおける装置の識別）については管理策としては削除され，代わって，13.1.1 の実施の手引に“f) ネットワーク上のシステムを認証する.”“g) ネットワークへのシステムの接続を制限する.”として記述されている.

13.1.2　ネットワークサービスのセキュリティ

管理策

組織が自ら提供するか外部委託しているかを問わず，全てのネットワークサービスについて，セキュリティ機能，サービスレベル及び管理上の要求事項を特定し，また，ネットワークサービス合意書にもこれらを盛り込むことが望ましい.

実施の手引

合意したサービスをセキュリティを保って管理する，ネットワークサービス提供者の能力を定め，常に監視し，監査の権利についてネットワークサービス提供者と合意することが望ましい.

それぞれのサービスに必要なセキュリティについての取決め（例えば，セキュリティ特性，サービスレベル，管理上の要求事項）を，特定することが望ましい. 組織は，ネットワークサービス提供者によるこれらの対策の実施を確実にすることが望ましい.

関連情報

ネットワークサービスには，接続，私設ネットワークサービス及び付加価値ネットワークの提供，並びにネットワークセキュリティ管理のためのソリューション（例えば，ファイアウォール，侵入検知システム）が含まれる. これらのサービスは，単純で管理を伴わない帯域の提供から複雑な付加価値機能の提供まで，広い範囲に及ぶことがある.

ネットワークサービスのセキュリティ特性には，次のものがある.

a)　ネットワークサービスのセキュリティに適用する技術（例えば，認証，暗号化，ネットワーク接続管理）

b)　セキュリティ規則及びネットワーク接続規則に従った，セキュリティの確保されたネットワークサービスへの接続のために要求される技術的パラメータ

c)　必要な場合，ネットワークサービス又はアプリケーションへのアクセスを制限するための，ネットワークサービス利用の手順

(1)　概　要

本管理策では，すべてのネットワークサービスについて，セキュリティ機能，サービスレベル及び管理上の要求事項を特定し，また，ネットワークサービス合意書にもこれらを盛り込むことを求めている．通常，この合意書には，ネットワークにおける可用性やパフォーマンス，障害発生から復旧までの時間等についての要件が記述されるが，この要件にセキュリティについての取り決めも含めることが必要である．この合意書は，SLA（Service Level Agreement）とすることも多い．

実施の手引では，ネットワークサービス提供者とのセキュリティについての取決めを特定することを求めている．具体的には，認可されていないアクセスの制御やマルウェアからの保護やその検出，ネットワーク監査ログの取得と不正なアクセスの検出，侵入検知，セキュリティパッチの適用と頻度などが考えられる．セキュリティ上の問題を検知した際，サービス提供者からどのように連絡するか，どのような対応を行うかについても，あわせて合意しておくことが必要であろう．

(2)　旧規格からの変更点

“13.1.2 ネットワークサービスのセキュリティ”は旧規格の10.6.2（ネットワークサービスのセキュリティ）を継承している．

13.1.3　ネットワークの分離

管理策

情報サービス，利用者及び情報システムは，ネットワーク上で，グループごとに分離することが望ましい．

実施の手引

大規模なネットワークのセキュリティを管理する一つの方法は，そのネットワークを幾つかのネットワーク領域に分離することである．領域は，組織の単位（例えば，人的資源，財務，マーケティング）又は特定の組合せ（例えば，複数の組織の単位に接続しているサーバ領域）に従い，信頼性のレベル（例えば，公開されている領域，デスクトップ領域，サーバ領域）に基づいて選択することが可能である．分離は，物理的に異なるネットワーク又は論理的に異なるネットワーク（例えば，仮想私設網）を用いることによって行うことが可能である．

各領域の境界は，明確に定めることが望ましい．ネットワーク領域間のアクセスは認められるが，境界にゲートウェイ（例えば，ファイアウォール，フィルタリングルータ）を設けて制御することが望ましい．ネットワークを領域に分離する際の基準及びゲートウェイを通じて認められるアクセスの基準は，それぞれの領域のセキュリティ要求事項のアセスメントに基づくことが望ましい．このアセスメントでは，アクセス制御方針（**9.1.1** 参照），アクセス要求事項，並びに処理する情報の価値及び分類に従うことが望ましく，また，適切なゲートウェイ技術を組み込むための費用対効果を考慮することが望ましい．

無線ネットワークは，ネットワークの境界が十分に定められていないため，特別な取扱いを要する．取扱いに慎重を要する環境では，全ての無線アクセスは，外部接続として取り扱い，そのアクセスがネットワーク管理策の方針（**13.1.1** 参照）に従ってゲートウェイを通過して内部システムへのアクセスが許可されるまでは，内部ネットワークから分離するように配慮することが望ましい．

認証，暗号化及び利用者レベルでのアクセス制御技術が適切に実施された場合，最新かつ標準に基づく無線ネットワークは，組織の内部ネットワークへ直接接続するために十分な場合がある．

関連情報

ビジネスパートナーの関係が，情報処理施設及びネットワーク設備の相互接続又は共有を必要とするものになりつつあることから，ネットワークが組織の境界を越えて拡張することも少なくない．このような拡張は，そのネットワークを利用する組織の情報システムへの認可されていないアクセスのリスクを増加させる場合もある．これらのネットワークの一部は，取扱いに慎重を要する度合い又は重要性の理由で，他のネットワーク利用者からの保護が必要である．

(1)　概　要

本管理策では，ネットワークの利用者や情報システムをグループごとに分離することを求めている．

実施の手引では，その方法として，ネットワークをネットワーク領域に分離する具体的な考え方を述べている．組織内で分離されたネットワークには，その領域ごとに必要なセキュリティ上の管理策を導入する．さらに，物理的にもネットワークを分離することができれば，確実なアクセス制限が実現できるとともに，各領域で必要なセキュリティ上のそれぞれの対策を導入することもできる．このとき，領域ごとに，ネットワークへのアクセス制御等のセキュリティに関する方針を設定しておく必要がある．

また，組織の内部と外部のネットワークを明確に分離するように境界を設定する必要がある．ウェブサーバやメールサーバなどインターネットに公開する必要がある情報システムは，インターネットと内部ネットワークとの境界にDMZ（非武装地帯）セグメントを設けて，インターネットから内部ネットワークに対する不正なアクセスを防ぐという方法も有効である．組織の内部ネットワークと外部ネットワークとの境界にはゲートウェイを設けて，内部ネットワークと外部ネットワークとの間の通信を必要最低限に制限する必要がある．この際，外部と内部とのそれぞれの方向において，どの接続元から，どのような通信を許可するかといった方針を定める必要がある．この方針は“9.1.1 アクセス制御方針”に基づくものでなくてはならない．

(2)　旧規格からの変更点

“13.1.3 ネットワークの分離”は旧規格の 11.4.5（ネットワークの領域分割）を継承している．

13.2　情報の転送

13.2　情報の転送
目的　組織の内部及び外部に転送した情報のセキュリティを維持するため．

(1)　概　要

本カテゴリでは，情報の転送に関する管理目的及び管理策を定めている．

本箇条における情報の転送とは，主に通信設備を利用した情報の転送を指しているが“13.2.2 情報転送に関する合意”では物理媒体をも含んだ情報転送に関する管理策が述べられており“13.2.4 秘密保持契約又は守秘義務契約”では情報を組織間で授受する際の秘密保持について述べられている．

(2)　旧規格からの変更点

現規格のカテゴリ及び目的は旧規格の 10.8（情報の交換）を継承している．“情報の交換”（information exchange）が“情報の転送”（information transfer）に変更されているが，内容は同等である．

旧規格の 6.1（内部組織）の中で，秘密保持契約についての管理策であった

6.1.5（秘密保持契約）は現規格の“13.2.4 秘密保持契約又は守秘義務契約”として本カテゴリに移されている．

本カテゴリは四つの管理策で構成されている．現規格と旧規格のカテゴリと管理策を新旧対応表 ISO/IEC TR 27023 では表 3.13.2 のとおりに対応付けている．

表 3.13.2　現規格と旧規格のカテゴリと管理策の新旧対応表

現規格	旧規格
13.2　情報の転送	10.8　情報の交換
13.2.1　情報転送の方針及び手順	10.8.1　情報交換の方針及び手順
13.2.2　情報転送に関する合意	10.8.2　情報交換に関する合意
13.2.3　電子的メッセージ通信	10.8.4　電子的メッセージ通信
13.2.4　秘密保持契約又は守秘義務契約	6.1.5　秘密保持契約

13.2.1　情報転送の方針及び手順

管理策

あらゆる形式の通信設備を利用した情報転送を保護するために，正式な転送方針，手順及び管理策を備えることが望ましい．

実施の手引

情報転送のために通信設備を利用するときに従う手順及び管理策は，次の事項を考慮することが望ましい．

a) 転送する情報を，盗聴，複製，改ざん，誤った経路での通信及び破壊から保護するために設計された手順

b) 電子的メッセージ通信を通じて伝送される可能性のあるマルウェアを検出し，これらから保護するための手順（**12.2.1** 参照）

c) 添付形式として通信される，取扱いに慎重を要する電子情報の保護に関する手順

d) 通信設備の許容できる利用について規定した方針又は指針（**8.1.3** 参照）

e) 要員，外部関係者及びその他の利用者の，組織を危うくするような行為［例えば，名誉き（毀）損，嫌がらせ，成りすまし，チェーンメールの転送，架空購入］をしないことの責任

f) 暗号技術の利用（例えば，情報の機密性，完全性及び真正性を保護するための暗号の利用）（箇条 **10** 参照）

g) 関連する国及び地域の法令及び規制に従った，全ての業務通信文（メッセージを含む．）の保持及び処分に関する指針

h) 通信設備の利用（例えば，外部のメールアドレスへの電子メールの自動転送）に関

する管理策及び制限

i) 秘密情報を漏えいしないように適切な予防策を講じることの，要員への助言

j) 秘密情報を含んだメッセージを留守番電話に残さないこと．留守番電話に残したメッセージは，認可されていない者が再生する場合，共有システムに保管される場合，又は誤ダイアルの結果，間違って保管される場合があるからである．

k) ファクシミリ又はそのサービスの利用に伴う，次の問題に関わる要員への助言

1) ファクシミリの受信文の取出し装置への認可されていないアクセス

2) 特定の番号にメッセージを送る故意又は偶然のプログラミング

3) 誤ダイアル，又は間違って記憶した番号を用いることによる，誤った番号への文書及びメッセージの送付

さらに，公共の場所，並びにセキュリティが確保されていない通信経路，出入りが自由なオフィス及び会議室では，秘密の会話はしないほうがよいことを要員に意識させることが望ましい．

情報転送サービスは，関連するいかなる法的要求事項についても順守することが望ましい（**18.1** 参照）．

関連情報

情報転送は，多くの異なる通信設備（電子メール，音声，ファクシミリ及びビデオを含む．）の利用を通じてなされる場合がある．

ソフトウェアの転送は，多くの異なる手段（インターネットからのダウンロード及び汎用品の販売業者からの入手を含む．）を通じてなされる場合がある．

電子データの交換，電子商取引及び電子通信と関連する業務，法令及びセキュリティへの影響，並びに管理策の要求事項を考慮することが望ましい．

(1)　概　要

本管理策では，通信設備を利用した情報転送における転送方針，手順及び管理策を備えることを求めている．

本方針は“5.1.1 情報セキュリティのための方針群”の実施の手引に記述されている個別の方針の一つである．本個別方針の策定にあたり，実施の手引を参考にすることができる．

通信設備を利用した転送では，盗聴，複製，改ざん，誤った経路での通信などの脅威から情報を保護しなければならない［a)］．

実施の手引では，このような情報転送のために通信設備を利用するときに考慮すべき事項を列挙している．

b)では，マルウェアの検出について述べている．通信のセキュリティの視点からすると，マルウェアは外部ネットワークとの間のゲートウェイで検出するような対策を行う必要がある．利用者が受け取った電子的メッセージを不用意に開かないといった運用面での対策と，利用者端末におけるマルウェアの検出・修復ソフトウェアでの対策もあわせて必要である．

c)では，添付形式の電子情報に関する保護について述べている．電子メールにファイルを添付して送信する場合，そのファイルの機密性に応じて扱いに注意する必要がある．

e)及びi)では，要員に求める事項を示している．情報の転送は人の手を介して行うものであり，誤った転送は組織にとって重大なインシデントとなる．方針及び手順で示されたこれらの事項を要員が確実に実施するために，要員のセキュリティ意識も不可欠である．

(2)　旧規格からの変更点

“13.2.1 情報転送の方針及び手順”は旧規格の10.8.1（情報交換の方針及び手順）を継承している．

13.2.2　情報転送に関する合意

管理策

合意では，組織と外部関係者との間の業務情報のセキュリティを保った転送について，取り扱うことが望ましい．

実施の手引

情報転送に関する合意には，次の事項を取り込むことが望ましい．

a)　送信，発送及び受領についての管理及び通知を行う責任
b)　追跡可能性及び否認防止を確実にするための手順
c)　こん（梱）包及び送信に関する必要最小限の技術標準
d)　預託条項
e)　運送業者を確認する規準
f)　情報セキュリティインシデントが発生した場合（例えば，データの紛失）の責任及び賠償義務
g)　取扱いに慎重を要する又は重要な情報に対する，合意されたラベル付けシステム（ラベルの意味を直ちに理解すること，及び情報を適切に保護することを確実にするもの）の使用（**8.2** 参照）

h）情報及びソフトウェアの記録及び読出しに関する技術標準
i）取扱いに慎重を要するもの（例えば，暗号鍵）を保護するために必要とされる，特別な管理策（箇条 **10** 参照）
j）転送中の情報についての，管理状況の履歴の維持
k）容認できるアクセス制御のレベル

転送中の情報及び物理的媒体を保護するための方針，手順及び標準類を確立及び維持し（**8.3.3** 参照），情報転送に関する合意においては，これらを参照することが望ましい．

いかなる合意における情報セキュリティの事項も，関連する業務情報の取扱いに慎重を要する度合いを反映することが望ましい．

関連情報

合意は，電子的又は手動の場合，及び正式な契約書の形式をとる場合がある．秘密情報については，その転送に用いる仕組みが，全ての組織及び全ての種類の合意において一貫していることが望ましい．

(1)　概　要

本管理策では，セキュリティを保った情報転送を外部関係者との間で合意することを求めている．電子的，物理的を問わず，情報が外部関係者に送付される際に情報の紛失や漏えい，改ざんが発生した場合，組織が受ける影響は非常に大きい．このため，事前に外部関係者との間で情報転送の際の情報の管理方法について合意しておくことが必要である．

“13.2.2 情報転送に関する合意”でいう情報転送には，ネットワークを介した電子的な情報の転送のみならず，組織間における情報を格納した媒体の輸送（“8.3.3 物理的媒体の輸送”を参照）も含まれている．

合意は文書の形をとるが，その媒体は電子的であっても紙などその他のものであってもよい．合意は正式な契約書とする場合もある．

実施の手引では，情報転送に関する合意に取り込むべき事項について列挙している．

a)～k)は，すべて電子的及び物理的な情報転送の両方の場合で考慮すべき事項である．その際，交換される情報の重要度に応じた合意となっていなければならない．さらに，物理的な情報転送については 8.3.3 で要求されている事項もあわせて検討すべきであろう．また g)では，組織間で情報の分類及びラ

ベル付けが異なる可能性があることに留意し，“合意されたラベル付けシステム”を使用することを求めている．“8.2.3 資産の取扱い”の実施の手引にも，同じ主旨の留意事項がある．

(2)　旧規格からの変更点

“13.2.2 情報転送に関する合意”は旧規格の 10.8.2（情報交換に関する合意）を継承している．

実施の手引では，情報転送に関する合意に取り込む事項として“j)転送中の情報についての管理状況の履歴の維持”及び“k)容認できるアクセス制御のレベル”が追加されている．

13.2.3　電子的メッセージ通信

管理策

電子的メッセージ通信に含まれた情報は，適切に保護することが望ましい．

実施の手引

電子的メッセージ通信のための情報セキュリティには，次の事項を考慮することが望ましい．

a)　組織が採用している分類体系に従った，認可されていないアクセス，改ざん又はサービス妨害からのメッセージの保護

b)　正しい送付先及びメッセージ送信の確実化

c)　サービスの信頼性及び可用性

d)　法的考慮（例えば，電子署名のための要求事項）

e)　誰でも使える外部サービス（例えば，インスタントメッセージ，ソーシャルネットワーク，ファイル共有）を利用する際の，事前承認の取得

f)　公開されているネットワークからのアクセスを制御する，より強固な認証レベル

関連情報

様々な種類の電子的メッセージ通信（例えば，電子メール，電子データ交換，ソーシャルネットワーク）があり，これらは業務上のコミュニケーションの役割を果たしている．

(1)　概　要

本管理策では，電子的メッセージ通信に含まれる情報の保護を求めている．

関連情報にも述べられているとおり，インターネットの普及に伴い，組織にとって電子的メッセージ通信が欠かせないものとなっている．電子的メッセージ通信は，コミュニケーションの高速化をもたらす一方で，通信の際に情報漏

えいのリスクを伴う.

実施の手引では，電子的メッセージ通信において考慮すべき事項をあげている.

a)では，認可されていないアクセス，改ざん，サービス妨害からの保護を求めている．例えば，電子メールであれば，送受信の際に認証を行うことで第三者からのアクセスを防ぐとともに，より機密性の高いメッセージには暗号化を行うなどの方法が考えられる.

b)では，正しい送付先への送信の確実化を求めている．メッセージを送る際に，送信先アドレスの入力を誤って第三者に情報が送信されないように送受信手順を組織として定め，遵守の徹底を図ることは情報漏えいのリスク対策として極めて重要である.

c)では，サービスの信頼性及び可用性を求めている．電子メールであれば，メールサーバに高負荷をかけないように，添付ファイルの容量に関するルールなどを定めることが必要になる.

e)では，外部サービスの利用に対して事前承認の取得を行うことを求めている．近年，業務の利便性を求めてソーシャルネットワーキングをはじめとする外部サービスの利用が普及している．このようなサービスを不用意に利用することによる情報漏えいリスクを防ぐため，外部サービスの情報セキュリティ面での信頼性を確認するとともに，利用する際の基準（使用してよいサービス，通信させてよい情報，利用する際の手続等）を組織として明確に定めるべきである.

(2)　旧規格からの変更点

“13.2.3 電子的メッセージ通信” は旧規格の 10.8.4（電子的メッセージ通信）を継承している.

13.2.4　秘密保持契約又は守秘義務契約

管理策

情報保護に対する組織の要件を反映する秘密保持契約又は守秘義務契約のための要求事項は，特定し，定めに従ってレビューし，文書化することが望ましい.

実施の手引

秘密保持契約又は守秘義務契約には，法的に強制できる表現を用いて，秘密情報を保護するための要求事項を取り上げることが望ましい．秘密保持契約又は守秘義務契約は，外部関係者又は組織の従業員に適用される．その契約の当事者の種類，並びに当事者に許可される秘密情報のアクセス及び取扱いを考慮して，契約の要素を選定又は追加することが望ましい．秘密保持契約又は守秘義務契約に対する要求事項を特定するために，次の要素を考慮することが望ましい．

a)　保護される情報の定義（例えば，秘密情報）

b)　秘密を無期限に保持する場合も含めた，契約の有効期間

c)　契約終了時に要求する処置

d)　認可されていない情報開示を避けるための，署名者の責任及び行為

e)　情報，企業秘密及び知的財産の所有権，並びにこれらの秘密情報の保護との関連

f)　秘密情報の許可された利用範囲，及び情報を利用する署名者の権利

g)　秘密情報に関する行為の監査及び監視の権利

h)　認可されていない開示又は秘密情報漏えいの，通知及び報告のプロセス

i)　契約終了時における情報の返却又は破棄に関する条件

j)　契約違反が発生した場合にとるべき処置

組織の情報セキュリティ要求事項によっては，秘密保持契約又は守秘義務契約に他の要素が必要となる場合もある．

秘密保持契約又は守秘義務契約は，その法域において適用される法令及び規制の全てに従うことが望ましい（**18.1** 参照）．

秘密保持契約又は守秘義務契約に関する要求事項は，定期的に及びこれら要求に影響する変化が発生した場合に，レビューすることが望ましい．

関連情報

秘密保持契約及び守秘義務契約は，組織の情報を保護し，また，信頼に応じた及び認可された方法による，情報の保護，利用及び開示に対する責任を署名者に知らせるものである．

環境が異なれば，秘密保持契約又は守秘義務契約の異なる様式を用いることが組織において必要となる場合がある．

(1)　概　要

“13.2.4 秘密保持契約又は守秘義務契約”では，秘密保持契約又は守秘義務契約の要求事項を特定し，定めに従ってレビューし，文書化することを求めている．

組織で新たに従業員に対して情報へのアクセス権を付与する場合，あるいは

外部関係者が組織内の情報にアクセスすることになった場合，アクセスした者の悪意によって組織内の情報が第三者に漏えいしてしまうことが，大きなリスクとなりうる．

このようなリスクを軽減するため，直接的に情報漏えいをした場合に法的責任を追及する根拠として，秘密保持契約又は守秘義務契約の締結は極めて重要である．秘密保持契約又は守秘義務契約は，一般にNDA（Non-Disclosure Agreement）と呼ばれる．

外部の組織に対しては，業務委託契約を締結することになった場合，あるいは業務委託契約を締結する前に情報開示が必要となった場合に，NDAを締結することが一般的である．一方，組織の従業員に対しては，雇用契約締結時に秘密保持契約の一種として，誓約書を提出させる方法が一般的である．

このような秘密保持契約又は守秘義務契約を締結する場合については，契約すべき条項を特定し，レビューし，文書化しなければならない．

実施の手引では，秘密保持契約又は守秘義務契約への記載を考慮する要素を列挙している．組織がNDAのテンプレートを作成する際，a)～j)の項目も参考になるであろう．

また，このような契約に関する内容は，常に状況の変化に対応することが必要であり，定期的な見直しが必要である．例えば，法律改正などに伴い，これまで問題とならなかった部分が問題となることもある．このようなトラブルを可能な限り回避するには，組織内の法務専門組織，あるいは組織の顧問弁護士等の専門家の意見をもらい，定期的に契約の確認を行うことも必要であろう．

(2)　旧規格からの変更点

13.2.4は旧規格の6.1.5（秘密保持契約）を継承している．

“秘密保持契約”から“秘密保持契約又は守秘義務契約”に変更されているが，管理策に特段の変更はない．

14　システムの取得，開発及び保守

(1)　概　要

本箇条では，情報システムの取得，開発及び保守に関する管理目的及び管理策を定めている．

組織運営上，必須となる情報システムを構築又は更新する際，その情報セキュリティ要求事項を作業着手の事前から考慮・検討することが重要である．さらに，この情報セキュリティ要求事項に基づき，情報セキュリティを設計し，実施することが情報システムの開発のライフサイクル全体を通じて求められる．また，システムの取得・開発及びシステムの導入において，試験の実施は欠かせないものであり，試験に用いるデータの保護は，情報システムのセキュリティ上，極めて重要なことである．

本箇条には"14.1 情報システムのセキュリティ要求事項""14.2 開発及びサポートプロセスにおけるセキュリティ"及び"14.3 試験データ"の三つのカテゴリがある．

本箇条は図 3.14.1 に示すとおり，三つのカテゴリと 13 の管理策で構成されている．

(2)　旧規格からの変更点

旧規格からの改正にあたって，その箇条 12（情報システムの取得，開発及び保守"に対して，次に示す"(a)アプリケーションサービスに関する管理策の整備""(b)システム開発に関する管理策の整備"及び"(c)セキュアプログラミング技術の考慮"の観点で見直しを行い，カテゴリ及び管理目的も含めて構成及び内容を再編し，本箇条とした．

(a)　アプリケーションサービスに関する管理策の整備

現規格の"14.1 情報システムのセキュリティ要求事項"に二つの管理策"14.1.2 公衆ネットワーク上のアプリケーションサービスのセキュリティの考慮"及び"14.1.3 アプリケーションサービスのトランザクションの保護"がある．これらは旧規格の 10.9.1（電子商取引）及び 10.9.2（オンライン取引）

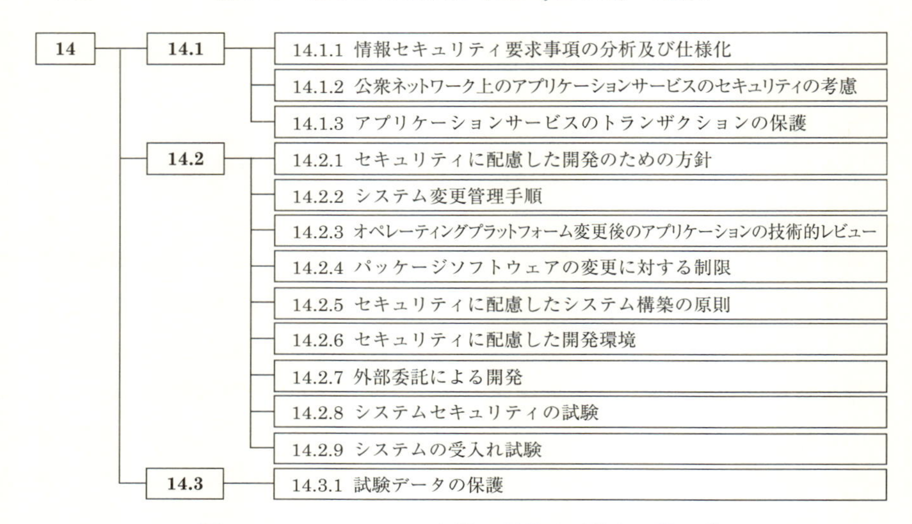

図 3.14.1　システムの取得，開発及び保守の管理策

を新しい用語及び表現で書き直したものである．これらの二つの管理策には互いに重なりがあるが，14.1.2 が“アプリケーションサービスの利用における公衆ネットワーク上の通信”に伴う情報セキュリティリスクへの対応を求めているのに対して，14.1.3 は“アプリケーションサービスを利用して行うトランザクション（取引）”に着目して，トランザクションについて処理が正確であること及びトランザクションの内容の秘匿などを求めている．

(b)　システム開発に関する管理策の整備

現規格の“14.2 開発及びサポートプロセスにおけるセキュリティ”は旧規格の 12.5（開発及びサポートプロセスにおけるセキュリティ）の五つの管理策に次の四つの管理策が新たに追加されたものである．

14.2.1　セキュリティに配慮した開発のための方針

14.2.5　セキュリティに配慮したシステム構築の原則

14.2.6　セキュリティに配慮した開発環境

14.2.8　システムセキュリティの試験

これによって，システム開発のライフサイクルに対応した一連の管理策が整備された．

(c)　セキュアシステムエンジニアリングの考慮

旧規格には12.2（業務用ソフトウェアでの正確な処理）があり，ここに四つの管理策12.2.1（入力データの妥当性確認），12.2.2（内部処理の管理），12.2.3（メッセージの完全性）及び12.2.4（出力データの妥当性確認）が置かれている．旧規格が制定された2005年以降，セキュアシステム設計製作の技術が整備・体系化され，12.2.2及び12.2.3はもとより，12.2.1及び12.2.4もその一部に位置付けられると考えられる．現規格では，これらを個別に管理策とする方法を取らず“14.2.5 セキュリティに配慮したシステム構築の原則”において，セキュアシステムエンジニアリングの基本的要件として対応させている．

現規格と旧規格のカテゴリと管理策を新旧対応表ISO/IEC TR 27023では表3.14.1のとおりに対応付けている．

表3.14.1　現規格と旧規格のカテゴリと管理策の新旧対応表

現規格	旧規格
14.1　情報システムのセキュリティ要求事項	12.1　情報システムのセキュリティ要求事項
14.1.1　情報セキュリティ要求事項の分析及び仕様化	12.1.1　セキュリティ要求事項の分析及び仕様化
14.1.2　公衆ネットワーク上のアプリケーションサービスのセキュリティの考慮	10.9.1　電子商取引
14.1.3　アプリケーションサービスのトランザクションの保護	10.9.2　オンライン取引
14.2　開発及びサポートプロセスにおけるセキュリティ	12.5　開発及びサポートプロセスにおけるセキュリティ
14.2.1　セキュリティに配慮した開発のための方針	—
14.2.2　システムの変更管理手順	12.5.1　変更管理手順
14.2.3　オペレーティングプラットフォーム変更後のアプリケーションの技術的レビュー	12.5.2　オペレーティングシステム変更後の業務用ソフトウェアの技術的レビュー

表 3.14.1　（続き）

現規格	旧規格
14.2.4　パッケージソフトウェアの変更に対する制限	12.5.3　パッケージソフトウェアの変更に対する制限
14.2.5　セキュリティに配慮したシステム構築の原則	—
14.2.6　セキュリティに配慮した開発環境	—
14.2.7　外部委託による開発	12.5.5　外部委託によるソフトウェア開発
14.2.8　システムセキュリティの試験	—
14.2.9　システムの受入れ試験	10.3.2　システムの受入れ
14.3　試験データ	—
14.3.1　試験データの保護	12.4.2　システム試験データの保護

14.1　情報システムのセキュリティ要求事項

14　システムの取得，開発及び保守
14.1　情報システムのセキュリティ要求事項

目的　ライフサイクル全体にわたって，情報セキュリティが情報システムに欠くことのできない部分であることを確実にするため．これには，公衆ネットワークを介してサービスを提供する情報システムのための要求事項も含む．

(1)　概　要

情報システムのライフサイクル全体にわたって，情報セキュリティがその情報システムの必須の部分として統合されることを目指して，セキュリティ要求事項を特定することの指針を示している．これには，公衆ネットワーク上にサービスを提供する情報システムに関する要求事項，及びそのアプリケーションサービスのトランザクションの保護に関する要求事項も含めている．

(2)　旧規格からの変更点

本カテゴリ及び目的については，旧規格から次のような変更がある．

①　“情報システムのライフサイクル全体にわたって”の観点が追加された．

② “公衆ネットワーク上にサービスを提供する情報システムに関する要求事項”への考慮が追加された.

③ 情報システムに関する,旧規格に記述されていた次の説明が省略された.

“情報システムには,オペレーティングシステム,システム基盤,業務用ソフトウェア,既成の製品,サービス及び利用者が開発したソフトウェアが含まれる.業務プロセスを支える情報システムの設計及び実装はセキュリティへの影響が極めて大きい.”

本カテゴリは,旧規格の箇条12(情報システムの取得,開発及び保守)と箇条6(情報セキュリティのための組織)から継承した,三つの管理策で構成されている.

14.1.1 情報セキュリティ要求事項の分析及び仕様化

管理策

情報セキュリティに関連する要求事項は,新しい情報システム又は既存の情報システムの改善に関する要求事項に含めることが望ましい.

実施の手引

情報セキュリティ要求事項は,方針及び規則に由来する順守の要求事項,脅威のモデリング,インシデントのレビュー,又はぜい弱性の限界の使用のような,様々な方法を用いて特定することが望ましい.このような特定作業の結果は,文書化し,全ての利害関係者によってレビューされることが望ましい.

情報セキュリティ要求事項及び情報セキュリティ管理策には,関連する情報の業務上の価値(**8.2** 参照),及びセキュリティが不十分だった場合に業務に及ぶ可能性のある悪影響を反映させることが望ましい.

情報セキュリティ要求事項及び関連するプロセスの特定及び管理は,情報システムプロジェクトにその初期段階で統合することが望ましい.情報セキュリティ要求事項を早期に(例えば,設計段階で)考慮すれば,より効果的で経済的な解決策を得ることができる.

情報セキュリティ要求事項においては,次の事項も考慮することが望ましい.

a) 利用者認証の要求事項を導き出すために,利用者が提示する識別情報に対して求める信頼のレベル

b) 業務上の利用者のほか,特権を与えられた利用者及び技術をもつ利用者に対する,アクセスの提供及び認可のプロセス

c) 利用者及び運用担当者に対する,各自の義務及び責任の通知

d) 関連する資産の保護の要求.特に,可用性,機密性及び完全性に関する保護の要求.

e）　トランザクションのログ取得及び監視，並びに否認防止の要求事項のような，業務プロセスに由来する要求事項

f）　他のセキュリティ管理策によって義務付けられる要求事項．例えば，ログ取得及び監視のインターフェース，情報漏えい検知システム．

公衆ネットワークを介してサービスを提供するアプリケーション，又はトランクションを実施するアプリケーションについては，**14.1.2** 及び **14.1.3** の管理策を考慮することが望ましい．

製品を入手する際には，正式な試験及び調達プロセスに従うことが望ましい．供給者との契約は，明確にされたセキュリティ要求事項を規定することが望ましい．提案された製品のセキュリティの機能性が指定された要求を満たさない場合は，発生するリスク及び関連する管理策を，製品を購入する前に再考することが望ましい．

当該システムにおいて稼働するソフトウェア及びサービスと整合する製品のセキュリティ構成に関して，入手可能な手引を用いて，これを評価し，実施することが望ましい．

製品を受け入れる基準は，例えば，特定したセキュリティ要求事項を満たすことの確証を与える機能の観点で定めることが望ましい．製品は，入手する前にこうした基準に照らして評価することが望ましい．

機能の追加によって，許容できない追加のリスクを取り込まないことを確実にするために，これをレビューすることが望ましい．

関連情報

情報セキュリティ要求事項を満たすために必要な管理策を特定するための，リスクマネジメントプロセスの使用に関する手引が，**JIS Q 31000**[27]及び **ISO/IEC 27005**[11]に示されている．

（1）　概　要

情報システムの情報セキュリティに関連する要求事項及び情報システムのリスクは，そのシステムの取得又は開発の早い段階から把握されるべきである．また，情報セキュリティに関連する要求事項のすべてを情報システムの機能に沿って特定することが重要である．情報システムの取得又は開発は，特定された要求事項のすべてを取り扱うことを確実に行うために十分に規定され，文書化された手順に従うべきである．“要求事項の分析はリスクアセスメントの結果を参照していること”及び“取得又は開発した情報システムがその特定された要求事項を満たしていること”を検証するために試験を実施すべきである．

現規格の管理策“14.1.1 情報セキュリティ要求事項の分析及び仕様化”は，これらの課題について，考慮されるべき有用な項目をリストアップしている．

情報システムの情報セキュリティの要求事項は，新規の情報システムについてはその要求事項の中に，また既存の情報システムについてはその機能向上に関する要求事項の中に一体として含めるべきこと，また，情報セキュリティ要求事項は様々な方法を用いて特定すべきことが示されている．その方法としては，方針群及び規定類からコンプライアンスの要求事項を導き出す，脅威のモデリングを行う，インシデントのレビューをする，又はぜい弱性閾値管理手法などがあげられている．

情報セキュリティ要求事項及び情報セキュリティの管理策は“それらが関連する情報の事業及び業務上の価値”及び“セキュリティが不十分だった場合に事業及び業務に及ぶ可能性のある好ましくない影響”を考慮したものであることが求められる．

例えば，次を考慮する．

① システムの利用者に関して，利用者が提示する識別情報に求められる，信頼のレベル．これは，利用者の真正性確認の認証に関する要求事項を導き出すものである．

② アクセス提供及び認可のプロセスで，業務上の利用者に加えて，運用担当者及び技術サポート担当者など特権を与えられた利用者に対するもの

③ 業務プロセスから導かれる要求事項．例えば，トランザクションのログを取ること，トランザクションの監視，及び否認防止の要求事項など

また，製品の取得には“正式な試験及び調達”のプロセスに従うべきことが示されている．ここでいう製品は，ISO 9000:2005（JIS Q 9000: 2006）の用語定義にある“製品（product）”の意味で使用されている．製品の四つの一般的カテゴリとしてあげられているものは次のとおりである．

・サービス

・ソフトウェア

・ハードウェア

・素材製品

製品のセキュリティ構成に関しては，それが当該情報システムのソフトウェアスタック／サービスのスタック（software/services stack）と整合するように，入手可能な手引を用いて評価し，実施すべきことが示されている．ここで，ソフトウェアスタック，あるいはサービススタックとは，ソフトウェアの集合又はサービスの集合であって，これらが連携・協働してはたらき，ある結果をもたらすものを指している．

(2) 旧規格からの変更点

旧規格の 12.1.1（セキュリティ要求事項の分析及び仕様化）を見直し，現規格の 14.1.1 の管理策としている．主な変更や追加は次のとおりである．

① 管理策及び実施の手引において，情報セキュリティ要求事項をどのように特定すべきかが，より具体的に示されるようになった．

② 実施の手引において，情報セキュリティ要求事項を特定するために考慮すべき事項として 14.1.1 の a)～f)が追加された．

③ 公衆ネットワーク上にサービスを提供するアプリケーション，又はトランザクションを実装するアプリケーションへの言及が追加された．

④ 製品のセキュリティ構成に関しての言及が追加された．

⑤ 製品を受け入れる基準の定義が求められることが，明示的に言及された．旧規格では，ISO/IEC 15408 等の例示にとどまっていた．

⑥ 関連情報において，リスクマネジメントに関して，旧規格での ISO/IEC TR 13335-3 への参照が JIS Q 31000（ISO 31000）及び ISO/IEC 27005 への引用に変更された．

14.1.2 公衆ネットワーク上のアプリケーションサービスのセキュリティの考慮

管理策

公衆ネットワークを経由するアプリケーションサービスに含まれる情報は，不正行為，契約紛争，並びに認可されていない開示及び変更から保護することが望ましい．

実施の手引

公衆ネットワークを経由するアプリケーションサービスに関する情報セキュリティには，次の事項を考慮することが望ましい．

a) 各当事者が提示する自らの識別情報について，例えば，認証を用いて，それぞれが互いに要求し合う信頼のレベル
b) 重要な取引文書の内容の承認，その発行，及びその文書への署名を誰が行うかについての認可プロセス
c) サービスの提供又は利用が認可されていることを通信業者に十分に通知していることの確実化
d) 入札手続，契約手続などにおいて，重要な文書の機密性，完全性及び発送・受領の証明，並びに契約の否認防止に関する要求事項の決定及びその達成
e) 重要な文書の完全性についての，信頼のレベル
f) 秘密情報の保護に関する要求事項
g) 注文のトランザクション，支払い情報，納入先の宛名情報及び受領確認の機密性及び完全性
h) 顧客から提供された支払い情報を検証するための，適切な検査の度合い
i) 不正行為を防ぐための，最も適切な支払いの決済形式の選定
j) 注文情報の機密性及び完全性を維持するために要求される保護のレベル
k) トランザクション情報の紛失又は重複の防止
l) 不正なトランザクションに関する賠償義務
m) 保険の要件

これらの考慮事項の多くは，法的要求事項の順守を考慮に入れながら，箇条 **10** に示す暗号による管理策を適用することによって対処することができる（箇条 **18** を参照．特に，暗号に関連する法令については，**18.1.5** を参照．）．

アプリケーションサービスに関する当事者間の取決めは，権限の詳細も含め，合意したサービス条件を両当事者に義務付ける合意書によって裏付けることが望ましい［**14.1.2** の **b**)を参照］．

攻撃に対する対応力（resilience）の要求事項を考慮することが望ましい．これには，関連するアプリケーションサーバを保護するための要求事項，及びサービスの提供に必要となるネットワーク相互接続の可用性を確実にするための要求事項を含み得る．

関連情報

公衆ネットワークを介してアクセス可能なアプリケーションは，ネットワークに関連した脅威（例えば，不正行為，契約上の紛争，一般への情報の開示）を受けやすい．したがって，詳細なリスクアセスメント及び管理策の適正な選定が不可欠である．必要な管理策には，認証時の暗号技術の使用及びデータ転送時のセキュリティ確保を含むことが多い．

アプリケーションサービスでは，リスクを低減するために，公開鍵暗号及びディジタル署名（箇条 **10** 参照）の利用など，よりセキュリティに配慮した認証方法を活用することができる．さらに，必要な場合には，信頼できる第三者機関によるサービスを利用することもできる．

(1)　概　要

公衆ネットワーク上のアプリケーションサービスは，ビジネスを展開する一般的な手段の一つとなっているが，それには詐取などの不正行為及び認可されていない開示又は改ざんなどによる，情報セキュリティリスクがかかわってくる．公衆ネットワーク上のアプリケーションサービスが取り扱う情報をネットワーク上の多くの脅威から保護するための管理策を実施することが求められる．

管理策“14.1.2 公衆ネットワーク上のアプリケーションサービスのセキュリティの考慮”は，公衆ネットワーク上のアプリケーションサービスを利用する場合に適用可能な一連の管理策を提示する．組織はこれを考慮して組織の業務遂行に適用すべき管理策を特定することが望まれる．例えば，暗号関連の管理策の適用（現規格の“10.1 暗号による管理策”を参照）は，次のようないくつかの手段で情報の保護を達成することができる．

①　暗号は支払明細，顧客情報及び個人情報などの情報の機密性を確保するために適用することができる．

②　ディジタル署名は，ネットワークによる電子トランザクションの完全性を確保し，また，トランザクションの相手の真正性（authenticity）を確認するために適用することができる．

③　暗号とディジタル署名は，事象の生起，あるいは非生起に関する紛争の解決を助ける否認防止を実現するために使用することができる．

暗号関連の管理策を使用の際，適切な方針及び鍵管理システムが存在すること，並びに暗号関連の管理策が，それらに適用される法的な要求事項（“18.1.5 暗号化機能に対する規制”参照）のいずれにも適合しているように，留意を払う必要がある（“10 暗号”を参照）．

アプリケーションサービスを利用する組織において，次の方針，すなわち，誰がアプリケーションサービスに関する活動の遂行を許されているか，各従業員が認可されている行為は何か，及びどの管理策がそのような活動を守り，かつ，監視するために存在しているかを記述していることが重要である．

(2)　旧規格からの変更点

本管理策は，旧規格の10.9.1（電子商取引）を継承している．主な変更点は，管理策の名称を“電子商取引”（electronic commerce）から“公衆ネットワーク上のアプリケーションサービスのセキュリティの考慮”（securing application services on public networks）に変更している．管理策，実施の手引及び関連情報の記述において“電子商取引”を“アプリケーションサービス”に変更している．これ以外はほぼ同じ内容となっている．

14.1.3　アプリケーションサービスのトランザクションの保護

管理策

アプリケーションサービスのトランザクションに含まれる情報は，次の事項を未然に防止するために，保護することが望ましい．

— 不完全な通信
— 誤った通信経路設定
— 認可されていないメッセージの変更
— 認可されていない開示
— 認可されていないメッセージの複製又は再生

実施の手引

アプリケーションサービスのトランザクションのための情報セキュリティには，次の事項を考慮することが望ましい．

a)　トランザクションに関わる各当事者による電子署名の利用
b)　トランザクションの種々の面における，次の事項の確実化
　1)　全ての当事者の秘密認証情報は，有効であり，かつ，検証を経ている．
　2)　トランザクションが秘密に保たれている．
　3)　全ての当事者に関係するプライバシーを守っている．
c)　関わる全ての当事者間の通信経路の暗号化
d)　関わる全ての当事者間で使われる通信プロトコルのセキュリティの確保
e)　トランザクションの詳細情報を，公開している環境の外（例えば，組織のイントラネット内に設置しているデータ保存環境）で保管すること，及びインターネットから直接アクセス可能な記憶媒体上にそれらを保持して危険にさらさないことの確実化
f)　信頼できる専門機関を利用（例えば，ディジタル署名又はディジタル証明書の発行・維持の目的での利用）する場合，エンド ツー エンドの証明書及び／又は署名管理プロセスを通じたセキュリティの統合及び組込み

関連情報

> 採用する管理策の程度は，アプリケーションサービスのトランザクションのそれぞれの形態に関係したリスクのレベルに相応している必要がある．
> トランザクションは，そのトランザクションの発生地，処理経由地，完了地又は保管地の法域における，法的及び規制の要求事項を順守する必要のある場合がある．

（1）　概　要

組織がアプリケーションサービスのトランザクションを使用する際，そのトランザクションにかかわるリスクからの保護のための管理策が設定されることが重要である．関連するリスクは，この管理策の記述にあげられている．組織は，リスクアセスメントにより，アプリケーションサービスのトランザクションにかかわる情報に必要な保護のレベルを特定することが必要である．現規格の“14.1.3 アプリケーションサービスのトランザクションの保護”は，組織の関心の程度によって，アプリケーションサービスのトランザクションのために考慮されうる，管理策とその実施について述べている．

先述の“14.1.2 公衆ネットワーク上のアプリケーションサービスのセキュリティの考慮”の管理策で述べられているように，暗号関連の管理策（機密性に対する暗号並びに完全性及び真正性に対するディジタル署名，“10.1 暗号による管理策”を参照）が，求められるレベルの保護を実現する手段となる．トランザクションが実施される法的管轄区域において適用される法律及び規制のすべてに関するコンプライアンスについて，特別な考慮を払うことが望まれる．

（2）　旧規格からの変更点

本管理策は，旧規格の 10.9.2［オンライン取引（On-line transaction)］を継承している．主な変更点は，管理策の名称を“オンライン取引”(on-line transactions）から“アプリケーションサービスのトランザクションの保護”(protecting application services transactions）へ変更し，管理策，実施の手引及び関連情報の記述において“オンライン取引”の引用箇所を“アプリケーションサービスのトランザクション”に変更している点である．それ以外はほぼ同じ内容となっている．

14.2 開発及びサポートプロセスにおけるセキュリティ

> **14.2 開発及びサポートプロセスにおけるセキュリティ**
>
> **目的** 情報システムの開発サイクルの中で情報セキュリティを設計し，実施することを確実にするため.

(1) 概 要

本カテゴリでは，情報システムの開発のライフサイクルにおいて，情報セキュリティを設計し（design），実施する（implement）こと，すなわち，十分なセキュリティをシステムにつくり込み，維持するための指針を示している. 開発にあたっては，通常，プロジェクトを結成し，そのシステム開発の推進を管理することが行われる. さらに，情報システムの構成などの変更が必要になった場合は，その変更内容を十分に確認（レビュー）することにより，情報システムへのリスクを最小限にし，情報セキュリティが確保されるように細心の注意を払う必要がある.

(2) 旧規格からの変更点

本カテゴリ及び目的は，旧規格の 12.5（開発及びサポートプロセスにおけるセキュリティ）を継承している. 旧規格の箇条 12（情報システムの取得，開発及び保守）の中で，その 12.5（開発及びサポートプロセスにおけるセキュリティ）は組織が“業務用ソフトウェアシステムのソフトウェア及び情報のセキュリティを維持するため”［12.5（目的)］の指針であったことから，改正にあたって，これを“情報システムの開発サイクルの中で情報セキュリティを設計し，実施することを確実にするため”の指針に見直し，箇条 12 を継承した本箇条の中に含めることになった.

情報システム開発のライフサイクルに対応した一連の管理策を整備するため，旧規格の 12.5 の五つの管理策に加え，次の四つの管理策が追加された. その結果，本カテゴリは九つの管理策で構成される.

14.2.1 セキュリティに配慮した開発のための方針

14.2.5 セキュリティに配慮した構築の原則

14.2.6　セキュリティに配慮した開発環境

14.2.8　システムセキュリティの試験

現規格と旧規格のカテゴリと管理策を新旧対応表ISO/IEC TR 27023では表3.14.2のとおりに対応付けている．

表3.14.2　現規格と旧規格のカテゴリと管理策の新旧対応表

現規格	旧規格
14.2　開発及びサポートプロセスにおけるセキュリティ	12.5　開発及びサポートプロセスにおけるセキュリティ
14.2.1　セキュリティに配慮した開発のための方針	—
14.2.2　システムの変更管理手順	12.5.1　変更管理手順
14.2.3 オペレーティングプラットフォーム変更後のアプリケーションの技術的レビュー	12.5.2　オペレーティングシステム変更後の業務用ソフトウェアの技術的レビュー
14.2.4　パッケージソフトウェアの変更に対する制限	12.5.3　パッケージソフトウェアの変更に対する制限
14.2.5　セキュリティに配慮したシステム構築の原則	—
14.2.6　セキュリティに配慮した開発環境	—
14.2.7　外部委託による開発	12.5.5　外部委託によるソフトウェア開発
14.2.8　システムセキュリティの試験	—
14.2.9　システムの受入れ試験	10.3.2　システムの受入れ
—	12.2.1　入力データの妥当性確認 12.2.2　内部処理の管理 12.2.3　メッセージの完全性 12.2.4　出力データの妥当性確認

14.2.1　セキュリティに配慮した開発のための方針

管理策

ソフトウェア及びシステムの開発のための規則は，組織内において確立し，開発に対して適用することが望ましい．

実施の手引

セキュリティに配慮したサービス，アーキテクチャ，ソフトウェア及びシステムを構築するには，セキュリティに配慮した開発が必要となる．セキュリティに配慮した開発のための方針には，次の側面を考慮することが望ましい．

a)　開発環境のセキュリティ

b)　ソフトウェア開発のライフサイクルにおける，次に関わるセキュリティに関する手引

　1)　ソフトウェア開発の方法論におけるセキュリティ

　2)　用いる各プログラミング言語について定めた，セキュリティに配慮したコーディングに関する指針

c)　設計段階におけるセキュリティ要求事項

d)　プロジェクトの開発の節目ごとにおけるセキュリティの確認項目

e)　セキュリティが保たれたリポジトリ

f)　版の管理におけるセキュリティ

g)　アプリケーションのセキュリティに関して必要な知識

h)　ぜい弱性を回避，発見及び修正するに当たっての開発者の能力

開発に適用される標準類が知られていない可能性がある場合，又は現行の最適な慣行に整合していなかった場合には，新規開発する場合及びコードを再利用する場合の両方に，セキュアプログラミング技術を用いることが望ましい．セキュリティに配慮したコーディングに関する標準類を考慮し，該当する場合には，その使用を義務付けることが望ましい．開発者は，これらの標準類の使用及び試験について訓練を受けることが望ましく，また，コードレビューによって標準類の使用を検証することが望ましい．

開発を外部委託した場合，組織は，その外部関係者がセキュリティに配慮した開発のための規則を順守していることの保証を得ることが望ましい（**14.2.7** 参照）．

関連情報

開発は，オフィスのアプリケーション，スクリプト記述，ブラウザ，データベースなどの，アプリケーションにおいて行われることもある．

(1)　概　要

“14.2.1 セキュリティに配慮した開発のための方針”の表題では“secure”を“セキュリティに配慮した”と訳しているが，英文原文では“secure XXX”［XXX：ここでは development（開発）］となっており，セキュリティを組み込んだ XXX という意味であると考えられる．

また“ソフトウェア及びシステムの開発のための規則”とは“Rules for the development of software and systems”の訳であり，この“the development”とは，表題の中の“セキュアな開発”(secure development)を指している．

すなわち，この管理策はソフトウェア及びシステムのセキュアな開発（情報セキュリティを作り込む）のための規則（方針）を確立し，組織内の開発に適用すること，及びそのための手引を示している．

“セキュアなサービス，アーキテクチャ，ソフトウェア及びシステム”（a secure service, architecture, software and system）を構築するには，そのための開発の方針が必要となる．この方針において考慮すべき項目があげられている．

例えば，開発で使用するプログラミング言語ごとに，そのセキュアコーディングの指針を示すこと，また試験とコードレビューによって，指針を含めた標準類の使用を検証することも含まれる．

(2)　旧規格からの変更点

本管理策は現規格で新たに設けられたものである．

14.2.2　システムの変更管理手順

管理策

開発のライフサイクルにおけるシステムの変更は，正式な変更管理手順を用いて管理することが望ましい．

実施の手引

初期設計段階からその後の全ての保守業務に至るまで，システム，アプリケーション及び製品の完全性を確実にするため，正式な変更管理手順を文書化し，実施することが望ましい．新しいシステムの導入及び既存システムに対する重要な変更は，文書化，仕様化，試験，品質管理及び管理された実装からなる正式な手続に従うことが望ましい．

この手続には，リスクアセスメント，変更の影響分析及び必要なセキュリティ管理策の仕様化を含むことが望ましい．この手続は，既存のセキュリティ及び管理手順が損なわれないこと，サポートプログラマによるシステムへのアクセスはその作業に必要な部分に限定されること，並びにいかなる変更に対しても正式な合意及び承認が得られていることを確実にすることが望ましい．

実施可能な場合には，アプリケーション及びその運用に関する変更管理手順を統合することが望ましい（**12.1.2** 参照）．変更管理手順には，次の事項が含まれることが望ましいが，これらに限らない．

a)　合意された認可レベルの記録を維持する．

b)　変更は，認可されている利用者によって提出されることを確実にする．

c)　変更によって管理策及び完全性に関する手順が損なわれないことを確実にするために，管理策及び手順をレビューする．

d)　修正を必要とする全てのソフトウェア，情報，データベース及びハードウェアを特定する．

e)　セキュリティ上の既知の弱点を最少化するために，セキュリティが特に重要とされるコードを特定し，これを点検する．

f)　作業を開始する前に，提案の詳細について正式な承認を得る．

g)　変更を実施する前に，認可されている利用者がその変更を受け入れることを確実にする．

h)　システムに関する一式の文書が各変更の完了時点で更新されること，及び古い文書類は記録・保管されるか又は処分されることを確実にする．

i)　全てのソフトウェアの更新について，版数の管理を維持する．

j)　全ての変更要求の監査証跡を維持・管理する．

k)　操作手順書などの運用文書類（**12.1.1** 参照）及び利用者手順が，適切な状態であるように，必要に応じて変更することを確実にする．

l)　変更の実施は最も適切な時期に行い，関係する業務処理を妨げないことを確実にする．

関連情報

ソフトウェアの変更が運用環境に，また運用環境がソフトウェアの変更に影響を与える可能性がある．

運用環境及び開発環境から分離された環境で新しいソフトウェアを試験することは，良い慣行である（**12.1.4** 参照）．これは，新しいソフトウェアを管理し，試験目的のために用いられている運用情報に追加の保護を与える手段を提供する．これは，パッチ，サービスパック及びその他の更新を含んでいることが望ましい．自動的な更新を考慮する場合は，システムの完全性及び可用性に対するリスクと，更新を迅速化することの利点とを，比較・検討することが望ましい．更新によっては，重要なアプリケーションの障害を起こす可能性があるので，自動的な更新は，重要なシステムでは用いないことが望ましい．

(1)　概　要

システムは，その取得又は開発のライフサイクルにわたって，変更に対してぜい弱である．認可された変更でも，情報セキュリティを損なう影響をもたらすことがありうる．設計の早い段階からはじめて，その後の保守業務までにおいて，リスクとして，情報の完全性の喪失，アプリケーションの可用性の喪失，及び秘密情報の漏えいがある．したがって，情報システムの変更は，すべて，よく定義された手順に則り，かつ，適切な認可が実施された後にのみ，行われるべきである．

すべての変更に関して，正式な管理と調整が実施されること，それが開発のすべての段階，すなわち，要求事項，設計，コード作成及び試験における各変更について，並びにその運用，保守における変更について，業務上及び技術上の確認に基づく認可のうえで実施されることが望まれる．変更は，適切な試験とレビューの実施とあわせて計画して準備すること，また，アプリケーションと運用変更管理手順は，できる限り統合して連係させることが求められる．セキュリティ上重要なプログラムコードを特定して点検することで，既知のセキュリティ弱点の起こりやすさを最小にすることが可能である．取扱いに注意を要するアプリケーションの変更は，第二者によるチェックを行うことが好ましい．また，変更を実運用に適用するために行う試験を終了させるかどうかの判断と承認は，業務側の権限で行うことが望まれる．現規格の管理策 14.2.2 は，これら適用すべき変更管理手順に関する詳細な情報を提供している．

また，新しいソフトウェアの動作検証は，実稼動の情報システムとは別に構築する，試験環境において実施することが推奨されている．このような試験環境を用いて，変更を実施する前に，その変更による影響度などの評価を十分に実施すること，なお，この試験環境の構築においては，実稼働の情報システムと同一の動作環境に設定することが望まれる．

例えば，使用するデータベース管理システムの製品，バージョン，設定パラメータを同一化し，システム動作環境であるメモリ容量やライブラリ種別などもあわせておくことなどがある．

(2)　旧規格からの変更点

本管理策は，旧規格の 12.5.1（変更管理手順）を継承し，ほぼ同様の内容であるが，次の点で見直しがされている．

① 管理策の表題が“変更管理手順”から“システムの変更管理手順”とされ，情報システムへの変更管理に関するものであることが明示された．管理策の記述にも“開発のライフサイクルにおける，システムの変更”と記

述された.

② 実施の手引において，旧規格の 12.5.1 の“情報システムに対する破壊の危険性を最小限に抑えるために”という表現が“設計の早い段階から，以降その後のすべての保守業務に至るまで，システム，アプリケーション及び製品の完全性を確実にするため”と変更された.

③ 実施の手引において，変更管理手順に含まれることが望ましい事項に“セキュリティ上重要とされるプログラムコード”への言及が追加された.

④ 関連情報において，自動的な更新を考慮する場合の記述に“システムの完全性及び可用性に対するリスク”への言及が追加された.

14.2.3　オペレーティングプラットフォーム変更後のアプリケーションの技術的レビュー

管理策

オペレーティングプラットフォームを変更するときは，組織の運用又はセキュリティに悪影響がないことを確実にするために，重要なアプリケーションをレビューし，試験することが望ましい.

実施の手引

この手続には，次の事項を含むことが望ましい.

a) オペレーティングプラットフォームの変更によって，アプリケーションの機能及び処理の完全性が損なわれていないことを確実にするために，これらに関係する手続きをレビューする.

b) 実施前に適切な試験及びレビューを行っても間に合うように，オペレーティングプラットフォームの変更を通知することを確実にする.

c) 事業継続計画（箇条 **17** 参照）に対して，適切な変更がなされることを確実にする.

関連情報

オペレーティングプラットフォームには，オペレーティングシステム，データベース及びミドルウェアプラットフォームも含む. 管理策は，アプリケーションの変更にも適用することが望ましい.

(1)　概　要

本管理策は，オペレーティングプラットフォーム（“14.2.3 オペレーティングプラットフォーム変更後のアプリケーションの技術的レビュー”の“関連情報”参照）の変更は組織の管理下に置くべきである（“14.2.2 システムの変更管理手順”を参照）こと，セキュリティ一般及びアプリケーションに関して，オペレーティングプラットフォーム変更の影響を評価すべきであることを提示している.

新しいオペレーティングプラットフォームを導入したならば，アプリケーションをレビューすること，システム全体について適切な試験を行い，システムの中断につながるぜい弱性のないことを確実にしておくことが望まれる．システムの中断は，そのサービスの可用性の喪失，情報の完全性の喪失及び漏えいを導くものである．したがって，組織は，オペレーティングプラットフォームへの変更後に，そのいずれの変更についても，アプリケーションの機能及び処理の完全性をレビューするための手順を実装すべきであるとされている．また，この手順には，変更により生ずる可能性あるぜい弱性（“12.6 技術的ぜい弱性管理” を参照）をすべて特定することと，そのぜい弱性に対する適切な対応処置を含むことが望ましい.

(2)　旧規格からの変更点

本管理策は，旧規格の 12.5.2（オペレーティングシステム変更後の業務用ソフトウェアの技術的レビュー）を継承しているが，次の点で見直し及び変更がされている.

① 管理策の表題が“オペレーティングシステム変更後の…”から“オペレーティングプラットフォーム変更後の…”と変更され，オペレーティングシステムを含む，より広い情報システムの基盤（プラットフォーム）への変更に関するものであることが明示された．管理策の記述も“オペレーティングシステム”が“オペレーティングプラットフォーム”に変更された.

② 旧規格の 12.5.2 b)（変更の結果として必要となるレビュー及びシステム試験を含める，年間サポート計画及び予算）が削除された.

③ 旧規格の 12.5.2 の最後の段落にある“ぜい弱性の監視責任，パッチなどの公開監視責任”が削除された．12.5.2 d)にある“事業継続計画への変更”への言及は，現規格の 14.2.3 c)に継承されている.

④ 関連情報にオペレーティングプラットフォームの説明が記述された.

14.2.4　パッケージソフトウェアの変更に対する制限

管理策

パッケージソフトウェアの変更は，抑止し，必要な変更だけに限ることが望ましい．また，全ての変更は，厳重に管理することが望ましい．

実施の手引

可能な限り，そして実行可能な場合には，業者が供給するパッケージソフトウェアは，変更しないで用いることが望ましい．パッケージソフトウェアの変更が必要な場合は，次の事項を考慮するのが望ましい．

a)　組み込まれている機能及び処理の完全性が損なわれるリスク
b)　業者の同意の取得
c)　標準的なプログラム更新として，業者から必要とする変更が得られる可能性
d)　変更の結果として，将来のソフトウェアの保守に対して，組織が責任を負うようになるかどうかの影響
e)　用いている他のソフトウェアとの互換性

変更が必要な場合，原本のソフトウェアは保管し，指定された複製に対して変更を適用することが望ましい．全ての認可されたソフトウェアに対して最新の承認したパッチ及びアプリケーションの更新を導入していることを確実にするために，ソフトウェアの更新管理手続を実施することが望ましい（**12.6.1** 参照）．将来のソフトウェア更新において，必要な場合には，再び適用できるように，全ての変更は，十分に試験し，文書化することが望ましい．必要な場合には，変更は，独立した評価機関による試験を受け，正当性を証明してもらうことが望ましい．

(1)　概　要

本管理策は，パッケージソフトウェアとして提供されるソフトウェア製品に関する変更について述べている．

一般にソフトウェアは極めて複雑であり，これを開発した組織以外の組織で変更を加えて利用することは，情報セキュリティについて相当のリスクが伴う．変更によってそのソフトウェア及びそれを含むシステムにぜい弱性が生じ，扱う情報の機密性，完全性及び可用性の喪失に至る可能性がある．

したがって，業者が供給するパッケージソフトウェアへの変更は，この変更に対する強いビジネス上の要求事項が存在しない限り行うべきではない．変更が必須と思われる場合は，リスクアセスメントによりそのリスクを詳らかに

し，それを補填する管理策を選択することが望まれる．この変更は，組織の適切なレベルで認可し，所定の変更管理手順を適用することが求められる．変更を行う場合は，もとのソフトウェアを保存すること，及びすべての変更を完全に文書化しておくことが必要である．パッケージソフトウェアに対する変更を行う決定に際しては，変更を加えることによってベンダーによるサポートが行われなくなり，このソフトウェアの保守に組織が全面的に責任を負うようになる可能性を考慮すべきである．

（2）　旧規格からの変更点

本管理策は，旧規格の12.5.3（パッケージソフトウェアの変更に対する制限）と一部異なる記述となっているが，内容はほとんど同等である．14.2.4に“e)用いている他のソフトウェアとの互換性”がパッケージソフトウェアを変更する場合の考慮事項として追加された．

14.2.5　セキュリティに配慮したシステム構築の原則

管理策

セキュリティに配慮したシステムを構築するための原則を確立し，文書化し，維持し，全ての情報システムの実装に対して適用することが望ましい．

実施の手引

セキュリティに配慮したシステム構築の原則に基づき，情報システムの構築手順を確立し，文書化し，組織の情報システム構築活動に適用することが望ましい．セキュリティは，情報セキュリティの必要性とアクセス性の必要性との均衡を保ちながら，全てのアーキテクチャ層（業務，データ，アプリケーション及び技術）において設計することが望ましい．新技術は，セキュリティ上のリスクについて分析し，その設計を既知の攻撃パターンに照らしてレビューすることが望ましい．

これらの原則及び確立した構築手順は，構築プロセスにおけるセキュリティレベルの向上に有効に寄与していることを確実にするために，定期的にレビューすることが望ましい．また，これらの原則及び手順が，新規の潜在的な脅威に対抗するという点で最新であり続けていること，及び適用される技術及びソリューションの進展に適用可能であり続けていることを確実にするために，定期的にレビューすることが望ましい．

確立された設計のセキュリティに関するこの原則は，該当する場合には，組織と組織が外部委託した供給者との間の，契約及び拘束力をもつその他の合意を通じて，外部委託した情報システムにも適用することが望ましい．組織は，供給者の設計のセキュリティに関する原則が，自身の原則と同様に厳密なものであることを確認することが望ましい．

関連情報

アプリケーションの開発手順では，入出力インターフェースをもつアプリケーションの開発に対し，セキュリティに配慮した構築技術（セキュアプログラミングなど）を適用することが望ましい．セキュリティに配慮した構築技術は，利用者認証技術，セキュリティを保ったセッション管理及びデータの妥当性確認，並びにデバッグコードのサニタイジング及び削除に関する手引となる．

(1)　概　要

“14.2.5 セキュリティに配慮したシステム構築の原則”では“secure system engineering principles”を“セキュリティに配慮したシステム構築の原則”と訳されているが“engineering”という英文原文によれば“セキュアシステムの設計製作（技術）の原則”という意味がある．すなわち，本管理策はセキュアシステムのエンジニアリング（設計製作）の原則を確立し，文書化し，維持し，組織内の情報システムの実装に適用することが示されている．

関連情報ではアプリケーション開発に言及している．アプリケーション開発手順では，入出力インターフェースをもつアプリケーションの開発に対してセキュアエンジニアリングの技法を適用すること，そのセキュアエンジニアリング技法は利用者の認証技術（user authentication techniques），セキュアセッション管理及びデータの妥当性確認，並びにデバッグコードの無害化(sanitisation）及び削除に関する手引となることが記述されている．

(2)　旧規格からの変更点

本管理策は現規格で新たに設けられたものである．

14.2.6　セキュリティに配慮した開発環境

管理策

組織は，全てのシステム開発ライフサイクルを含む，システムの開発及び統合の取組みのためのセキュリティに配慮した開発環境を確立し，適切に保護することが望ましい．

実施の手引

セキュリティに配慮した開発環境には，システムの開発及び統合に関連する要員，プロセス及び技術も含む．

組織は，個々のシステム開発業務に伴うリスクを評価し，特定のシステム開発業務については，次の事項を考慮して，セキュリティに配慮した開発環境を確立することが望ましい．

a）システムによって処理，保管及び伝送されるデータの取扱いに慎重を要する度合い
b）適用される外部及び内部の要求事項．例えば，規制又は方針によるもの．
c）組織によって既に実施されており，システム開発を支えるようなセキュリティ管理策
d）その環境で作業する要員の信頼性（**7.1.1** 参照）
e）システム開発に関連した外部委託の程度
f）異なる開発環境の分離の必要性
g）開発環境へのアクセスの制御
h）開発環境の変更及びそこに保管されたコードに対する変更の監視
i）セキュリティに配慮した遠隔地でのバックアップの保管
j）開発環境からの，及び開発環境への，データの移動の管理

特定の開発環境の保護レベルを決定した後，組織は，セキュリティに配慮した開発手順の中の該当するプロセスを文書化し，必要とする全ての要員にこれらを提供することが望ましい．

（1）概　要

“14.2.6 セキュリティに配慮した開発環境”では“secure development environment”を“セキュリティに配慮した開発環境”と訳されているが，英文原文によれば，開発環境の仕組みの基盤からセキュリティを組み込んだものという意味がある．すなわち，この管理策は，組織がセキュアな開発環境を確立し，適切に保護すべきこと，その実施の手引及びそれを実施するために考慮すべき事項を示す．これは，システム開発ライフサイクル全体を対象とする，システム開発及びシステムインテグレーションの業務のためのものである．

セキュアな開発環境には，システム開発及びシステムインテグレーションに関る要員，プロセス及び技術が含まれる．

個々のシステム開発業務に伴うリスクを評価し，そのシステム開発業務ごとに，セキュアな開発環境を確立するために考慮すべき事項があげられている．本実施の手引の事項には“開発環境及びそこに保管されたコードに対する変更の監視”［h)］及び“開発実施の事業所の外にあるセキュアな場所［i)］（secure offsite locations は現規格では“セキュリティに配慮した遠隔地”と

意訳されている.）でのバックアップの保管なども含まれる.

開発環境ごとにその保護レベルが決定されたならば，セキュア開発手順（secure development procedure）の中の，そのレベルに対応するプロセスが文書化され，必要とする要員すべてに提供されることが望まれる.

(2)　旧規格からの変更点

本管理策は現規格で新たに設けられたものである.

14.2.7　外部委託による開発

管理策

組織は，外部委託したシステム開発活動を監督し，監視することが望ましい.

実施の手引

システム開発を外部委託する場合には，組織の外部のサプライチェーン全体にわたり，次の事項を考慮することが望ましい.

a)　外部委託した内容に関連する使用許諾に関する取決め，コードの所有権及び知的財産権（**18.1.2** 参照）

b)　セキュリティに配慮した設計，コーディング及び試験の実施についての契約要求事項（**14.2.1** 参照）

c)　外部の開発者への，承認済みの脅威モデルの提供

d)　成果物の質及び正確さに関する受入れ試験

e)　セキュリティ及びプライバシーについて，容認可能な最低限のレベルを定めるためにセキュリティしきい（閾）値を用いていることを示す証拠の提出

f)　引渡しに当たって，悪意のある内容（意図的なもの及び意図しないもの）が含まれないよう，十分な試験が実施されていることを示す証拠の提出

g)　既知のぜい弱性が含まれないよう，十分な試験が実施されていることを示す証拠の提出

h)　預託契約に関する取決め．例えば，ソースコードが利用できなくなった場合

i)　開発のプロセス及び管理策を監査するための契約上の権利

j)　成果物の作成に用いたビルド環境の有効な文書化

k)　適用される法令の順守及び管理の効率の検証については，組織が責任を負うこと

関連情報

供給者関係についての詳細は，**ISO/IEC 27036** 規格群[21]～[23]に示されている.

(1)　概　要

システム開発の外部委託は，その開発プロセスにおいて，組織の管理が欠如した場合にもたらされる，いくつかのリスクがある．このリスクには，その成

果である納入品（deliverables）の品質・セキュリティの欠如とともに，その納入品に組み込まれた隠れチャネルやトロイの木馬のような好ましくないコードもある．

合意された契約事項とその履行によって，期限どおりの成果物の納入，並びに納入品の品質・精度及び機能の信頼性の十分な確保がなされることで，このリスクからの保護が図られる．

現規格の管理策“14.2.7 外部委託による開発”は外部委託によるシステム開発の活動に関する詳細な情報を提供する．その活動は組織の外部のサプライチェーン全体にわたるものである．また，供給者関係（supplier relationships）については，現規格の“15 供給者関係”に詳しい．

（2）　旧規格からの変更点

本管理策は，旧規格の 12.5.5（外部委託によるソフトウェア開発）が継承されている．改正にあたって大幅な見直しが行われた．主要な変更点は次のとおりである．

① 管理策の表題が“外部委託によるソフトウェア開発”から“外部委託による開発”と変更され，ソフトウェアを含む，より広いシステム開発を対象とする外部委託に関するものに管理策の内容が変更された．

② 組織の外部のサプライチェーン全体を通した観点が導入された．

③ システム開発を外部委託するにあたり考慮すべき事項が 14.2.7 の c)，e)，g)，j)，k)の追加を含めて充実したものとなった．

④ 供給者関係についての詳細を示すものとして，ISO/IEC 27036 規格群の参照が加えられた．

14.2.8　システムセキュリティの試験

管理策

セキュリティ機能（functionality）の試験は，開発期間中に実施することが望ましい．

実施の手引

新規の及び更新したシステムでは，一連の条件の下での試験活動，試験への入力及び予想される出力について，詳細な計画を作成することを含め，開発プロセスにおいて綿密な試験及び検証が必要となる．組織内で開発するものについては，この試験は，最初に開発チームが実施することが望ましい．その次に，システムが期待どおりに，かつ，期待した形でだけ動作することを確実にするために，組織内で開発するもの及び外部委託したものの両方について，独立した受入れ試験を実施することが望ましい（**14.1.1** 及び **14.2.9** 参照）．試験の程度は，そのシステムの重要性及び性質に見合ったものであることが望ましい．

（1）　概　要

本管理策は，システム開発の間に実施する，セキュリティ機能（functionality）の試験について提示している．

新規及び更新したシステムは，開発プロセスにおいて徹底した試験の実施及び検証が必要である．これには，この活動の詳細な計画，並びに一連の条件の下での試験への入力及び予想される出力を作成することが含められる．

組織内で開発するものについて，最初に開発チームが実施する試験，その次に組織内で開発するもの及び外部委託したものの両方について，開発体制から独立して行われる受入れ試験が言及されている．

（2）　旧規格からの変更点

本管理策は現規格で新たに設けられたものである．

14.2.9　システムの受入れ試験

管理策

新しい情報システム，及びその改訂版・更新版のために，受入れ試験のプログラム及び関連する基準を確立することが望ましい．

実施の手引

システムの受入れ試験は，情報セキュリティ要求事項の試験（**14.1.1** 及び **14.1.2** 参照）及びセキュリティに配慮したシステム開発の慣行（**14.2.1** 参照）の順守を含むことが望ましい．受け入れた構成部品及び統合されたシステムに対しても，試験を実施することが望ましい．組織は，コード分析ツール又はぜい弱性スキャナのような自動化ツールを利用することができるが，セキュリティに関連する欠陥を修正した場合は，この修正を検証することが望ましい．

試験は，システムが組織の環境にぜい弱性をもたらさないこと及び試験が信頼できるものであることを確実にするために，現実に即した試験環境で実施することが望ましい．

(1)　概　要

現規格の管理策“14.2.9 システムの受入れ試験”では，新しい情報システムを導入する場合や，既存の情報システムを改訂・更新する場合に，それらを受け入れる際に行う試験について，考慮すべきことを述べている．

新しいシステムの導入は，これまでに把握されていなかったリスクを持ち込む可能性がある．システムの受入れ基準を確立すること，この基準を点検すること，及びリスク管理を確実にするために新しいシステムの導入前に試験を実施することが重要である．サブシステム及びデバイスの新規導入，並びにシステム変更に際しても，この管理策が適用可能である．

特に，運用サービスへの受入れ前に，既存のシステムへの好ましくない影響をすべて特定し管理下に置くべきである．特に重要なのは，通信ネットワークに接続する新しい設備がセキュアであることを接続に先立って確実にしておくことである．受入れ試験のすべてのレベルを文書化し，試験の終了は適切なマネジメントレベルでの承認によるべきである．

システムのユーザは業務としてシステム運用を正確に行う必要があるという観点で，受入れ試験に対するユーザの関与は重要である．適切な試験を実施し，すべての受入れ試験の基準が満たされることを確認すべきである．

(2)　旧規格からの変更点

現規格の管理策 14.2.9 は，旧規格の 10.3.2（システムの受入れ）を継承している．改正にあたって見直しが行われ“システムの受入れ試験”の表題を含めて試験を明示するように変更された．

管理策に“受入れ試験プログラム”という用語が導入され，実施の手引及び関連情報は受入れ試験に焦点を絞った内容に変更された．

14.3　試験データ

14.3　試験データ

目的　試験に用いるデータの保護を確実にするため．

(1) 概 要

本カテゴリ及び目的は情報システムの試験に用いるデータの保護に関するものである．情報システムの試験には，システムセキュリティの試験（“14.2.8 システムセキュリティの試験”を参照）及びシステムの受入れ試験（“14.2.9 システムの受入れ試験”を参照）を含む．

(2) 旧規格からの変更点

本カテゴリ及び目的については，現規格で新たに設けられたものであり，一つの管理策で構成されている．本管理策“14.3.1 試験データの保護”は旧規格の 12.4.2（システム試験データの保護）を継承している．現規格と旧規格のカテゴリと管理策を新旧対応表 ISO/IEC TR 27023 では表 3.14.3 のとおりに対応付けている．

表 3.14.3 現規格と旧規格のカテゴリと管理策の新旧対応表

現規格	旧規格
14.3 試験データ	—
14.3.1 試験データの保護	12.4.2 システム試験データの保護

14.3.1 試験データの保護

管理策

試験データは，注意深く選定し，保護し，管理することが望ましい．

実施の手引

PII 又はその他の秘密情報を含んだ運用データは，試験目的に用いないことが望ましい．PII 又はその他の秘密情報を試験目的で用いる場合には，取扱いに慎重を要する詳細な記述及び内容の全てを，消去又は改変することによって保護することが望ましい（**ISO/IEC 29101**[26]参照）．

運用データを試験目的で用いる場合は，その保護のために，次の事項を適用することが望ましい．

a) 運用アプリケーションシステムに適用されるアクセス制御手順は，試験アプリケーションシステムにも適用する．

b) 運用情報を試験環境にコピーする場合は，その都度認可を受ける．

c) 運用情報は，試験が完了した後直ちに試験環境から消去する．

d) 運用情報の複製及び利用は，監査証跡とするためにログをとる．

関連情報
システム及び受入れの試験には，通常，できるだけ運用データに近い，十分な量の試験データが必要である．

(1)　概　要

情報システムの試験に用いるデータの保護に関する管理策を提示している．

試験データは，通常実データは使わないが，実際の運用データ又はPII (Personally Identifiable Information：個人を特定できる情報）を除いた運用データを使用せざるを得ない場合もありうる．

例えば，システム検収の総合試験フェーズにおいて，そのシステムが運用に十分に供することができるか否かの確認試験を実施する．その際，十分な量の運用データが試験データとして必要となる．そのシステムが課金システムであれば，課金処理を実施するトランザクションデータが必要となり，そのシステムの想定負荷が1秒当たり500トランザクションであれば，それに相当するような試験データを用意する必要がある．

このようなシステム試験において，使用する試験データは，実データを極力使用しないようにすることが望ましいが，その使用が避けられない場合には，少なくとも，実際の運用データを保護するのと同程度に管理と保護を行うことが必要である．

そのデータの使用はリスクアセスメントで把握され，テスト計画にて，より高度のセキュリティ要求事項として規定することが求められる．使用の都度，その使用に関する認可を実施すべきであり，適切なレベルのアクセス制御（実際のシステム運用に適用されているものと同じであることが望ましい）が設定されるべきである．

試験が終了してデータが必要なくなったならば，直ちに試験システムから安全に消去することが望ましい．

(2)　旧規格からの変更点

本管理策は旧規格の12.4.2（システム試験データの保護）を継承している．規格の改正にあたり，システム試験に限定せず，情報システムの試験全般に適用するように表題が“試験データの保護”へ変更され，かつ，次のような記述の見直しが行われた.

① “個人情報”（personal information）が“個人を特定できる情報”（personally identifiable information）に変更され，ISO/IEC 29101 の参照が追加された.

② “取扱いに慎重を要する情報”（sensitive information）が“秘密情報”（confidential information）に変更された.

③ “試験アプリケーションシステム”（a test application system）が“試験環境”（a test environment）に変更された.

15　供給者関係

(1)　概　要

現規格のISO/IEC 27002:2013で新設した本箇条では，供給者関係（supplier relationships）における情報セキュリティの管理目的及び管理策を定めている．本箇条以外の多くの管理策は，自ら保有又は管理している情報について直接に情報セキュリティを確保するためのものであり，管理策はその組織が自らのプロセスとして実施する．例えば“5.1.1 情報セキュリティのための方針群”“8.2.1 情報の分類”及び“9.2.1 利用者登録及び登録削除”の管理策はいずれもその組織で実施する．これに対して，組織が外部の製品又はサービスを調達して利用する場合には，外部の供給者が組織の情報及びその他の資産へアクセスしたり，これを管理したりすることがある．そのため，組織の管理策が直接には情報及びその他の資産への供給者によるアクセスに及ばず，組織は，供給者による管理策の実施を管理することによって，情報セキュリティの確保を図ることとなる．このような場面に対応する管理目的及び管理策を本箇条に集めて体系化している*1．

本箇条では，組織が調達するもの，あるいは供給者が供給するものは，製品又はサービスであるとしている．

本箇条には“15.1 供給者関係における情報セキュリティ”及び“15.2 供給者のサービス提供の管理”の二つのカテゴリがある．また，図3.15.1に示すとおり，五つの管理策がある．

---

*1 ISO/IEC 27002:2005からISO/IEC 27002:2013への改正が進められた同じ時期に，供給者関係における情報セキュリティの指針であるISO/IEC 27036 Information technology—Security techniques—Information security for supplier relationshipsの作成がISO/IEC JTC 1/SC 27において進められた．次の分冊が出版されている．

Part 1：Overview and concepts

Part 2：Requirements

Part 3：Guidelines for information and communication technology supply chain security

Part 4：Guidelines for security of cloud services

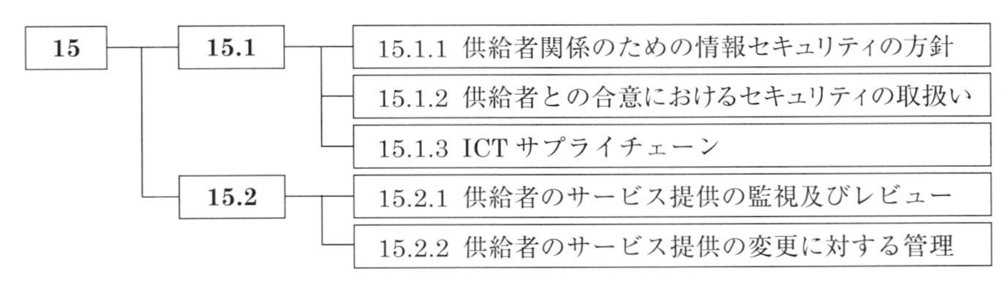

図 3.15.1　供給者関係の管理策

(2)　旧規格からの変更点

本箇条には五つの管理策がある．その中で“15.1.1 供給者関係のための情報セキュリティの方針”及び“15.1.3 ICT サプライチェーン”の二つの管理策は，改正にあたって追加されたものである．そのほかは，旧規格で他の箇条に置かれていた管理策をここへ移したものである．

15.1　供給者関係における情報セキュリティ

> **15　供給者関係**
> **15.1　供給者関係における情報セキュリティ**
>
> **目的**　供給者がアクセスできる組織の資産の保護を確実にするため．

(1)　概　要

本カテゴリでは，供給者関係に関する情報セキュリティの基礎となる組織の方針（供給者関係のための情報セキュリティの方針）及び個々の供給者関係における合意・契約に情報セキュリティに関連して含めるべき事項についての指針を示している．

(a)　供給者関係

“供給者”とは，組織に対して製品又はサービスを供給する他の組織又は個人をいう．また“供給者関係”とは，製品又はサービスの調達・供給に関する，調達者と供給者の関係をいう．

本箇条では，組織が調達者の立場にあって製品又はサービスを調達する場合について，供給者関係における情報セキュリティの指針を提示している．この箇条では調達者を常に組織と記述し，調達者という語は用いていない．

（b）　製品及びサービスの供給者関係

供給者関係には，製品の供給者関係とサービスの供給者関係の二つがある．

製品の供給者関係には，個々の製品又は少数の製品の供給を受ける場合や，継続的に部品の供給を受ける場合があり，これらの取引形態によって情報セキュリティリスクが一般に異なる．

サービスの供給者関係においては，供給されるサービスは極めて多様である．例えば，金融サービス，物流サービス，業務プロセスの委託（BPO：Business Process Outsourcing），情報処理サービス，情報システムの開発・運用，各種のコンサルティングサービス，教育サービスなどがある．情報処理又は情報システムに関する供給者関係以外であっても，このカテゴリの管理策“15.1.1 供給者関係のための情報セキュリティの方針”及び“15.1.2 供給者との合意におけるセキュリティの取扱い”が適用できることに留意する必要がある．

（c）　供給者による資産のアクセス

これらのサービスの供給を受ける場合は，保護すべき組織の情報に供給者がアクセスしたり，保護すべき組織の情報を供給者に預けてその管理下に置いたりする．業務プロセスの委託においては，その業務プロセスで扱う情報全体を供給者が取り扱うことになる．情報システムの運用においては，その情報システムで取り扱う情報を供給者による運用の下に置いたり，供給者がアクセスしたりする．このため，情報の“機密性”“完全性”及び“可用性”の維持を供給者による管理策実施に委ねることとなる．この状況における情報セキュリティリスクを想定し，情報を含む資産の保護をこのカテゴリの目的に掲げている．

（2）　旧規格からの変更点

本カテゴリ及び目的は現規格で新たに設けたものである．

本カテゴリは，二つの新しい管理策と旧規格の箇条6（情報セキュリティのための組織）から継承した一つの管理策で構成している．現規格と旧規格のカテゴリと管理策を新旧対応表ISO/IEC TR 27023では表3.15.1のとおりに対応付けている．

表 3.15.1 現規格と旧規格のカテゴリと管理策の新旧対応表

現規格	旧規格
15.1 供給者関係における情報セキュリティ	—
15.1.1 供給者関係のための情報セキュリティの方針	—
15.1.2 供給者との合意におけるセキュリティの取扱い	6.2.3 第三者との契約におけるセキュリティ
15.1.3 ICT サプライチェーン	—

15.1.1 供給者関係のための情報セキュリティの方針

管理策

組織の資産に対する供給者のアクセスに関連するリスクを軽減するための情報セキュリティ要求事項について，供給者と合意し，文書化することが望ましい．

実施の手引

組織は，供給者による組織の情報へのアクセスに具体的に対処するため，方針において情報セキュリティ管理策を特定し，これを義務付けることが望ましい．これらの管理策では，次の事項を含む，組織が実施するプロセス及び手順，並びに組織が供給者に対して実施するよう要求することが望ましいプロセス及び手順を取り扱うことが望ましい．

a) 組織が，自らの情報へのアクセスを許可する供給者の種類（例えば，IT サービス，物流サービス，金融サービス，IT 基盤の構成要素などの供給者）の特定及び文書化

b) 供給者関係を管理するための標準化されたプロセス及びライフサイクル

c) 様々な供給者に許可される情報へのアクセスの種類の定義，並びにそのアクセスの監視及び管理

d) 情報の種類及びアクセスの種類ごとの最低限の情報セキュリティ要求事項で，組織の事業上のニーズ及び要求事項並びに組織のリスクプロファイルに基づく供給者との個々の合意の基礎となるもの

e) それぞれの供給者及びアクセスに関して確立した情報セキュリティ要求事項が順守されているか否かを監視するためのプロセス及び手順．これには第三者のレビュー及び製品の妥当性確認も含まれる．

f) 各当事者が提供する情報又は情報処理の完全性を確実にするための，正確さ及び完全さの管理

g) 組織の情報を保護するために供給者に適用する義務の種類

h) 供給者によるアクセスに伴うインシデント及び不測の事態への対処．これには，組

織及び供給者の責任も含める．

i）各当事者が提供する情報又は情報処理の可用性を確実にするための，対応力に関する取決め，並びに必要な場合には，回復及び不測の事態に関する取決め

j）調達に関与する組織の要員を対象とした，適用される方針，プロセス及び手順についての意識向上訓練

k）供給者の要員とやり取りする組織の要員を対象とした，関与及び行動に関する適切な規則（これは，供給者の種類，並びに組織のシステム及び情報への供給者によるアクセスのレベルに基づく．）についての意識向上訓練

l）情報セキュリティに関する要求事項及び管理策を，両当事者が署名する合意書の中に記載する条件

m）情報，情報処理施設及び移動が必要なその他のものの移行の管理，並びにその移行期間全体にわたって情報セキュリティが維持されることの確実化

関連情報

供給者の情報セキュリティマネジメントが不十分な場合，情報がリスクにさらされることがある．供給者による情報処理施設へのアクセスを管理するための管理策を特定し，適用することが望ましい．例えば，情報の機密性について特別な必要がある場合は，守秘義務契約を用いることがある．また，他の例に，供給者との合意に法域を越えた情報の移転又は情報へのアクセスが含まれている場合の，データ保護に関するリスクがある．組織は，情報の保護に関する法律上又は契約上の責任がその組織にあることを認識しておく必要がある．

(1)　概　要

本管理策では，供給者関係における情報セキュリティリスクを軽減するための情報セキュリティ要求事項を文書化することを求めている．表題及び実施の手引から，ここで文書化された文書は“5.1.1 情報セキュリティのための方針群”の一つの個別方針であることがわかる．これを表題において“供給者関係のための情報セキュリティの方針”と呼んでいる．

どの組織であれ，多くの供給者との間で多くの供給者関係をもつが，この管理策で求める個別方針は，それらの個々の供給者関係に対して共通の前提となるものである[*2]．

[*2] 管理策にある“供給者と合意し”という記述は紛らわしく，除外して読むとよい．本管理策は，供給者との合意以前の，組織の方針に関するものである．個々の供給者関係ごとの合意は次の管理策 15.1.2 の主題である．

実施の手引では，供給者関係のための情報セキュリティの方針で取り上げるべき事項を詳細に示している．それぞれの事項について，組織の方針，規則又は基準等を定め，方針として文書化する．この方針は，後に組織が様々な機会に供給者関係を検討して導入するときに，次の事項について組織が判断して決定するための基礎となる．

① 供給者を利用することの可否

② 供給者に認める情報及び資産へのアクセスの範囲

③ 供給者に適用する情報セキュリティ要求事項又は管理策

④ 組織側で供給者を管理するプロセス

⑤ 情報セキュリティインシデント等への組織及び供給者の対処手順と責任範囲

(2) 旧規格からの変更点

本管理策は現規格で新たに設けられたものである．

15.1.2　供給者との合意におけるセキュリティの取扱い

管理策

関連する全ての情報セキュリティ要求事項を確立し，組織の情報に対して，アクセス，処理，保存若しくは通信を行う，又は組織の情報のための IT 基盤を提供する可能性のあるそれぞれの供給者と，この要求事項について合意することが望ましい．

実施の手引

関連する情報セキュリティ要求事項を満たすという両当事者の義務に関し，組織と供給者との間に誤解が生じないことを確実にするために，供給者との合意を確立し，これを文書化することが望ましい．

特定された情報セキュリティ要求事項を満たすために，合意には，次の事項を含めることを考慮することが望ましい．

a) 提供し又はアクセスされる情報の記載，及び提供方法又はアクセス方法の記載

b) 組織の分類体系に従った情報の分類（**8.2** 参照）．必要な場合，組織の分類体系と供給者の分類体系との間の対応付け．

c) 法的及び規制の要求事項（データ保護，知的財産権及び著作権に関する要求事項を含む．），並びにこれらの要求事項を満たすことを確実にする方法についての記載

d) 契約の各当事者に対する，合意した一連の管理策（アクセス制御，パフォーマンスのレビュー，監視，報告及び監査を含む．）の実施の義務

e) 情報の許容可能な利用に関する規則．必要な場合，許容できない利用についての規

則も含める.

f)　組織の情報にアクセスする若しくは組織の情報を受領することが認可されている供給者の要員の明確なリスト，又は供給者の要員による組織の情報へのアクセス若しくはその受領を認可する場合及びその認可を解除する場合の手順・条件

g)　それぞれの契約に関連する情報セキュリティのための方針群

h)　インシデント管理の要求事項及び手順（特に，インシデントからの回復中の通知及び協力）

i)　インシデント対応手順，認可手順などの，特定の手順及び情報セキュリティ要求事項についての訓練及び意識向上に関する要求事項

j)　実施する必要のある管理策を含む，下請負契約に関する該当する規制

k)　情報セキュリティに関する連絡先担当者も含む，合意における相手方の担当者.

l)　必要に応じて，供給者の要員の選考に関する要求事項. この要求事項には，選考を実施する責任，及び選考が完了しなかった場合又は選考の結果，疑い若しくは懸念が生じた場合に行う通知の手順を実施する責任も含める.

m)　供給者が実施する，合意に関わるプロセス及び管理策を監査する権利

n)　合意上の問題点の解決及び紛争解決のプロセス

o)　報告書で提起された問題を適時に修正することに関する管理策及び合意の有効性について，独立した報告書を定期的に提出する供給者の義務

p)　組織のセキュリティ要求事項を順守するという供給者の義務

関連情報

合意は，それぞれの組織によって，また供給者の種類によって大きく異なる可能性がある. したがって，情報セキュリティに関連する全てのリスク及び要求事項を含めるよう，配慮することが望ましい. 供給者との合意には，他の当事者（例えば，下請負供給者）が関与することもある.

合意においては，供給者が製品又はサービスを提供できなくなった場合に業務を継続するための手順も考慮し，代替の製品又はサービスの手配が遅れないようにする必要がある.

(1)　概　要

(a)　要求事項についての合意

本管理策では，個別の供給者関係について供給者と合意することを求めている. 合意は供給者による組織の情報へのアクセス及び取扱いを考慮した情報セキュリティ要求事項を反映したものとする.

多くの場合，供給者は調達者とは別の組織であるため，この合意は契約の形をとる*3.

(b)　合意に含める事項の選択

実施の手引では，合意において検討する事項を広く，詳細に示している．ただし，供給を受ける製品又はサービスによって，該当する事項が異なることに注意する必要がある．必ずしも列挙されたすべての事項を合意に含めるとは限らない．例えば，実施の手引のb)で“情報の分類”に言及しているが，情報の分類を提示せずに合意において情報の取扱いについて定めることもできる．実施の手引のg)にある“情報セキュリティの方針群”は契約で参照などしないことが少なくない．また，実施の手引のm)には“監査する権利”の記述があるが,合意の確実な履行を確保する方法として監査を採用しない場合も多い．

(i)　サービスの供給を受ける場合

供給者による組織の情報のアクセス及び取扱いは，サービスの供給を受ける場合に特に注意する必要がある．情報システムの運用を委託する場合，その情報システムで取り扱う組織の情報を供給者がアクセスし，又は取り扱う．ある業務にクラウドサービスを利用する場合，業務の情報を供給者が管理し，運用するクラウドサービスの環境に預ける．これらの例では，当該業務にかかわる多量の情報に供給者がアクセスしたり，供給者の管理に委ねたりするため，情報セキュリティの維持に，特に慎重な対応が必要となる．

他方，社内教育に社外の講師を招くという例では，提示する組織の情報は受講者名簿など限定的であり，委託も一時のことであるため，実施の手引に示された事項で適用が不要なものが多い．委託契約に守秘義務が含まれていれば十分な場合もある．

(ii)　製品の供給を受ける場合

製品の供給者関係はサービスの場合とは状況が異なる．組織が製品や部品を

---

*3 JIS Q 27002:2014で用いている“合意”及び“契約”はいずれも“agreement”の訳語である．供給者関係は，一つの組織が外部の供給者から製品又はサービスを調達する場合だけでなく，組織内の部門間で調達・供給関係をもつ場合にも適用できる．後者では，合意は契約の形をとらない場合もあるため，JIS Q 27001:2014における翻訳では，文脈に応じて“agreement”を“合意”又は“契約”と訳し分けている．“合意”は“契約”の場合を含んでいる．

調達する場合，それによって供給者に組織の情報にアクセスさせたり，管理させたりすることは少ない．この面よりも，むしろ，供給を受ける製品の品質問題やぜい弱性が，製品や部品の利用において情報セキュリティを阻害しうることに注意する必要がある．供給を受ける製品を最終製品として使用する場合は，使用する組織の業務にもたらされるリスクを評価し，リスク対応を決定する．また，供給を受ける製品を部品として使用する場合は，当該部品を組み込む製品の品質及びぜい弱性等のリスクを評価し，リスク対応を決定することとなる．

“15.1.2 供給者との合意におけるセキュリティの取扱い”は主にサービスを念頭に記述されているため，製品について供給者との合意に含める事項は，実施の手引に示されている事項に限ることなく，状況に応じた検討が必要となる．

（2）　旧規格からの変更点

本管理策は旧規格の6.2.3（第三者との契約におけるセキュリティ）を継承している．

旧規格では，管理策6.2.3は6.2（外部組織）に置かれ，組織と外部組織との契約における情報セキュリティの取扱いが主題であった．現規格では，組織内での合意にも適用するように拡張して管理策15.1.2としている．

15.1.3　ICTサプライチェーン

管理策

供給者との合意には，情報通信技術（以下，ICTという．）サービス及び製品のサプライチェーンに関連する情報セキュリティリスクに対処するための要求事項を含めることが望ましい．

実施の手引

サプライチェーンのセキュリティについては，供給者との合意に次の事項を含めることを考慮することが望ましい．

a） 供給者関係に関する一般的な情報セキュリティ要求事項のほかに，ICT製品又はサービスの取得に適用する情報セキュリティ要求事項を定める．

b） ICTサービスに関して，供給者が組織に提供するICTサービスの一部を下請負契約に出す場合には，そのサプライチェーン全体に組織のセキュリティ要求事項を伝達するよう供給者に要求する．

c) ICT 製品に関して，その製品に他の供給者から購入した構成部品が含まれる場合には，そのサプライチェーン全体に適切なセキュリティ慣行を伝達するよう供給者に要求する．

d) 提供された ICT 製品及びサービスが規定のセキュリティ要求事項を順守していることを確認するための，監視プロセス及び許容可能な監視方法を実施する．

e) 製品又はサービスの機能を維持するために重要な構成要素を特定するためのプロセスを実施する．重要な構成要素に対しては，組織の外で作られる場合に注意及び精査の強化が求められる（特に，直接の供給者が製品又はサービスの構成要素を他の供給者に外部委託する場合）．

f) 重要な構成要素及びその供給元が，サプライチェーン全体を通じて追跡可能であるという保証を得る．

g) 提供される ICT 製品が期待どおりに機能し，予期しない又は好ましくない特性をもたないという保証を得る．

h) サプライチェーンについての情報，並びに組織と供給者との間で生じる可能性のある問題及び妥協についての情報を共有するための規則を定める．

i) ICT 構成要素のライフサイクル及び継続的な使用，並びにこれに関連するセキュリティリスクを管理するための具体的なプロセスを実施する．このプロセスには，その構成要素が入手できなくなる（供給者が事業を営まなくなる，又は技術進歩によって供給者がその構成要素を提供しなくなる）というリスクを管理することも含まれる．

関連情報

ICT サプライチェーンに固有のリスクマネジメントの実践は，一般的な，情報セキュリティ，品質，プロジェクト管理及びシステム工学の実践が前提となるが，これらに代わるものではない．

ICT サプライチェーン，並びに提供される製品及びサービスに重大な影響を及ぼす事項について理解するため，組織は供給者と協力するのがよい．組織は，供給者との合意の中で，ICT サプライチェーンの中の他の供給者が対処することが望ましい事項を明らかにすることによって，ICT サプライチェーンにおける情報セキュリティの実践に影響を及ぼすことができる．

ここで取り上げた ICT サプライチェーンには，クラウドコンピューティングサービスも含まれる．

(1) 概 要

(a) ICT サプライチェーン

サプライチェーンとは“連鎖した供給者関係”をいう．例えば，A 社が製造した部品をB社が調達し，これを組み込んだ製品を製造する．この製品をC社が調達し，事業に使用する．PC，サーバ，通信機器等のICT製品では，この例のように，最終の製造者が他の組織から部品の供給を受けることは通常のことであり，ICTサプライチェーンに関するこの管理策は多くの供給者関係に該当するものである．A社のICチップのぜい弱性又は品質問題は，B社の製品のぜい弱性又は品質問題の原因になりうる．その結果，B社の製品を使用するC社にとって情報の“機密性”“完全性”及び“可用性”を損なうおそれが生じ，あるいはC社で使用するB社の製品の可用性を損なうおそれが生じる．

このようなICTサプライチェーンでは，C社は，その情報セキュリティを維持するためにB社だけを考慮するのではなく，A社及びB社を含むサプライチェーンを通して有効な対策を求める必要がある．C社にとって，その手段はB社との合意にサプライチェーン全体を対象にした要求事項を含め，これを実施させることである．

(b)　製品及びサービスのICTサプライチェーン

ICTサプライチェーンには，製品のサプライチェーン及びサービスのサプライチェーンがある．

製品のサプライチェーンは部品の調達・供給関係の連鎖である．

サービスのサプライチェーンは，サービスを提供する前提として，他のサービスを使用する連鎖である．アプリケーションのクラウドサービス（Software as a Service：SaaS）を提供する事業者がハードウェア及びオペレーティングシステムに情報システム基盤を提供する他のクラウドサービス（Infrastructure as a Service：IaaS）を使用するといった例がある．

(c)　ICTサプライチェーンにおける情報セキュリティ対策

本管理策では，供給者との合意にICTサービス及び製品のサプライチェーンに関連する情報セキュリティリスクに対処するための要求事項を含めることを求めている．また，実施の手引では，合意に含める要求事項をより具体的に列挙している．実施の手引の各項目で，要求事項及びセキュリティ慣行の伝達[b), c)]，順守状況の監視[d)]，重要な構成要素の特定と追跡（トレーサビリティ［e), f)］，品質等の保証［g)］及び情報共有のための規則［h)］を示している．いずれも供給者関係の連鎖に対応するものである．実施の手引の i) では，製品及びサービスの継続的な供給をあげている．これは，調達者である組織の事業継続につながるものである．

これらの情報セキュリティ対策は“15.1 供給者関係における情報セキュリティ”の目的である“供給者がアクセスできる組織の資産の保護を確実にするため.”に実は合致しないことに注意する必要がある．“15.1.3 ICT サプライチェーン”では，供給者による組織の資産へのアクセスではなく，供給される製品及びサービスの組織の情報セキュリティに対する影響に着目している．

(d)　品質と情報セキュリティとの関係

供給者関係においては，調達する製品又はサービスの情報セキュリティについての状態だけでなく，それらの品質も調達者である組織の情報セキュリティに影響を与える．このことは ICT サプライチェーンにおいて顕著であり，関連情報でも“ICT サプライチェーンに固有のリスクマネジメントの実践は，一般的な，情報セキュリティ，品質，プロジェクト管理及びシステム工学の実践が前提となるが”と記述されている．ICT サプライチェーンにおいては，情報セキュリティ対策は，品質その他の側面にも対応することによって十分なものとなる．

(2)　旧規格からの変更点

本管理策は現規格で新たに設けられたものである．

15.2　供給者のサービス提供の管理

> **15.2　供給者のサービス提供の管理**
>
> **目的**　供給者との合意に沿って，情報セキュリティ及びサービス提供について合意したレベルを維持するため．

(1)　概　要

本カテゴリでは，供給者との合意に沿ってサービスの供給を受けているときに，合意した事項の履行を確保するための指針を示している．供給者との合意については“15.1 供給者関係における情報セキュリティ”に指針が示されている.

“15.1 供給者関係における情報セキュリティ”は製品及びサービスの供給者関係が主題であったが“15.2 供給者のサービス提供の管理”はサービスの供給者関係が主題である.

(2)　旧規格からの変更点

本カテゴリ及び目的は旧規格の 10.2（第三者が提供するサービスの管理）を継承している. 旧規格の箇条 10（通信及び運用管理）の中で, 10.2（第三者が提供するサービスの管理）は組織が第三者からサービスの供給を受ける場合の指針であったことから, 改正にあたって新設した“15 供給者関係”に含めることになった.

本カテゴリは二つの管理策で構成されている. 現規格と旧規格のカテゴリと管理策を新旧対応表 ISO/IEC TR 27023 では表 3.15.2 のとおりに対応付けている.

表 3.15.2　現規格と旧規格のカテゴリと管理策の新旧対応表

現規格	旧規格
15.2　供給者のサービス提供の管理	10.2　第三者が提供するサービスの管理
15.2.1　供給者のサービス提供の監視及びレビュー	10.2.1　第三者が提供するサービス 10.2.2　第三者が提供するサービスの監視及びレビュー
15.2.2　供給者のサービス提供の変更に対する管理	10.2.3　第三者が提供するサービスの変更に対する管理

15.2.1　供給者のサービス提供の監視及びレビュー

管理策

組織は, 供給者のサービス提供を定常的に監視し, レビューし, 監査することが望ましい.

実施の手引

供給者のサービスを監視及びレビューすることによって, その合意における情報セキュリティの条件の順守を確実にすること, 並びに情報セキュリティのインシデント及び問題の適切な管理を確実にすることが望ましい．

このような監視及びレビューは，組織と供給者との間での，次のサービス管理関係プロセスを含むことが望ましい．

a)　合意の順守を検証するために，サービスのパフォーマンスレベルを監視する．

b)　供給者の作成したサービスの報告をレビューし，合意で求めている定期的な進捗会議を設定する．

c)　独立した監査人の報告書が入手できれば，これのレビューと併せて供給者の監査を実施し，特定された問題の追跡調査を行う．

d)　合意書並びに全ての附属の指針及び手順書の要求に従い，情報セキュリティインシデントの情報を提供し，その情報をレビューする．

e)　供給者の監査証跡，情報セキュリティ事象の記録，運用上の問題の記録，故障記録，障害履歴及び提供サービスに関連する中断記録をレビューする．

f)　特定された問題の解決及び管理を実施する．

g)　供給者とその供給者との間の供給者関係における情報セキュリティの側面をレビューする．

h)　重大なサービスの不具合又は災害の後においても，合意したサービス継続レベルが維持されることを確実にするように設計された実行可能な計画とともに，供給者が十分なサービス提供能力を維持することを確実にする（箇条**17**参照）．

供給者関係を管理する責任は，指定された個人又はサービス管理チームに割り当てることが望ましい．さらに，組織は，供給者が，順守状況のレビュー及び合意書における要求事項の実施についての責任を割り当てることを確実にすることが望ましい．合意書における要求事項，特に情報セキュリティに関する要求事項を満たしているかどうかを監視するために，十分な技術力及び人的資源を確保しておくことが望ましい．サービスの提供において不完全な点があった場合は，適切な処置をとることが望ましい．

組織は，供給者がアクセス，処理又は管理する，取扱いに慎重を要する又は重要な情報・情報処理設備に対して，全てのセキュリティの側面についての十分かつ包括的な管理及び可視性を維持することが望ましい．組織は，報告プロセスを規定することで，セキュリティに関連した活動（例えば，変更管理，ぜい弱性識別，情報セキュリティインシデントの報告及び対応）の可視性を維持することが望ましい．

（1）　概　要

“15.2.1 供給者のサービス提供の監視及びレビュー”では“15.2 供給者のサービス提供の管理”の目的を達成するために供給者のサービス提供を定常的に監視し，レビューすること，特にその手法として，必要に応じて監査を実施することすることを求めている．

“15.1 供給者関係における情報セキュリティ”は組織が供給者との間で合意(契約）をもつ前の段階で適用する指針であった．これに対して，15.2.1 は合意（契約）に達し，サービスの提供を受けている間の情報セキュリティの維持についての指針である．15.1 で求めている供給者との合意を前提としている．定期的な進捗会議［b)］，監査の実施［c)］，情報セキュリティインシデントの情報の提供及びレビュー［d)］及び記録のレビュー［e)］等は，合意に基づいて実施することとなる．

(2)　旧規格からの変更点

15.2.1 は旧規格の 10.2.2（第三者が提供するサービスの監視及びレビュー）を継承している．また，旧規格の 10.2.1（第三者が提供するサービス）も旧規格の 10.2.2 に実質的に含まれていたため，現規格では 15.2.1 に併合している．

実施の手引の内容は旧規格の 10.2.2 とほぼ同じであるが，独立した監査人による監査報告書の活用［c)］，サプライチェーン［g)］及びサービスの継続性［h)］に関する事項が加えられている．

15.2.2　供給者のサービス提供の変更に対する管理

管理策

関連する業務情報，業務システム及び業務プロセスの重要性，並びにリスクの再評価を考慮して，供給者によるサービス提供の変更（現行の情報セキュリティの方針群，手順及び管理策の保守及び改善を含む.）を管理することが望ましい.

実施の手引

この管理策の実施については，次の側面を考慮に入れることが望ましい.

a)　供給者との合意に対する変更

b)　次の事項を実施するために組織が行う変更

- **1)**　現在提供されているサービスの強化
- **2)**　新しいアプリケーション及びシステムの開発
- **3)**　組織の諸方針及び諸手順の，変更又は更新
- **4)**　情報セキュリティインシデントの解決及びセキュリティの改善のための，新たな又は変更した管理策

c)　次の事項を実施するための供給者サービスにおける変更

- **1)**　ネットワークに対する変更及び強化

2）新技術の利用
3）新製品又は新しい版・リリースの採用
4）新たな開発ツール及び開発環境
5）サービス設備の物理的設置場所の変更
6）供給者の変更
7）他の供給者への下請負契約

（1）概　要

“15.2.2 供給者のサービス提供の変更に対する管理”では“15.2 供給者のサービス提供の管理”の目的を達成するため，供給者によるサービス提供の変更を管理することを求めている．サービス提供について管理する変更はサービスを利用する組織の情報セキュリティに関係する変更である．その中には，供給者との合意の変更［a)］，サービスを利用する組織での変更［b)］及び供給者によるサービスの変更［c)］が含まれる．

（2）旧規格からの変更点

15.2.2 は旧規格の 10.2.3（第三者が提供するサービスの変更に対する管理）を継承している．

実施の手引の内容は旧規格の 10.2.3 とほぼ同じであるが，供給者との合意の変更［a)］及び下請負契約の変更［c)の 7)］が追加されている．

16　情報セキュリティインシデント管理

(1)　概　要

本箇条では，情報セキュリティマネジメントのオペレーションに必須となる情報セキュリティインシデント管理に関する管理目的及び管理策を定めている．

本箇条は図 3.16.1 に示すとおり“16.1 情報セキュリティインシデントの管理及びその改善”の一つのカテゴリにまとめられている．16.1 は，旧規格の 13.1（情報セキュリティの事象及び弱点の報告）及び 13.2（情報セキュリティインシデントの管理及びその改善）のカテゴリをまとめたものとして継承されており，七つの管理策で構成されている．

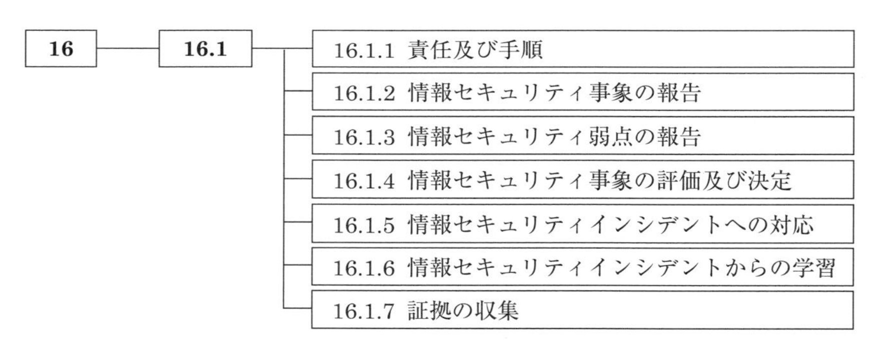

図 3.16.1　情報セキュリティインシデント管理の管理策

(2)　旧規格からの変更点

本箇条での大きな変更点として，旧規格の 13.2 が現規格の 16.1 として取り上げられ，旧規格の 13.1 が 16.1 に統合されたことにある．

16　情報セキュリティインシデント管理

16.1　情報セキュリティインシデントの管理及びその改善

目的　セキュリティ事象及びセキュリティ弱点に関する伝達を含む，情報セキュリティインシデントの管理のための，一貫性のある効果的な取組みを確実にするため．

(1)　概　要

本カテゴリには，上記の目的のために必要となる管理策及び実施の手引が包含されている．具体的には，情報セキュリティインシデント管理のために必要となる，責任及び手順，情報セキュリティ事象・弱点の報告，情報セキュリティ事象の評価及び決定，情報セキュリティインシデントへの対応，情報セキュリティインシデントからの学習，並びに証拠の収集に関する管理策及び実施の手引が述べられている．

(2)　旧規格からの変更点

旧規格の 13.2（情報セキュリティインシデントの管理及びその改善）が現規格の 16.1 として，情報セキュリティインシデント管理の全体を網羅する形で取り上げられ，旧規格の 13.1（情報セキュリティの事象及び弱点の報告）が現規格の 16.1 に統合された．また，旧規格に存在しなかった内容が“16.1.4 情報セキュリティ事象の評価及び決定”及び“16.1.5 情報セキュリティインシデントへの対応”として追加されている．

現規格と旧規格のカテゴリと管理策を新旧対応表 ISO/IEC TR 27023 では表 3.16.1 のとおりに対応付けている．

表 3.16.1　現規格と旧規格のカテゴリと管理策の新旧対応表

現規格	旧規格
16.1　情報セキュリティインシデントの管理及びその改善	13.2　情報セキュリティインシデントの管理及びその改善
16.1.1　責任及び手順	13.2.1　責任及び手順
16.1.2　情報セキュリティ事象の報告	13.1.1　情報セキュリティ事象の報告

表 3.16.1（続き）

現規格	旧規格
16.1.3　情報セキュリティ弱点の報告	13.1.2　セキュリティ弱点の報告
16.1.4　情報セキュリティ事象の評価及び決定	—
16.1.5　情報セキュリティインシデントへの対応	—
16.1.6　情報セキュリティインシデントからの学習	13.2.2　情報セキュリティインシデントからの学習
16.1.7　証拠の収集	13.2.3　証拠の収集

16.1.1　責任及び手順

管理策

情報セキュリティインシデントに対する迅速，効果的かつ順序だった対応を確実にするために，管理層の責任及び手順を確立することが望ましい．

実施の手引

情報セキュリティインシデント管理に関する管理層の責任及び手順について，次の事項を考慮することが望ましい．

a) 組織において，次の手順が策定され，十分に伝達されることを確実にするために，管理層の責任を確立する．

1) インシデント対応の計画及び準備のための手順

2) 情報セキュリティ事象及び情報セキュリティインシデントを監視，検知，分析及び報告するための手順

3) インシデント管理活動のログを取得するための手順

4) 法的証拠を扱うための手順

5) 情報セキュリティ事象の評価及び決定のための手順，並びに情報セキュリティ弱点の評価のための手順

6) 対応手順（段階的取扱い，インシデントからの回復の管理，並びに内部及び外部の要員又は組織への伝達のための手順を含む．）

b) 確立する手順では，次の事項を確実にする．

1) 組織内の情報セキュリティインシデントに関連する事項は，力量のある要員が取り扱う．

2) セキュリティインシデントを検知及び報告する場合の連絡先を定める．

3) 情報セキュリティインシデントに関連した事項を取り扱う関係当局，外部の利益団体又は会議との適切な連絡を保つ．

c) 報告手順には，次の事項を含める．

1)　情報セキュリティ事象が発生した場合に，報告作業を助け，報告する者が必要な全ての処置を忘れないよう手助けするための情報セキュリティ事象の報告書式の作成
2)　情報セキュリティ事象が発生した場合にとる手順．例えば，詳細全て（不順守又は違反の形態，生じた誤動作，画面上の表示など）の記録を直ちにとる，直ちに連絡先に報告し，協調した処置だけをとる．
3)　セキュリティ違反を犯した従業員を処罰するために確立された正式な懲戒手続への言及
4)　情報セキュリティ事象の報告者に，その件の処理が終結した後で結果を知らせることを確実にするための適切なフィードバックの手続

情報セキュリティインシデント管理の目的について，経営陣が同意していることが望ましく，また，情報セキュリティインシデント管理について責任ある人々が，組織が決めた情報セキュリティインシデントの取扱いの優先順位を理解していることを確実にすることが望ましい．

関連情報

情報セキュリティインシデントは，組織の枠及び国境を越える場合がある．そのようなインシデントに対応するために，適宜，外部の組織と連携して対応すること及びそのインシデントについての情報を共有することの必要性が増している．

情報セキュリティインシデント管理に関する詳細な手引が，**ISO/IEC 27035**[20]に示されている．

(1)　概　要

本管理策では，情報セキュリティに関するインシデントが発生した場合，管理層に対して必要となる各インシデントの管理・対応のための“責任及び手順”が述べられている．

まず，実施の手引の a)では，組織において，情報セキュリティインシデント管理のための六つの手順を策定し，それらを十分に関係者に伝達するための“管理層の責任”を明確にしている．

1)の“インシデント対応の計画及び準備のための手順”は最も重要な手順であり，発生するインシデントに対して，どのように対応するかの計画及びそれらの対応を具体的に実施するための準備にかかわる手順が規定される．

2)の“情報セキュリティ事象及び情報セキュリティインシデントを監視，

検知，分析及び報告するための手順”が求められるのは，情報セキュリティインシデントが発生する以前に，遠隔からのシステムへのスキャン攻撃などの情報セキュリティ事象（event）が確認されるため，組織としては，それらの情報セキュリティ事象，及び実際のインシデントの監視・検知を行い，検知した内容を分析し，その分析結果を報告することが必要となるためである．ここでは，それらの監視・検知・分析・報告といった情報セキュリティ事故及びインシデントのための基本的運用内容を手順として規定することを指している．特に，“情報セキュリティ事象の報告”については，“16.1.2 情報セキュリティ事象の報告”に具体的な管理策及び実施の手引が用意されている．

なお，情報セキュリティ事象と情報セキュリティインシデントの違いは16.1.2 で解説する．

3)の“インシデント管理活動のログを取得するための手順”においては，インシデント管理のために実施される，上述のセキュリティ事象やセキュリティインシデントの監視・検知・分析・報告に関する諸々の活動をログに記録することが重要となるため，正確で改ざんのないログを取得するための手順を決めることが必要となる．本ログ記録が不十分，又は不正確な場合，実際に起こったインシデントの状況との突き合わせや確認などが円滑に実施できない事態が発生し，インシデント管理の根幹を揺るがすこととなる．

4)の“法的証拠を扱うための手順”は，情報セキュリティインシデント管理において情報を収集・保管等する場合に，その情報について訴訟における証拠力が認められるような収集・保管等の手順を求めている．関連する法令に，例えば，不正アクセス行為の禁止等に関する法律，著作権法，電気通信事業法，電子署名及び認証業務に関する法律，特定電子メールの送信の適正化等に関する法律，電波法がある．具体的には，例えば，何らかの方法で組織の重要システムのIDとパスワードが不正に取得され，それらを用いて情報の閲覧又は持出しが行われたことを仮定する．その場合，法的には“不正アクセス行為の禁止等に関する法律”に関連し，その法的証拠として，ID/パスワードの入手経路，閲覧ログ，持出しログなどを収集するための手続を確立しておき，法的証拠としての保管，処理を適切に行えるような手順の確立が必要である．なお，特に“証拠の収集”に関する内容については“16.1.7 証拠の収集”にそのための管理策及び実施の手引が用意されている．

5)の“情報セキュリティ事象の評価及び決定のための手順，並びに情報セキュリティ弱点の評価のための手順”では，先の 2)で定められた手順に従って報告された情報セキュリティ事象を評価し，情報セキュリティインシデントに分類するか否かを決定する手順，並びに組織内の情報システムに内在する可能性がある情報セキュリティ弱点を網羅的に検査し，今後の弱点についての改善などが必要か否かについて判断するといった評価手順を確立する．なお“情報セキュリティ事象の評価及び決定”については“16.1.4 情報セキュリティ事象の評価及び決定”に管理策及び実施の手引が用意されている．

6)の“対応手順（段階的取扱い，インシデントからの回復の管理，並びに内部及び外部の要員又は組織への伝達のための手順を含む．)”は，実際にインシデントが起ったセキュリティレベルの低下した状態から“通常のセキュリティレベル”へ復旧させ，必要な回復策を開始するための手順を指している．具体的な手順及び実施の内容については“16.1.5 情報セキュリティインシデントへの対応”の管理策及び実施の手引を参照されたい．

実施の手引の b)では，a)で確立すべき手順において，考慮すべき事項を 3 点整理している．具体的には“力量のない要員がインシデントを扱うことを避ける必要があること”“インシデント検知・報告の連絡先を明確にすること”及び“インシデントに関連する事項を扱う外部との適切な連絡を保つこと”をあげている．特に，外部との連絡の確保については，類似インシデントが他組織であったかどうか，最新のセキュリティ弱点の把握に漏れはないか，インシデント復旧のための連携団体があるかなどの視点で，適切な関係を保つことが重要である．

実施の手引の c)では，特に報告手順に含めることが望ましい事項を整理している．具体的には，情報セキュリティ事象の報告書式の作成，情報セキュリティ事象の発生時に取るべき報告内容，確立された正式な懲戒手続への言及，及び事象の処理結果に関する適切なフィードバックの手続などを報告手順に組み込むことが望ましいとしている．情報セキュリティインシデントの対応が技術的に優れていたとしても，ここで述べられている報告手順があらかじめ準備されていないと，情報セキュリティインシデント管理において大きな問題となり，体系的，組織的な対応が十分にできなくなり，その結果が今後のインシデントへの学習として蓄積されないこととなる．

実施の手引の最後の段落では，情報セキュリティインシデント管理における経営陣及びその他の責任ある人々の認識・理解の重要性を強調している．

なお，関連情報として，外部組織とのかかわりで，連携して対応すること，及び必要なインシデントに関する情報共有が重要であることが指摘されている．また，情報セキュリティインシデント管理に関するより詳細な手引として，ISO/IEC 27035 が引用されているが，インシデント管理は組織の保有する情報システム，資産，従業員などによって異なるものであるため，ISO/IEC 27035 に述べられた詳細なガイドラインのすべてが，どの組織にも適用可能なものではないことに留意されたい．

(2)　旧規格からの変更点

本管理策及び実施の手引は，上述した目的の解説に述べたとおり旧規格の 13.2.1（責任及び手順）が継承されたものであるが，実施の手引の内容は表題の“責任及び手順”に沿った内容に修正された．また，旧規格の 13.1.1（情報セキュリティ事象の報告）の実施の手引の内容の一部が，現規格の実施の手引に継承されている．

16.1.2　情報セキュリティ事象の報告

管理策

情報セキュリティ事象は，適切な管理者への連絡経路を通して，できるだけ速やかに報告することが望ましい．

実施の手引

全ての従業員及び契約相手に，情報セキュリティ事象をできるだけ速やかに報告する責任のあることを認識させておくことが望ましい．また，全ての従業員及び契約相手が，情報セキュリティ事象の報告手順及び情報セキュリティ事象を報告する連絡先を認識していることが望ましい．

情報セキュリティ事象の報告を考慮する状況には，次の事項が含まれる．

a)　効果のないセキュリティ管理策
b)　情報の完全性，機密性又は可用性に関する期待に対する違反
c)　人による誤り
d)　個別方針又は指針の不順守
e)　物理的セキュリティの取決めに対する違反
f)　管理されていないシステム変更
g)　ソフトウェア又はハードウェアの誤動作
h)　アクセス違反

関連情報

システムの誤動作又はその他の異常な挙動は，セキュリティへの攻撃又は実際のセキュリティ違反があったことを示す場合があるため，情報セキュリティ事象として常に報告することが望ましい．

(1)　概　要

はじめに，事象及び情報セキュリティ事象の定義について解説する．“事象”（event）はISO/IEC 27000（JIS Q 27000）によると“ある一連の周辺状況の出現又は変化．”と定義されている．ただし，そこには次に示す三つの注記が記述されている．

注記 1)　事象は，発生が一度以上であることがあり，いくつかの原因をもつことがある．

注記 2)　事象は，何かが起こらないことを含むことがある．

注記 3)　事象は，“事態（incident）”又は“事故（accident）”と呼ばれることがある．なお，“事態”は，“インシデント”とも表現される．

注記 1)の例としては，パスワード探索などの攻撃がこの事象の例になる．マルウェアによる探索攻撃であったり，人的な攻撃であったり，いくつかの原因が存在する．また，注記 2)は事象が起こったとしても何も起こらないこともあることを示している．例えば，侵入検知システムから“アラート”があがった（事象が起きた）場合でも，何も起こらないことがあるということである．最後の注記 3)については“事象”“事態（incident）”“事故（accident）”

を明確に区別せず，これらの用語の使い方として，同一の意味で使われることもあるとしている．例えば，パスワード探索攻撃の事象が成功し，組織へのインパクトが発生すると，その事象は事態（インシデント）と等価となる．その事態を引き起こすことを事件（accident）と呼ぶ場合もある．

一方，ISO/IEC 27000（JIS Q 27000）では，情報セキュリティ事象（information security event）を次のように定義しており，上述した事象の定義を十分に考慮して理解する必要がある．

“情報セキュリティ方針への違反若しくは管理策の不具合の可能性，又はセキュリティに関係しうる未知の状況を示す，システム，サービス又はネットワークの状態に関連する事象.”

上述の定義は非常に理解しにくい表現となっているが，例えば，組織内の要員がアクセス管理方針に反したアクセスを実施した場合のシステムへのアクセス（方針への違反），又はアクセスマトリックスの更新の遅延による不正アクセス（管理策の不具合），及びシステムやサービスのセキュリティ弱点を探索するネットワークを介したスキャン攻撃（未知の状況を示すもの）などが情報セキュリティ事象として定義されている．

本管理策では，情報セキュリティ事象の報告にかかわり，報告連絡先，報告内容などについて言及している．さらに，報告内容に含めることが望ましい事項として，システム誤動作，人的誤り，方針の非順守，アクセス違反などが情報セキュリティ事象として例示されている．ここで最も重要なことは，組織におけるすべての従業員及び契約相手に対して，情報セキュリティ事象を認識するための手順，目安を与えることである．なお，ここでは，情報セキュリティ事象には，情報セキュリティインシデントを含めており，包括的な意味で情報セキュリティ事象を使用していることに注意する必要がある．

具体的には，情報システムのログを監視している従業員にとっては，表示されるログの警告レベル（不正アクセスが発覚すると赤字で警告など）により，情報セキュリティ事象及びインシデントを認識することが可能となる．また，情報システムの利用者にとっては，システムの誤動作，サービス停止の段階で迅速な報告が必要となり，情報システムの管理者にとっては，多く散見されるスキャン攻撃を毎回報告する必要はないが，その攻撃によって重大な影響を与える可能性が発覚した場合は，情報セキュリティインシデントとして関連者に報告する必要がある．

(2)　旧規格からの変更点

本管理策は旧規格の 13.1（情報セキュリティの事象及び弱点の報告）の下の 13.1.1（情報セキュリティ事象の報告）を継承したものであるが“情報セキュリティインシデント”は使わず“情報セキュリティ事象”に統一されている．さらに，旧規格の関連情報に記述されていた具体的なインシデントの例示については，現規格の実施の手引に包含されるように記述されている．

16.1.3　情報セキュリティ弱点の報告

管理策

組織の情報システム及びサービスを利用する従業員及び契約相手に，システム又はサービスの中で発見した又は疑いをもった情報セキュリティ弱点は，どのようなものでも記録し，報告するように要求することが望ましい．

実施の手引

全ての従業員及び契約相手は，情報セキュリティインシデントを防止するため，情報セキュリティ弱点をできるだけ速やかに連絡先に報告することが望ましい．報告の仕組みは，できるだけ簡単で使いやすく，いつでも利用できることが望ましい．

関連情報

従業員及び契約相手に，疑いをもったセキュリティの弱点の立証を試みないように助言することが望ましい．弱点を検査することは，システムの不正使用の企てと見られる場合があり，また，情報システム又はサービスに損傷を与えて，検査した個人に法的責任が発生する場合もある．

(1)　概　要

本管理策で言及している“弱点”は“12.6 技術的ぜい弱性管理”の管理策で扱う“技術的ぜい弱性”と関連する．“ぜい弱性”は“一つ以上の脅威がつけ込むことができる，資産又は資産グループがもつ弱点”と定義されるのに対し，“弱点”は“ぜい弱性を含む広い範囲の内容”を指し，ぜい弱性とは断定できないものも，弱点として認識すべきものが存在する．例えば，24 時間運用を実施しているセンター設備の管理において，夜中の2時～5時までの運用体制に弱点（要員不足）があることや，セキュリティ運用を司る要員のセキュリティ知識レベルに問題があるなどがあげられる．

なお，多くの弱点は技術的ぜい弱性と関連している部分が多いため，発見した弱点を専門外の発見者が自ら技術検証することは，極めて危険であることをこの管理策は指摘している．したがって，本管理策の推進には，すべての従業員及び契約相手に対する教育及び訓練が重要であることがわかる．

(2)　旧規格からの変更点

本管理策は旧規格の13.1.2（セキュリティ弱点の報告）の内容を主に継承しており，内容に大きな変更はない．

16.1.4　情報セキュリティ事象の評価及び決定

管理策

情報セキュリティ事象は，これを評価し，情報セキュリティインシデントに分類するか否かを決定することが望ましい．

実施の手引

連絡先の者は，合意された情報セキュリティ事象・情報セキュリティインシデントの分類基準を用いて各情報セキュリティ事象を評価し，その事象を情報セキュリティインシデントに分類するか否かを決定することが望ましい．インシデントの分類及び優先順位付けは，インシデントの影響及び程度の特定に役立てることができる．

組織内に情報セキュリティインシデント対応チームがある場合は，確認又は再評価のために，評価及び決定の結果をこの対応チームに転送してもよい．

評価及び決定の結果は，以後の参照及び検証のために詳細に記録しておくことが望ましい．

(1)　概　要

本管理策は，情報セキュリティインシデント管理の中で重要な役割を果たすもので，報告された情報セキュリティ事象を対象として，それを評価し，情報セキュリティインシデントに分類するか否かを決定するためのものである．

具体的な情報セキュリティ事象の評価及び決定については，当該事象を受けた担当者は，組織において規定・合意されている情報セキュリティ事象・情報セキュリティインシデントの分類基準を用いて，そのセキュリティ事象を評価し，インシデントとするか否かを決定することが必要になる．なお，インシデントの分類基準や対応優先度基準はインシデントの影響度や程度によって決定されるものであるため，決定されたインシデントの分類や優先度によって，ほぼ影響度や程度を想定することができる．

ここで，組織において規定・合意されている情報セキュリティ事象・情報セキュリティインシデントの分類基準であるが，組織によってさまざまである．例えば，ある組織がサービス妨害攻撃（DoS 攻撃，情報セキュリティ事象として）を受けた場合，DoS 攻撃下においてサービスの継続と判断できるレベルは，組織，又はシステムによって異なり，インシデントへの分類はそのレベルに依存する．また，組織のあるシステムが ID/パスワード探索攻撃（情報セキュリティ事象として）を受けている場合，その攻撃が成功していない段階でも，攻撃回数（例えば，1 000 回/日）によっては，それを情報セキュリティインシデントとして分類する組織もある．

さらに，組織内に情報セキュリティインシデント対応チーム（ISIRT）がある場合は，本情報セキュリティ事象の評価及び決定の結果を ISIRT に送り，結果の確認又は再評価などのアドバイスをもらうことも重要となる．なお，当然のことではあるが，本事象の評価及び決定の結果は，以後の参照及び検証のために詳細に記録しておくことも推奨される．

（2）　旧規格からの変更点

本管理策は旧規格の箇条 13（情報セキュリティインシデントの管理）には存在せず，今回の改正で追加されたものである．旧規格で欠落していた重要な内容であり，新たな管理策をもつことにより，情報セキュリティ事象の評価及び決定の内容が明確化されたことで，本箇条全体のバランスがよくなり，わかりやすくなったといえる．

16.1.5　情報セキュリティインシデントへの対応

管理策

情報セキュリティインシデントは，文書化した手順に従って対応することが望ましい．

実施の手引

情報セキュリティインシデントには，指定された連絡先，及び組織又は外部関係者の他の関係する要員が対応することが望ましい（**16.1.1** 参照）.

対応策には，次の事項を含めることが望ましい.

a) 情報セキュリティインシデントの発生後，できるだけ速やかに証拠を収集する.

b) 必要に応じて，情報セキュリティの法的分析を実施する（**16.1.7** 参照）.

c) 必要に応じて，段階的取扱い（escalation）を行う.

d) 後で行う分析のために，関連する全ての対応活動を適正に記録することを確実にする.

e) 知る必要性を認められている内部・外部の他の要員又は組織に対し，情報セキュリティインシデントの存在又は関連するその詳細を伝達する.

f) インシデントの原因又はインシデントの一因であることが判明した情報セキュリティ弱点に対処する.

g) インシデントへの対応が滞りなく済んだ後，正式にそれを終了し，記録する.

インシデントの根本原因を特定するために，必要に応じてインシデント後の分析を実施することが望ましい.

関連情報

インシデント対応の第一の目標は，“通常のセキュリティレベル”を復旧させたうえで，必要な回復策を開始することである.

(1) 概　要

本管理策は“16.1.1 責任及び手順”において記述されている手順の深掘りとして，情報セキュリティインシデントへの対応につき，より具体的な手引を提供している.

具体的なインシデントへの対応として，次のような事項を含めることが望ましいとしている.

① インシデントの発生後，できるだけ速やかに証拠を収集すること［a)］

証拠の収集（証拠情報の特定，収集，取得及び保存）については“16.1.7 証拠の収集”にさらなる深掘りがなされている.

② 必要に応じて，情報セキュリティの法的分析の実施［b)］

本件については，16.1.1 において“法的証拠を扱うための手順”として解説した内容を参照されたい. なお，現規格においては 16.1.7 の参照がなされているが，法的分析については触れておらず，証拠の収集が法的証拠となりうると記述されている.

③　必要に応じて，段階的取扱い（escalation）の実施［c)］

当然のことではあるが，発生した情報セキュリティインシデントの重要度により，関係者上層部への段階的取扱いが必要となる.

④　関連するすべての対応活動を適正に記録すること［d)］

記録が残っていない場合，記録や証拠情報の事後分析が円滑に実施できず，正当な対応がなされているのかどうかがわからなくなる.

⑤　知る必要性を認められている内部・外部の他の要員又は組織に対するインシデント，関連詳細情報の伝達［e)］

組織における関係者，又は外部の専門家（分析官等）に対し，インシデントに関連する情報の伝達を円滑に実施することは，適切，かつ，迅速なインシデント対応や復旧にとって重要なことである.

⑥　インシデントの原因又は一因であることが判明した情報セキュリティ弱点への対処に関して［f)］

たとえインシデントに関連する完全な原因が判明しなくても，その一部の原因が情報セキュリティ弱点に起因する場合は大至急弱点への対応（パッチを当てるなど）が必要となる.

⑦　インシデントへの対応の終了後，それの正式終了及びその記録化について［g)］

一とおりのインシデント対応が終了した時点では，その終了の正式宣言，及びその記録化が必要となる．これらの記録は以後に発生するインシデントへの知識として蓄積される.

さらに，インシデントへの対応が無事に完了し，インシデントの正式終了宣言を行った場合でも，そのインシデントの根本の原因がわかっていない場合が多い．そのため，インシデントの根本の原因を特定するために，必要に応じてインシデント後の分析を実施することが望ましい．例えば，組織を狙う“標的型攻撃”などを受けた場合，そこで発生したインシデントは“情報搾取”などが主になるが，侵入をされたシステムなどに内在した弱点への対応，発見されたマルウェアの駆除などを完了しても，実際にどこから初期のマルウェアが侵入し，インシデントとして拡大したのかを突き止めることは難しい場合が多い．ただし，インシデントの終了後でも，証拠情報の分析を加えることにより，その根本の原因を探求できることもある．

(2)　旧規格からの変更点

本管理策は旧規格の箇条13（情報セキュリティインシデントの管理）には存在せず，今回の改正で追加されたものである．新たな管理策をもつことにより，規格としてのバランスもよくなり，インシデントへの対応部分の説明がわかりやすくなったといえる．

16.1.6　情報セキュリティインシデントからの学習

管理策

情報セキュリティインシデントの分析及び解決から得られた知識は，インシデントが将来起こる可能性又はその影響を低減するために用いることが望ましい．

実施の手引

情報セキュリティインシデントの形態，規模及び費用を定量化及び監視できるようにする仕組みを備えることが望ましい．情報セキュリティインシデントの評価から得た情報は，再発する又は影響の大きいインシデントを特定するために利用することが望ましい．

関連情報

情報セキュリティインシデントの評価は，将来の発生頻度，損傷及び費用を抑制するための，又は情報セキュリティのための方針群のレビュー手続（**5.1.2** 参照）の中で考慮するための，強化した管理策又は追加の管理策の必要性を提起する場合がある．

機密性の側面に十分に留意すれば，実際に発生した情報セキュリティインシデントを，発生し得るインシデントの事例，こうしたインシデントへの対応方法の事例，及び以後これらを回避するための方法の事例として，利用者の意識向上訓練（**7.2.2** 参照）において用いることができる．

(1)　概　要

本管理策では，情報セキュリティインシデントからの学習として，情報セキュリティインシデントの分析及び解決から得られた知識を用いて，将来起こる可能性のあるインシデント又はその影響を低減することを述べている．

この管理策は二つの示唆を含んでいる．一つは，リスクアセスメント及びリスク対応を定量的尺度によって実施するためのデータを収集する仕組みを備える必要性である．保護すべき資産の価値を金額として把握する作業は決して容易ではないが，場合によっては，インシデントの処理に要した費用などが資産の貨幣価値を反映していることがある．もう一つは，生じたセキュリティ事象に単に対処するだけでなく，その種のインシデントの再発防止，及び影響の大きいインシデントを特定するために，インシデントからの学習知識を十分に活用することである．

(2)　旧規格からの変更点

この管理策及び実施の手引は旧規格の 13.2.2（情報セキュリティインシデントからの学習）の内容とほぼ同等であり，その内容を継承したものである．旧規格の管理策では，インシデントの規模，費用などを定量化し，インシデントの監視を行う仕組みについて言及していたが，現規格の管理策では，その部分を実施の手引に移し，管理策としては，本来の情報セキュリティインシデントからの学習に関する内容に変更されている．

16.1.7　証拠の収集

管理策

組織は，証拠となり得る情報の特定，収集，取得及び保存のための手順を定め，適用することが望ましい．

実施の手引

懲戒処置及び法的処置のために証拠を取り扱う場合は，内部の手順を定めてそれに従うことが望ましい．

一般に，証拠に関するこれらの手順では，各種の媒体，装置及び装置の状態（例えば，電源が入っているか，切れているか）に従って，証拠の特定，収集，取得及び保存のプロセスを規定することが望ましい．このような手順では，次の事項を考慮することが望ましい．

a)　管理状況の一連の履歴
b)　証拠の保全
c)　要員の安全
d)　関与する要員の役割及び責任
e)　要員の力量

f)　文書化
g)　要点説明

保存された証拠の価値を強化するために，入手可能であれば，要員及びツールの適格性を示す証明書又はその他適切な手段を追求することが望ましい．

必要な法的証拠は，組織の枠又は法域を越える場合がある．このような場合は，組織は必要とされる情報を法的証拠として収集することが法的に認められていることを確認することが望ましい．関連する幾つかの法域にまたがる証拠の利用の可能性を最大にするために，それらの異なる法域の要求事項についても考慮することが望ましい．

関連情報

特定とは，証拠となる可能性のあるものの捜索，認識及び文書化に関わるプロセスをいう．収集とは，証拠となる可能性のあるものを含み得る物理的な物品を集めるプロセスをいう．取得とは，特定した範囲の中でデータの複製を作成するプロセスをいう．保存とは，証拠となる可能性のあるものの完全性及び当初の状態を維持し，それを保護するプロセスをいう．

情報セキュリティ事象を最初に検知した時点では，その事象が訴訟に発展するかどうかは判然としない場合がある．したがって，そのインシデントの重大さに気が付く前に，意図的又は偶然に，必要な証拠を破壊してしまう危険性がある．何らかの法的処置があり得ると考える場合は，早めに弁護士又は警察に相談すること，及び必要となる証拠に関する助言を求めることを勧める．

ディジタル形式の証拠の特定，収集，取得及び保存に関する指針が，**ISO/IEC 27037**[24]に示されている．

(1)　概　要

本管理策では，情報セキュリティインシデント後に組織によって実施する，証拠となりうる情報の特定，収集，取得及び保存のための手順について述べている．

ここで“特定”は証拠となる可能性のあるものの捜索，認識及び文書化のプロセスを指す．“収集”は証拠となる可能性のあるものを含みうる物理的な物品を集めるプロセスを指す．“取得”は特定範囲でのデータの複製作成のプロセスを指す．“保存”は証拠となる可能性のあるものの完全性及び当初の状態を維持し，それを保護するプロセスを指す．

実施の手引においては，これらのプロセスにおいて考慮すべきポイントがあげられている．例えば，履歴確保，証拠保全，要員の安全・力量などにかかわる事項がそれにあたる．また，保存された証拠の価値を意味のあるものにするために，要員や証拠の収集のためのツールの適格性を確認することの必要性も述べている．

本管理策に関連し，対外的紛争の解決方法の典型として行政・刑事・民事の訴訟があるが，この場面では訴訟手続に則した証拠が重要な意味をもつことはいうまでもない．ここでは，法的証拠が組織の枠又は法域を越える場合についても言及している．このような場合は，必要とされる情報を法的証拠として収集することが法的に認められているか否かを確認することも重要となる．

(2)　旧規格からの変更点

本管理策は旧規格の 13.2.3（証拠の収集）を継承したものである．旧規格では，民事上又は刑事上の措置が必要な場合を前提として，紙文書，電子情報（電磁的記録）などの証拠の収集に焦点を置き，証拠の収集について記述されていた．現規格では，管理策に記述されているように，組織によって証拠となりうる情報の特定，収集，取得及び保存のための手順を定め，適用することを主眼としており，民事上又は刑事上の措置だけの前提ではなく，その目的を一般化している点が異なっている．また，近年，規格化を完了した ISO/IEC 27037 (Guidelines for identification, collection, acquisition and preservation of digital evidence) への参照を行っており，具体的な証拠の収集に関連する技術を提供している点も新しい．

17　事業継続マネジメントにおける情報セキュリティの側面

(1)　概　要

本箇条では，組織の事業継続マネジメントにおける情報セキュリティの側面に関する管理目的及び管理策を定めている．

本箇条には“17.1 情報セキュリティ継続”及び“17.2 冗長性”の二つのカテゴリがある．また，図 3.17.1 に示すとおり，四つの管理策がある．

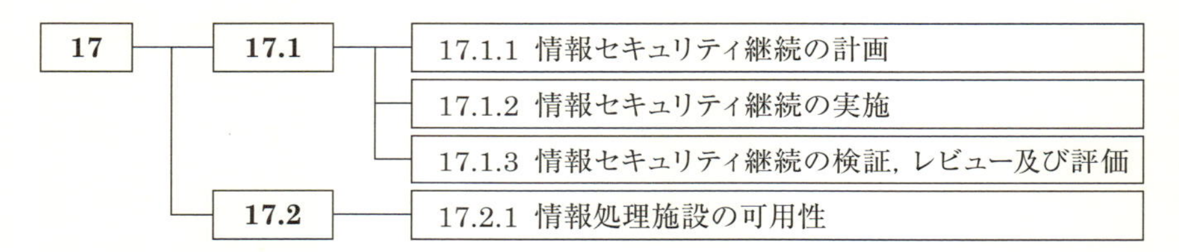

図 3.17.1　事業継続マネジメントにおける情報セキュリティの側面の管理策

(2)　旧規格からの変更点

(a)　事業継続マネジメントにおける情報セキュリティの側面の視点

旧規格の箇条 14（事業継続管理）は現規格への改正にあたり，これを全面的に書き直した“17.1 情報セキュリティ継続”に引き継ぐように意図されていた．しかし，事業継続管理（事業継続マネジメント）における情報セキュリティの側面を扱う視点が旧規格と現規格では異なる．

旧規格では，組織の事業継続マネジメント全体を視野に置き，その中で情報セキュリティの側面についての管理策を提示していた．特に，業務プロセスの継続に着目し，これを担う情報システムの維持及び回復に重点を置いていた．情報セキュリティで求める情報の“機密性”“完全性”及び“可用性”の中で，可用性を対象にしたものであった[*1]．

これに対して現規格の管理策では，組織全体の事業継続マネジメントの内容

[*1] 災害等の困難な状況において発生しうる情報の喪失は，その情報について可用性の喪失及び完全性の喪失の両面がある．この点では，事業継続マネジメントは，情報とのかかわりにおいては，可用性だけでなく完全性の維持にも関係している．

に多く言及することはせず，情報セキュリティ及び情報セキュリティマネジメントの範囲でその継続を主題にしている.

ここでは，情報の可用性だけでなく，機密性及び完全性も含め，平常時に求める情報セキュリティに対して“困難な状況”（“17.1.1 情報セキュリティ継続の計画”の解説を参照.）における情報の機密性，完全性及び可用性の維持が主題となっている.

旧規格には，情報セキュリティの範囲を越えて事業継続マネジメントを扱っているようにみえる部分があった.“事業継続計画が最新で効果的なものであることを確実にするために，定めに従って試験・更新することが望ましい.”という管理策［旧規格の 14.1.5（事業継続計画の試験，維持及び再評価)］は，そのような例である．このような点を整理して，現規格では，箇条 1 で規定する規格の適用範囲に合わせて，主題を情報セキュリティの範囲に限定している.

現規格と旧規格との間にはこのような相違があるため，組織で旧規格の箇条 14 を実施していた場合に，そのプロセスによっては必ずしも現規格の 17.1 の施策を実施することにならない点に注意が必要である．この点については，この箇条に関する以降の解説でも詳述する.

なお，旧規格の“事業継続管理”及び現規格の“事業継続マネジメント”は，いずれも“business continuity management”の訳語であって，意味は同じである．現規格では“ISO 22301:2012　Societal security—Business continuity management systems—Requirements”の国際一致規格として制定された“JIS Q 22301:2013　社会セキュリティ—事業継続マネジメントシステム—要求事項”に訳語に合わせた.

(b)　冗長性

“17.2 冗長性”は新たに追加されたカテゴリである．管理策を一つ置き，情報処理施設について可用性の要求事項を満たすのに十分な冗長性の確保を求めている．一般に情報セキュリティの要素である情報の可用性を確保する施策は，情報，機器，設備又は施設のような様々な段階で考えられるが，その中で施設の可用性は，事業継続マネジメントの施策でもあることから，冗長性に関するカテゴリをこの箇条に置いている．

17.1　情報セキュリティ継続

> **17　事業継続マネジメントにおける情報セキュリティの側面**
> **17.1　情報セキュリティ継続**
>
> **目的**　情報セキュリティ継続を組織の事業継続マネジメントシステムに組み込むことが望ましい．

(1)　概　要

本カテゴリでは，事業継続マネジメントにおける情報セキュリティの側面である情報セキュリティ継続について，その計画（17.1.1），実施（17.1.2）並びに検証，レビュー及び評価（17.1.3）についての指針を示している．

(a)　情報セキュリティ継続とは

“情報セキュリティ継続”（information security continuity）は，ISO/IEC 27000（JIS Q 27000）で“継続した情報セキュリティの運用を確実にするためのプロセス及び手順”と定義されている．また，この定義にある“情報セキュリティ”は“情報の機密性,完全性及び可用性を維持すること（preservation)”と定義されている．

情報セキュリティの定義では，その将来にわたる継続的な維持の側面を必ずしも明確にしていない．これに対して情報セキュリティ継続は，将来にわたる継続した情報セキュリティの運用が主題であって，災害や事業環境の急激な変化などの平常の事業運営とは異なる事態においてもある水準で情報セキュリティを維持するために，平常時から備える施策である．

(b)　情報セキュリティ継続と事業継続マネジメントシステムの関係

“事業継続マネジメントシステム”は，ISO 22301:2012（JIS Q 22301:2013）でその定義と要求事項が規定されている．“事業継続マネジメントシステム”の定義は次のとおりである．

JIS Q 22301:2013

3.5

事業継続マネジメントシステム，BCMS（business continuity management system）

マネジメントシステム全体の中で，事業継続の確立，導入，運用，監視，レビュー，維持及び改善を担う部分．

注記　マネジメントシステムには，組織の構造，方針，計画作成活動，責任，手順，プロセス及び資源が含まれる．

この定義に使われている用語“事業継続”の定義は次のとおりである．

JIS Q 22301:2013

3.3

事業継続（business continuity）

事業の中断・阻害などを引き起こすインシデントの発生後，あらかじめ定められた許容レベルで，製品又はサービスを提供し続ける組織の能力（**JIS Q 22300** 参照）．

注記　組織の能力だけでなく，組織の行為を示す場合もある．

引用した“17.1 情報セキュリティ継続”の“目的”では，このように定義される事業継続マネジメントシステムの一部として情報セキュリティ継続のプロセス及び手順を組み込むことを本カテゴリの目的としている．組織の事業継続マネジメントシステムの要素として，情報セキュリティ継続が想定されている．

(c)　目的の解釈

本箇条の表題では“事業継続マネジメント”という語を用いている．また，目的では，表題とは異なり“事業継続マネジメントシステム”を用いている．実は“事業継続マネジメントシステム”は，この規格でこの1回しか使われておらず，本箇条においても，目的以外では一貫して“事業継続マネジメント”が使われている．このことと，現規格が組織における情報セキュリティに関する汎用の規格であって事業継続マネジメントシステムの存在を一般的に前提にできないことから，目的に含まれている“事業継続マネジメントシステム”は“事業継続マネジメント”に置き換えて読むことが妥当であると思われる．ISO 22301:2012（JIS Q 22301:2013）において，用語“事業継続マネジメント”は次のとおりに定義されている．

JIS Q 22301:2013

3.4

事業継続マネジメント（business continuity management）

組織への潜在的な脅威，及びそれが顕在化した場合に引き起こされる可能性がある事業活動への影響を特定し，主要な利害関係者の利益，組織の評判，ブランド，及び価値創造の活動を保護する効果的な対応のための能力を備え，組織のレジリエンスを構築するための枠組みを提供する包括的なマネジメントプロセス．

さらに，目的の文末が“～ことが望ましい”となっており，他の目的の記述とは異なる．その趣旨は他の目的の記述と同じく“～ため”である．

以上から，本カテゴリ 17.1 の“目的”は“情報セキュリティ継続を組織の事業継続マネジメントに組み込むため”と読むことが適切である．

（2）　旧規格からの変更点

本カテゴリ及び目的は，旧規格の箇条 14（事業継続管理）を継承するものとして全面的に書き直されたものである．

旧規格の対応するカテゴリは 14.1（事業継続管理における情報セキュリティの側面）である．その目的は 16 行にわたる長文のものであるが，次に引用する第 1 文でその要点を示していた．

“情報システムの重大な故障又は災害の影響からの事業活動の中断に対処するとともに，それらから重要な業務プロセスを保護し，また，事業活動及び重要な業務プロセスの時機を失しない再開を確実にするため．”

旧規格のこの目的は，事業継続管理（事業継続マネジメント）に関するものであって，かつ，“情報システムの重大な故障”に特に言及している点に特徴があった．組織の事業継続の重要な条件として，情報システムの安定した稼働が欠かせないことを取り上げたものである．これは，旧規格の管理策及び実施の手引で“情報処理設備”及び“情報処理施設”の保護を求めていたことにつながる．

現規格では，情報処理施設について言及があるのは“17.1 情報セキュリティ継続”ではなく，後述する“17.2 冗長性”である．

旧規格の目的にいう“情報システムの重大な故障又は災害の影響からの事業活動の中断に対処する”ことは，情報及び資産の可用性を維持するためであることを意味している．これは現規格で情報セキュリティと区別して導入した情報セキュリティ継続とは異なり，情報セキュリティの一部である可用性を目的としたものであった．現規格では，可用性の要件は17.1ではなく17.2で広く対応している．

本カテゴリは三つの管理策で構成されている．現規格と旧規格の管理策を，新旧対応表ISO/IEC TR 27023では表3.17.1のとおりに対応付けている[*2]．ただし，この対応付けが必ずしも適切でないことは，上述したとおりである．旧規格に基づき実施していた事業継続管理(事業継続マネジメント)の施策は，

表 3.17.1　現規格と旧規格のカテゴリと管理策の新旧対応表

現規格	旧規格
17.1　情報セキュリティ継続	14.1　事業継続管理における情報セキュリティの側面
17.1.1　情報セキュリティ継続の計画	14.1.1　事業継続管理手続への情報セキュリティの組込み 14.1.2　事業継続及びリスクアセスメント 14.1.3　情報セキュリティを組み込んだ事業継続計画の策定及び実施
17.1.2　情報セキュリティ継続の実施	14.1.1　事業継続管理手続への情報セキュリティの組込み 14.1.3　情報セキュリティを組み込んだ事業継続計画の策定及び実施
—	14.1.4　事業継続計画策定の枠組み
17.1.3　情報セキュリティ継続の検証，レビュー及び評価	14.1.5　事業継続計画の試験，維持及び再評価

[*2] ISO/IEC TR 27023には，旧規格の管理策に現規格の管理策を対応付けた表（Table 2）と，逆に，現規格の管理策に旧規格の管理策を対応付けた表（Table 3）がある．この二つの表は，非対称な部分がある．例えば，Table 2で旧規格の管理策14.1.5に現規格の管理策17.1.3を対応付けているが，Table Cでは現規格の管理策17.1.3に対応する旧規格の管理策はないとしている．本書のこの表では，Table 2，Table 3のいずれかで対応関係を示している場合に，その新旧管理策を対応付けて並べて示している．

その内容によって，現規格の 17.1 の管理策を実施することになる場合と，ならない場合がある．後述するそれぞれの管理策 17.1.1, 17.1.2 及び 17.1.3 において“困難な状況”（adverse situation）における情報セキュリティを主題としており，したがって，困難な状況における情報の機密性の維持を求めていることに注意する必要がある．困難な状況における情報の機密性の維持は旧規格にはなかった要求である．

17.1.1　情報セキュリティ継続の計画

管理策

組織は，困難な状況（adverse situation）（例えば，危機又は災害）における，情報セキュリティ及び情報セキュリティマネジメントの継続のための要求事項を決定することが望ましい．

実施の手引

組織は，情報セキュリティの継続が事業継続マネジメント（以下，BCM という.）プロセス又は災害復旧管理（以下，DRM という.）プロセスに織り込まれているか否かを判断することが望ましい．事業継続及び災害復旧に関する計画を立てる場合は，情報セキュリティ要求事項を定めることが望ましい．

事業継続及び災害復旧に関する正式な計画が策定されていない場合には，通常の業務状況とは異なる困難な状況においても，情報セキュリティ要求事項は変わらず存続することを，情報セキュリティマネジメントの前提とすることが望ましい．別の方法として，困難な状況に適用できる情報セキュリティ要求事項を定めるために，情報セキュリティの側面について事業影響度分析（以下，BIA という.）を実施することもできる．

関連情報

情報セキュリティに対して“追加的な”BIA を実施するための時間及び労力を軽減するには，通常の BCM 又は DRM における BIA に，情報セキュリティに関する側面を織り込むことが推奨される．すなわち，情報セキュリティ継続に関する要求事項が，BCM プロセス又は DRM プロセスにおいて明確に定められているということである．

BCM に関する情報が，**JIS Q 22301**[8]，**ISO 22313**[9]及び **ISO/IEC 27031**[14]に示されている．

(1)　概　要

本管理策では，情報セキュリティ継続及び情報セキュリティマネジメントの継続のための要求事項を決定することを求めている．ただし，情報セキュリティマネジメントの継続は情報セキュリティ継続から導出されるものである．

(a)　継続のための要求事項

本カテゴリ全体が現規格への改正にあたって全面的に書き直され，その中でこの管理策も新たに書き起こされた．このためもあって，実施の手引は一般的な事項を簡潔に示すまでにとどめている．ここで具体的には示されていない“継続のための要求事項”は“困難な状況”に対応する次のような事項である．

① 困難な状況において，情報の機密性及び完全性が規定した水準で確保されること

② 困難な状況において，情報の可用性が規定した水準で確保されること．組織の情報を保有する情報システム及び伝達するネットワーク等の機器の可用性が規定した水準で確保され，これらに依存する業務が規定した水準で実施できること

(b)　“困難な状況”とは

実施の手引では“困難な状況”への対応である情報セキュリティ継続が，事業継続マネジメントプロセス又は災害復旧管理プロセスに織り込まれていることを期待している．ただし“困難な状況”については，管理策の中で“例えば，危機又は災害”と補足されているのみである．“困難な状況”には，自然災害の発生，電力・ガス・水等の供給停止，通信サービスの停止，利用している外部の情報処理サービスの停止，テロ等人的加害，流行性疾病感染拡大等が考えられる．困難な状況においては，建屋の損壊等による物理的セキュリティの毀損，人的損害による情報セキュリティのための組織及びコミュニケーションの阻害，情報システムを含む組織の事業基盤の停止等の可能性がある．

このような状況において，組織が様々な場面や業務において保有し，管理する情報について“機密性”“完全性”及び“可用性”をあらかじめ規定した水準で確保することが，この管理策で決定を求めている要求事項である．困難な状況において求めるこれらの水準は，平常時に求める水準とは異なる場合がある．災害時に施設の入退室管理を緩和したり，復旧のために媒体を運搬したりするために，求める機密性の水準を平常時とは異なる設定とすることなどが考えられる．

どのような場面や業務に対して情報セキュリティ継続の備えをするか，その範囲は組織で事業判断によって決定すべきものである．

(2)　旧規格からの変更点

本管理策は現規格への改正にあたって新たに書き起こされたものである．現規格の管理策にいう情報セキュリティ継続は旧規格にはない，新しい概念である．情報セキュリティ継続の中で，困難な状況における機密性の確保に関する要求事項の決定は旧規格にはなかった．他方，困難な状況における可用性の確保は，現規格の要求事項の一部であるとともに，旧規格の14.1（事業継続管理における情報セキュリティの側面）の要求事項でもあり，この点では新旧規格に重なりがある．

17.1.2　情報セキュリティ継続の実施

管理策

組織は，困難な状況の下で情報セキュリティ継続に対する要求レベルを確実にするための，プロセス，手順及び管理策を確立し，文書化し，実施し，維持することが望ましい．

実施の手引

組織は，次の事項を確実にすることが望ましい．

a) 必要な権限，経験及び力量を備えた要員を用い，中断・阻害を引き起こす事象に備え，これを軽減し，これに対処するための十分な管理構造を設ける．

b) インシデントを管理し，情報セキュリティを維持するための責任，権限及び力量を備えたインシデント対応要員を任命する．

c) 計画，対応及び回復の文書化した手順を策定し，これらを承認する．この計画及び手順では，経営陣が承認した情報セキュリティ継続の目的に基づいて，組織が中断・阻害を引き起こす事象を管理し，その情報セキュリティを既定のレベルに維持する場合の方法を詳細に記す（**17.1.1** 参照）．

組織は，情報セキュリティ継続に関する要求事項に従って，次の事項を確立し，文書化し，実施し，維持することが望ましい．

a) 事業継続又は災害復旧のためのプロセス及び手順，並びにこれらを支援するシステム及びツールにおける情報セキュリティ管理策

b) 困難な状況において既存の情報セキュリティ管理策を維持するための，プロセス及び手順の変更並びにそれらの実施の変更

c) 困難な状況において維持することが不可能な情報セキュリティ管理策を補うための

管理策

関連情報

事業継続又は災害復旧に関しては，具体的なプロセス及び手順を定めておくこともできる．このようなプロセス及び手順，又はこれらを支援するための専用の情報システムで扱われる情報は，保護することが望ましい．このため，組織は，事業継続又は災害復旧に関するプロセス及び手順を確立，実施及び維持する場合には，情報セキュリティの専門家を関与させることが望ましい．

実施されている情報セキュリティ管理策は，困難な状況においても，継続して運用することが望ましい．セキュリティ管理策が情報のセキュリティの確保を継続できない場合には，許容可能な情報セキュリティレベルを維持するために，他の管理策を確立し，実施し，維持することが望ましい．

(1)　概　要

この管理策では，管理策“17.1.1 情報セキュリティ継続の計画”に基づいて決定した情報セキュリティ継続のための要求事項に基づき，これを具体化するプロセス，手順及び管理策を確立し，文書化し，実施し，維持することを求めている．

災害発生等の困難な状況においては，平時を想定した情報セキュリティのためのプロセス，手順及び管理策が実施できなくなるおそれがある．物理的又は技術的な管理策が，建屋や機器が損壊することによって無効になる場合がある．また，組織・要員が業務に就くことができなかったり，失われたりするおそれもある．これらの起こりうる事態を想定して，代替のプロセス，手順又は管理策をあらかじめ確立し，文書化して困難な状況に備えることを具体的に示している．

(2)　旧規格からの変更点

本管理策も，現規格で新たに書き起こされたものである．現規格の情報セキュリティ継続は旧規格にはなかったが，その一部である可用性の確保は旧規格の 14.1（事業継続管理における情報セキュリティの側面）と重なりがある．

17.1.3　情報セキュリティ継続の検証，レビュー及び評価

管理策

確立及び実施した情報セキュリティ継続のための管理策が，困難な状況の下で妥当かつ有効であることを確実にするために，組織は，定められた間隔でこれらの管理策を検証することが望ましい．

実施の手引

運用に関するものか，継続に関するものかを問わず，組織，技術，手順及びプロセスの変更が，情報セキュリティ継続に関する要求事項の変更につながることがある．このような場合には，変更後の要求事項に照らして，情報セキュリティのためのプロセス，手順及び管理策の継続性をレビューすることが望ましい．

組織は，次に示す方法によって，情報セキュリティマネジメントの継続を検証することが望ましい．

a)　情報セキュリティ継続のためのプロセス，手順及び管理策の機能が情報セキュリティ継続の目的と整合していることを確実にするために，これらの機能を実行し，試験する．

b)　情報セキュリティ継続のためのプロセス，手順及び管理策を機能させる知識及びルーチンを実行及び試験し，そのパフォーマンスが情報セキュリティ継続の目的に整合していることを確実にする．

c)　情報システム，情報セキュリティのプロセス，手順及び管理策，又はBCM・DRMのプロセス及びソリューションが変更された場合には，情報セキュリティ継続のための手段の妥当性及び有効性をレビューする．

関連情報

情報セキュリティ継続のための管理策の検証は，一般的な情報セキュリティの試験及び検証とは異なるため，変更に対する試験とは別に実施することが望ましい．可能であれば，情報セキュリティ継続のための管理策の検証と，組織の事業継続試験又は災害復旧試験とを統合することが望ましい．

(1)　概　要

本管理策では，管理策“17.1.2 情報セキュリティ継続の実施”で確立したプロセス，手順及び管理策が，継続してその妥当性及び有効性を維持していることを確実にするために，これらを検証することを求めている．“17.1.1 情報セキュリティ継続の計画”及び 17.1.2 とあわせて，三つの管理策で情報セキュリティ継続のライフサイクルを構成している．

17.1.1 で決定した情報セキュリティ継続のための要求事項は，組織の事業目的や事業環境の変化とともに変わる可能性がある．また 17.1.2 で確立し，実施しているプロセス，手順及び管理策も，組織の事業展開，組織構造及び事業環境の変化並びに技術の変化に応じて変わるべきものである．これらの変化に対応するために，この管理策が必要になる．

実施の手引において，妥当性及び有効性を検証する対象として，情報セキュリティ継続のためのプロセス，手順及び管理策の機能［a)］及びこれらを機能させる知識及びルーチン［b)］をあげている．また，妥当性及び有効性をレビューすべき場合として，情報セキュリティ又はBCM・DRMのプロセスが変更された場合を示している［c)］．

(2) 旧規格からの変更点

本管理策も，現規格で新たに書き起こされたものである．旧規格では14.1.5（事業継続計画の試験，維持及び再評価）が現規格の本管理策に関係が深い．ただし，ここでも旧規格では事業継続計画を主題としており，その中の情報セキュリティについても，情報の可用性に着目している．現規格は，情報の可用性だけでなく，機密性及び完全性を含む情報セキュリティ全般について，その継続性の検証を扱っている点で異なるものである．

17.2 冗 長 性

17.2 冗長性

目的 情報処理施設の可用性を確実にするため．

(1) 概 要

本カテゴリでは，情報処理施設に冗長性をもたせることによって可用性を確保することについての指針を示している．表題は“冗長性”（redundancy）であるが，目的及び管理策では情報処理施設の可用性を扱っている．冗長性は可用性を確保するための手段である．

情報，あるいは機器の可用性については，現規格の多くの管理策や実施の手引に記述がある[*3]．それだけでなく，その他の情報セキュリティの管理策も，可用性にも関連するものが多い．現規格では“5 情報セキュリティのための方針群”から“15 供給者関係”までの11の箇条が，いずれも情報の機密性，完

[*3] 現規格の6.1.3，8.2.1，11.2.4，12.1.3，12.7.1，13.1.1，13.2.3，14.1.1，14.1.2，14.2.2，15.1.1，16.1.2に可用性に関する記述がある．

全性及び可用性の確保につながるものである．“機密性”“完全性”及び“可用性”の確保に共通する考え方が“知る必要性”（Need to know）及び“使用する必要性”（Need to use）の二つの原則である（現規格の“9.1.1 アクセス制御方針”の実施の手引を参照）．この原則を実現する多くの管理策が箇条5から箇条16に配置されている．

これらとの重複もあるが，本カテゴリでは，情報処理施設を構成する機器の冗長性を確保することが可用性の向上・確保のための基本的な手段であることに着目して，冗長性の確保を主題にしている．

(2)　旧規格からの変更点

本カテゴリ及び目的は現規格で新たに追加されたものである．

本カテゴリは一つの管理策で構成している．現規格と旧規格のカテゴリと管理策を新旧対応表ISO/IEC TR 27023では表3.17.2のとおりに対応付けている．これによると，現規格の17.2及び17.2.1に対応する旧規格のカテゴリ及び管理策は存在しないとされている．しかし，旧規格の14.1（事業継続管理における情報セキュリティの側面）が情報システムの可用性を扱うものであり，その内容は，現規格では本カテゴリ17.2に合致するものであることは，先の“17.1 情報セキュリティ継続”の解説で述べたとおりである．

表3.17.2　現規格と旧規格のカテゴリと管理策の新旧対応表

現規格	旧規格
17.2　冗長性	—
17.2.1　情報処理施設の可用性	—

17.2.1　情報処理施設の可用性

管理策

情報処理施設は，可用性の要求事項を満たすのに十分な冗長性をもって，導入することが望ましい．

実施の手引

組織は，情報システムの可用性に関する業務上の要求事項を特定することが望ましい．既存のシステムアーキテクチャを利用しても可用性を保証できない場合には，冗長な構成要素又はアーキテクチャを考慮することが望ましい．

該当する場合，一つの構成要素から別の構成要素への切替え（failover）が意図したとおりに動作することを確実にするために，冗長な情報システムを試験することが望ましい．

関連情報

冗長性を組み入れることで，情報及び情報システムの完全性又は機密性に対するリスクが生じることがある．情報システムを設計する場合は，この点を考慮する必要がある．

(1)　概　要

本管理策では，組織において情報処理に用いる情報処理施設を十分な冗長性をもって導入し，それによって情報の可用性の要求事項を満たすことを求めている．この管理策は組織において情報処理を活用する業務に広く適用できる．コンピュータ及びネットワーク機器等を含む機器の故障への備えも，自然災害及び電力供給停止等の“困難な状況”（“17.1.1 情報セキュリティ継続の計画”の管理策を参照）への備えも，この管理策で対応している．

(a)　情報の可用性と機器の可用性

“可用性”という語は，ISO/IEC 27000（JIS Q 27000）において“認可されたエンティティが要求したときに，アクセス及び使用が可能である特性”と定義されている．可用性の対象は，組織が業務プロセスでアクセスし，使用する情報である．情報の可用性は，それを保有したり伝達したりする機器が使いたいときに使えることにより確保されるため，機器の可用性によって確保される．このため，可用性の概念は，情報だけでなく，機器及び情報処理施設にも適用されることとなる．

(b)　可用性の要求事項と情報処理施設の冗長性

管理策に，情報処理施設の“可用性の要求事項”がやや唐突に現れる．可用性の要求事項は，その情報処理施設又はこれを構成する機器をアクセスし，又は使用する業務に求められる，稼働の安定性についての要求事項から決定される．

“情報処理施設”は，ISO/IEC 27000（JIS Q 27000）において“あらゆる情報処理のシステム，サービス若しくは基盤，又はそれらを収納する物理的場所”と定義されている．情報処理施設の冗長性は，これらの様々な要素に冗長性をもたせることによって実現することができる．

実施の手引において“一つの構成要素から別の構成要素への切替え”(failover) について，あらかじめ試験を実施することを述べている．平常時には行わない切替えが，必要なときに期待どおりに作動することを試験によって確認するとともに，その操作手順を操作員が経験しておくことが緊急の事態において確実に切替えを行うために重要である．

(2)　旧規格からの変更点

本管理策は現規格で新たに追加されたものである．このため，新旧対応表 ISO/IEC TR 27023 では旧規格の管理策に対応付けていない．ただし，管理策の内容は，情報処理施設の可用性を求める点で，旧規格の 14.1（事業継続管理における情報セキュリティの側面）を継承している側面がある．

18 順　　守

(1) 概　要

本箇条では，順守に関する管理目的及び管理策を定めている．

本箇条には“18.1 法的及び契約上の要求事項の順守”及び“18.2 情報セキュリティのレビュー”の二つのカテゴリがある．また，図 3.18.1 に示すとおり，本箇条には八つの管理策がある．

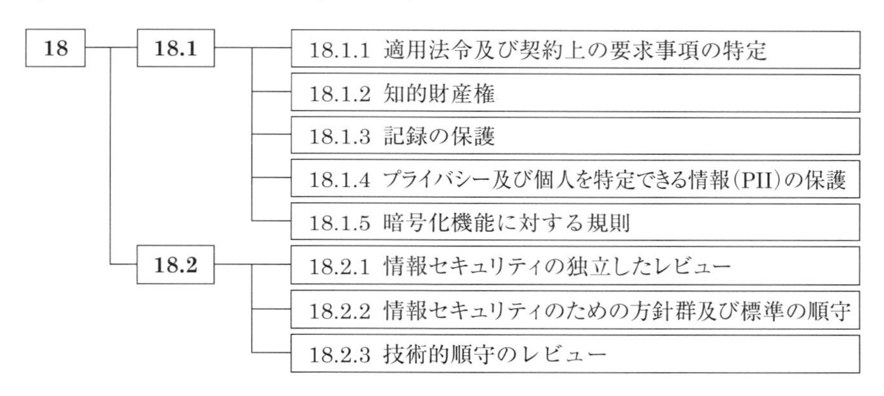

図 3.18.1　順守の管理策

(2) 旧規格からの変更点

旧規格の 15.1（法的要求事項の順守）及び 15.2（セキュリティ方針及び標準の順守，並びに技術的順守）は，それぞれ，現規格の“18.1 法的及び契約上の要求事項の順守”及び“18.2 情報セキュリティのレビュー”に継承されている．他方，旧規格の 15.3（情報システムの監査に対する考慮事項）は，現規格では“12.7 情報システムの監査に対する考慮事項”として，情報システムの運用における情報セキュリティを扱う“12 運用のセキュリティ”に移している．

管理策も，現規格への改正に際して若干の調整を行っている．まず，旧規格の 15.1.5（情報処理施設の不正使用防止）は，自明であるという理由で，現規格では削除されている．また，旧規格の 6.1.8（情報セキュリティの独立したレビュー）を現規格では“18.2 情報セキュリティのレビュー”の管理策“18.2.1 情報セキュリティの独立したレビュー”として本箇条に移されている.

本箇条は，新旧規格で対応する管理策においては，その実施の手引及び関連情報の記事も含めて変更が少ない．この点は，やはり変更の少なかった“10 暗号”と同様に，現規格の中で特徴的である.

18.1　法的及び契約上の要求事項の順守

> **18　順守**
>
> **18.1　法的及び契約上の要求事項の順守**
>
> **目的**　情報セキュリティに関連する法的，規制又は契約上の義務に対する違反，及びセキュリティ上のあらゆる要求事項に対する違反を避けるため.

(1)　概　要

この目的において違反を避けるべきものとしてあげられているのは“情報セキュリティに関連する法的及び規制の義務”“情報セキュリティに関連する契約上の義務”及び“セキュリティ上の要求事項”である．これらに該当する義務及び要求事項はここには明示されていない．“18.1.1 適用法令及び契約上の要求事項の特定”に従って，該当する義務及び要求事項を特定することが組織に求められている.

(2)　旧規格からの変更点

本カテゴリは旧規格の15.1（法的要求事項の順守）を継承している．現規格と旧規格のカテゴリと管理策を新旧対応表ISO/IEC TR 27023では表3.18.1のとおりに対応付けている.

表 3.18.1　現規格と旧規格のカテゴリと管理策の新旧対応表

現規格	旧規格
18.1　法的及び契約上の要求事項の順守	15.1　法的要求事項の順守
18.1.1　適用法令及び契約上の要求事項の特定	15.1.1　適用法令の識別

表 3.18.1（続き）

現規格	旧規格
18.1.2　知的財産権	15.1.2　知的財産権（IPR）
18.1.3　記録の保護	15.1.3　組織の記録の保護
18.1.4　プライバシー及び個人を特定できる情報（PII）の保護	15.1.4　個人データ及び個人情報の保護
―	15.1.5　情報処理施設の不正使用防止
18.1.5　暗号化機能に対する規制	15.1.6　暗号化機能に対する規制

18.1.1　適用法令及び契約上の要求事項の特定

管理策

各情報システム及び組織について，全ての関連する法令，規制及び契約上の要求事項，並びにこれらの要求事項を満たすための組織の取組みを，明確に特定し，文書化し，また，最新に保つことが望ましい．

実施の手引

これらの要求事項を満たすための具体的な管理策及び具体的な責任についても定め，文書化することが望ましい．

管理者は，その事業の種類に関連した要求事項を満たすために，各自の組織に適用される全ての法令を特定することが望ましい．組織が他の国で事業を営む場合には，管理者は，関連する全ての国における順守を考慮することが望ましい．

(1)　概　要

本管理策は“18.1.2 知的財産権”から“18.1.5 暗号化機能に対する規制”の各管理策で関連する法令及び規制についての個別の要求事項を取り上げる前に置かれ，組織において関連する法令，規制及び契約上の要求事項をすべて特定することを求めている．“関連する”とは“18.1 法的及び契約上の要求事項の順守”の目的に従い“情報セキュリティに関連する”及び“セキュリティ上のあらゆる要求事項に関する”という意味である．

(a)　関連する法令，規制及び契約上の要求事項

情報セキュリティに関連する法令，規制及び契約上の要求事項が何であるか，必ずしも客観的に決まるわけではない．“情報セキュリティ”は ISO/IEC 27000（JIS Q 27000）において“情報の機密性，完全性及び可用性を維持す

ること”と定義されている．他方，法令及び規制では，保護すべき権利利益が明らかにされ，権利利益を保護する手段として，特定の情報に関する情報セキュリティの確保が有効な場合がある．有効な情報セキュリティの確保は法令及び規制で直接に求められるとは限らない．

本カテゴリ 18.1 においては“情報セキュリティに関連する法令，規制及び契約上の要求事項”には，より広く“情報に関連する法令，規制及び契約上の要求事項”を含める傾向が見られる．例えば“18.1.1 適用法令及び契約上の要求事項の特定”の管理策を具体化する位置付けにある後続の管理策の中でも“18.1.2 知的財産権”は定義どおりの情報セキュリティとは別の主題である．著作権，特許権等の知的財産権の保護は，情報の“機密性”“完全性”及び“可用性”の維持とは別のことである．

情報セキュリティとの関連いかんによらず，組織の活動に関係する法令，規制及び契約上の要求事項は当然に順守すべきものであって，本来，組織で特定し，認識しているはずである．その状況においてなお，この管理策では，特に情報セキュリティに関連するものの範囲を組織で決定し，該当するものを特定することを求めている．これは，関連する要求事項の順守を確実なものとするためである．このことは，情報セキュリティの施策が法令及び規制の目的を達成する手段に位置付けられ，対応関係が必ずしも自明ではないという前述の事情に鑑み，必要なことである．実際，我が国においても情報セキュリティに関係する事項が多数の法令及び規制で定められているという現状があり，この管理策に基づいて法令及び規制を特定することで，意図せず見落とす可能性を低減することができる．

(b) 関連する法令，規制及び契約上の要求事項の観点

法令，規制及び契約上の要求事項であって情報セキュリティに関連するものの範囲を決定するときに，次のような分類に基づき範囲を決定することが，関連するものとして範囲に含める根拠を明らかにすることにもなる．

① 組織の情報セキュリティの要求事項又は管理策を定めるもの［例えば，個人情報の保護に関する法律（平成十五年五月三十日法律第五十七号）に

おける個人データの安全管理措置]

② 情報セキュリティに隣接する分野の法令，規制又は契約上の要求事項（例えば，知的財産権に関する法令又は規制）

③ 組織の事業上の利益を保護するもの［例えば，不正競争防止法（平成五年五月十九日法律第四十七号）における営業秘密の保護］

④ 他の組織の利益を保護するもの（例えば，ソフトウェア製品の使用に関するライセンス契約）

⑤ 行政上の要求事項，特に業種ごとの行政上の要求事項（例えば，記録の保持，通信記録の提出）

⑥ 訴訟への備え（例えば，証拠とする記録の保持）

我が国における情報セキュリティに関連する法令及びその要求事項を特定する際に，既存の文献を参考にすることができる[*1].

(c) 要求事項を満たすための組織の取組み

この管理策では，要求事項を満たすための組織の取組みを特定することも求めている．取組みを特定することには，“どのような施策”を“どのような方法”で“誰が”行うかを決定することを含めることになる．

(d) 文書化及び最新性の維持

さらに，この管理策では，特定した要求事項及びこれらの要求事項を満たすための組織の取組みを文書化し，最新に保つことを求めている．法令，規制及び契約の変化を確実に把握し，文書化した組織の取組みに反映していく必要がある．

(e) 他国の法令及び規制の考慮

実施の手引で“組織が他の国で事業を営む場合”について述べている．この場合には，当然，該当するそれぞれの国の法令及び規制を考慮する必要がある．他の国で事業を営む場合以外にも，他の国で提供されているクラウドコンピューティングサービス等の情報処理サービスをネットワークを通して利用す

[*1] 代表的な文献に『情報セキュリティの法律［改訂版］』（岡村久道著，商事法務，2011年）がある．

る場合で，組織の情報を国外に置くこととなる場合には，やはりその国の法令及び規制を考慮する必要がある．

(2)　旧規格からの変更点

18.1.1は旧規格の15.1.1（適用法令の識別）を継承している．

18.1.2　知的財産権

管理策

知的財産権及び権利関係のあるソフトウェア製品の利用に関連する，法令，規制及び契約上の要求事項の順守を確実にするための適切な手順を実施することが望ましい．

実施の手引

知的財産となり得るものを保護するために，次の事項を考慮することが望ましい．

a)　ソフトウェア製品及び情報製品の合法利用を明確に定めた知的財産権順守方針を公表する．

b)　著作権を侵害しないことを確実にするために，ソフトウェアは，知名度の高い，かつ，定評のある供給元だけを通して取得する．

c)　知的財産権を保護するための方針に対する認識を持続させ，それらの方針に違反した要員に対して懲罰処置をとる意思を通知する．

d)　適切な資産登録簿を維持・管理し，知的財産権の保護が求められている全ての資産を特定する．

e)　使用許諾を得ていることの証明及び証拠，マスタディスク，手引などを維持・管理する．

f)　使用許諾で許可された最大利用者数を超過しないことを確実にするための管理策を実施する．

g)　認可されているソフトウェア及び使用許諾されている製品だけが導入されていることのレビューを行う．

h)　適切な使用許諾条件を維持・管理するための方針を定める．

i)　ソフトウェアの処分又は他人への譲渡についての方針を定める．

j)　公衆ネットワークから入手するソフトウェア及び情報の使用条件に従う．

k)　著作権法が認めている場合を除いて，商用記録（フィルム，録音）を複製，他形式に変換，又は抜粋しない．

l)　著作権法が認めている場合を除いて，書籍，記事，報告書又はその他文書の全部又は一部を複写しない．

関連情報

知的財産権には，ソフトウェア又は文書の著作権，意匠権，商標権，特許権及びソースコード使用許諾権が含まれる．

権利関係のあるソフトウェア製品は，通常，許諾の条件（例えば，その製品の利用を指定した機器だけに限定，複製をバックアップコピーの作成だけに限定．）を明記した使用許諾契約のもとで供給される．その組織で開発したソフトウェアに関しては，知的財産権の重要性及びこれに対する認識を担当職員に伝達しておくことが望ましい．

法令，規制及び契約上の要求事項が，権利関係のあるものの複製に規制を加える場合がある．特に，組織が開発したもの，又は作成者が組織に使用許諾若しくは提供したものだけを利用するように要求する場合もある．著作権を侵害した場合，法的処置がとられ，罰金が科せられたり刑事訴訟となる場合もある．

(1)　概　要

本管理策は“知的財産権”と“権利関係にあるソフトウェア製品の利用”を分けて，次のとおりに読むとわかりやすい．

“知的財産権に関連する法令及び規制の要求事項並びに権利関係のあるソフトウェア製品の利用に関連する契約上の要求事項の順守を確実にするための適切な手順を実施することが望ましい．”

実施の手引で列挙している事項は，知的財産権に関する c)，d)，k) 及び l) と，ソフトウェア製品の利用に関するその他の事項とに分けることができる．ただし，a) 及び b) は知的財産権とソフトウェア製品の利用の両方に関係がある．

実施の手引の f) 及び g) では，ソフトウェア製品の使用にあたり，使用許諾条件を確実に順守するための施策を示している．“使用許諾された最大利用者数を超過しないこと”［f)］，及び“認可されているソフトウェア及び使用許諾されている製品だけが導入されていること”［g)］を確実に達成するために，ソフトウェアライセンスの管理を自動化するツールを活用することができる．このようなツールは，管理を確実なものとするだけでなく，管理の省力化にも効果が期待できる．

実施の手引の j) では“公衆ネットワークから入手するソフトウェア及び情報”に言及している．特に，消費者向けに普及しているスマートフォン及びタブレット端末は市場に流通している多様なアプリケーションを公衆ネットワークから入手するのが一般的な利用方法となっている．組織でスマートフォン又はタブレット端末を導入するのであれば，本管理策で求める知的財産権の保護のほか，情報セキュリティリスク及びその他の要因を考慮して，従業員による利用の条件及び規則を定め，これを実施することが重要である．

(2)　旧規格からの変更点

“18.1.2 知的財産権”は旧規格の 15.1.2［知的財産権（IPR）］を継承している．

18.1.3　記録の保護

管理策

記録は，法令，規制，契約及び事業上の要求事項に従って，消失，破壊，改ざん，認可されていないアクセス及び不正な流出から保護することが望ましい．

実施の手引

具体的な組織の記録の保護について決定する場合は，組織の分類体系に基づき，その情報に適用されている分類を考慮することが望ましい．記録類は，記録の種類（例えば，会計記録，データベース記録，トランザクションログ，監査ログ，運用手順）によって，また，更にそれぞれの種類での保持期間及び許容される記憶媒体の種類（例えば，紙，マイクロフィッシュ，磁気媒体，光媒体）の詳細によって分類することが望ましい．保存した記録の暗号化又はディジタル署名に用いた暗号鍵及び暗号プログラム（箇条 **10** 参照）もまた，その記録類を保存している期間中に記録の復号が可能なように，保管することが望ましい．

記録の保存に用いる媒体が劣化する可能性を考慮することが望ましい．保存及び取扱いの手順は，製造業者の推奨の仕様に従って実施することが望ましい．

電子的記憶媒体を選択する場合は，将来の技術変化によって読出しができなくなることを防ぐために，保持期間を通じてデータにアクセスできること（媒体及び書式の読取り可能性）を確実にする手順を確立することが望ましい．

満たすべき要求に応じて，許容される時間枠内及び書式で，要求されたデータを取り出すことができるような，データ保存システムを選択することが望ましい．

保存及び取扱いシステムは，記録の特定，及び適用される場合には，国又は地域の法令又は規制に定められている保持期間の明確な特定を確実にすることが望ましい．保持期間が終了した後，組織にとって必要ない場合には，そのシステムは，記録を適切に破棄できるようにすることが望ましい．

これらの記録保護の目的を満たすため，組織内では，次の段階を経ることが望ましい．

a)　記録及び情報の保持，保存，取扱い及び処分に関する指針を発行する．

b)　記録及びそれらの記録の保持することが望ましい期間を明確にした保持計画を作成する．

c)　主要な情報の出典一覧を維持・管理する．

関連情報

一部の記録は，基本的な事業活動を支えるためと同様に，法令，規制又は契約上の要求事項を満たすために，セキュリティを保って保持する必要がある場合もある．そのような記録の例には，発生する可能性のある民法上若しくは刑法上の訴訟に対する防御を確実にするため，又は株主，外部関係者及び監査人に対して組織の財務状況を裏付けるために，組織を法令又は規制に従って運営していることの証拠として要求される場合があるものが含まれる．国の法令又は規制が，情報保持のための期間及びデータの内容を定めている場合がある．

組織の記録の管理に関する追加情報が，**JIS X 0902-1**[5]に示されている．

(1)　概　要

本管理策は，記録が取得されていることを前提として，法令，規制，契約及び事業上の要求事項に従ってその保護を求めるものである．本カテゴリの目的を参照すると，ここにいう記録は“法的，規制又は契約上の義務に対する違反”及び“セキュリティ上の要求事項に対する違反”を検出し，又は抑止するためのものであることがわかる．違反の検出及び抑止を有効なものとするために，記録を“消失，破壊，改ざん，認可されていないアクセス及び不正な流出から保護すること”を求めている．

電磁的記録の有効性が法令で認められている場面が多いこともあって，電磁的記録を本管理策にいう記録とする場合に該当する，確実な復号のための暗号鍵管理，媒体劣化への備え，及び記録媒体及び記録装置の陳腐化への備えについての留意事項が実施の手引に示されている．

関連する管理策に“16.1.7 証拠の収集”がある．これは，情報セキュリティインシデント管理における記録の取得及び保護に関するものであり，特に，訴訟における証拠となることを想定している．

(2)　旧規格からの変更点

“18.1.3 記録の保護”は旧規格の 15.1.3(組織の記録の保護)を継承している．

18.1.4　プライバシー及び個人を特定できる情報（PII）の保護

管理策

プライバシー及び PII の保護は，関連する法令及び規制が適用される場合には，その要求に従って確実にすることが望ましい．

実施の手引

プライバシー及びPIIの保護に関する組織の方針を確立して実施することが望ましい．この方針は，PIIの処理に関与する全ての者に伝達することが望ましい．

この方針の順守，並びに人々のプライバシーの保護及びPIIの保護に関する全ての法令及び規制の順守のためには，適切な管理構造及び管理策が必要になる．これは，多くの場合，例えばプライバシー担当役員のような一人の責任者を任命することによって最も達成される．この責任者は，管理者，利用者及びサービス提供者に対して，それぞれの責任及び従うことが望ましい特定の手順について，手引を提供することが望ましい．PIIの取扱い，及びプライバシーの原則の認識を確実にすることについての責任は，関連する法令及び規制に従って処置することが望ましい．PIIを保護するための適切な技術的及び組織的対策を実施することが望ましい．

関連情報

ICTシステムにおいてPIIを保護するための上位の枠組みが，**ISO/IEC 29100**[25]に示されている．多くの国が，PII（一般に，生存している個人に関する情報で，その情報からその個人を特定できるもの．）の収集，処理及び伝送を規制する法令を導入している．各国の法令にもよるが，このような規制では，PIIを収集，処理及び流布する者に責務を課している場合があり，また，PIIの他国への転送を規制している場合もある．

(1)　概　要

法令及び規制で求めるプライバシー及び個人を特定できる情報（PII）の保護を順守することは当然であるが，この管理策では，順守を確実にするための施策を組織が実施することを求めている．また，想定される施策を，実施の手引で示している．

我が国では，該当する法令及び規制に，個人情報の保護に関する法律（平成十五年五月三十日法律第五十七号），経済産業省をはじめとした各省庁で定める個人情報の保護に関するガイドライン，及び自治体の個人情報保護条例等がある．また，個人情報の保護に関する法律の改正の行方も，注視する必要がある[*2]．

現規格では“プライバシー”及び“PII”に定義を与えていない．ISO/IECの

[*2] 本書執筆中に，個人情報の保護に関する法律の改正を視野に入れた“パーソナルデータの利活用に関する制度改正大綱”［高度情報通信ネットワーク社会推進戦略本部，平成26（2014）年6月24日］が決定され，意見募集が行われた．

規格では，PIIの定義は“ISO/IEC 29100　Information technology—Security techniques—Privacy framework”にみられる[*3]．他方，我が国において“18.1.4 プライバシー及び個人を特定できる情報（PII）の保護”を解釈するには，法令として，例えば，個人情報の保護に関する法律等を想定することになるが，現在のこの法律には，当然ながらISO/IEC 29100のPIIに相当する用語の定義及びこれに関連する条項はない．この規格が国際標準であって各国の異なる法制度に対応すべきものであることを勘案すると，管理策で用いている用語PIIにかかわらず，我が国においては，個人情報の保護に関する法律等の順守を確実にすることを求めていると解釈することとなる．

（2）　旧規格からの変更点

18.1.4は旧規格の15.1.4(個人データ及び個人情報の保護)を継承している．

18.1.5　暗号化機能に対する規制

管理策

暗号化機能は，関連する全ての協定，法令及び規制を順守して用いることが望ましい．

実施の手引

関連する協定，法令及び規制を順守するため，次の事項を考慮することが望ましい．

a)　暗号機能を実行するためのコンピュータのハードウェア及びソフトウェアの，輸入又は輸出に関する規制

b)　暗号機能を追加するように設計されているコンピュータのハードウェア及びソフトウェアの，輸入又は輸出に関する規制

c)　暗号利用に関する規制

d)　内容の機密性を守るためにハードウェア又はソフトウェアによって暗号化された情報への，国の当局による強制的又は任意的アクセス方法

関連する法令及び規制の順守を確実にするために，法的な助言を求めることが望ましい．暗号化された情報又は暗号制御機能を，法域を越えて持ち出す前にも，法的な助言を受けることが望ましい．

[*3] 現規格の18.1.4の関連情報において，PIIを“一般に，生存している個人に関する情報で，その情報からその個人を特定できるもの．”と説明しているが，これはISO/IEC 29100におけるPIIの定義とは異なる．ISO/IEC 29100におけるPIIの定義には“生存している”という条件はなく，また，“個人を特定できる”ことも要件ではない．

(1)　概　要

暗号化機能の利用において関連する協定，法令及び規制の順守を求めるこの管理策の背景には，国家及び組織等の安全及び利益保護のために暗号技術及び暗号化された情報が保護すべきものであり，そのための規制が国ごとに存在するという事実がある．

我が国では，外国為替及び外国貿易管理法（昭和二十四年法律第二百二十八号）及び輸出貿易管理令（昭和二十四年十二月一日政令第三百七十八号）において，暗号化機能を実装した製品（貨物）の持ち出しが規制されている．

また，国によって，暗号化機能を実装した製品の持込みないし，持出しが規制されている．

該当する規制を"18.1.1 適用法令及び契約上の要求事項の特定"により特定し，順守のためプロセスを計画し，実施することが求められる．

(2)　旧規格からの変更点

本管理策は旧規格の 15.1.6（暗号化機能に対する規制）を継承している．

18.2　情報セキュリティのレビュー

18.2　情報セキュリティのレビュー

目的　組織の方針及び手順に従って情報セキュリティが実施され，運用されることを確実にするため．

(1)　概　要

本カテゴリは，情報セキュリティに関して組織自身で定めた方針及び手順を確実に順守することを目的としている．先のカテゴリ 18.1 では組織外で与えられている法令及び規制，他組織・個人との関係で定めた契約等を確実に順守することを目的としていたことと対比される．

(2)　旧規格からの変更点

本カテゴリ及び目的は旧規格の 15.2（セキュリティ方針及び標準の順守，並びに技術的順守）を継承している．また，旧規格では 6.1（内部組織）に置かれていた 6.1.8（情報セキュリティの独立したレビュー）を本カテゴリに移している．現規格と旧規格のカテゴリと管理策を新旧対応表 ISO/IEC TR 27023 では表 3.18.2 のとおりに対応付けている．

表 3.18.2　現規格と旧規格のカテゴリと管理策の新旧対応表

現規格	旧規格
18.2　情報セキュリティのレビュー	15.2　セキュリティ方針及び標準の順守，並びに技術的順守
18.2.1　情報セキュリティの独立したレビュー	6.1.8　情報セキュリティの独立したレビュー
18.2.2　情報セキュリティのための方針群及び標準の順守	15.2.1　セキュリティ方針及び標準の順守
18.2.3　技術的順守のレビュー	15.2.2　技術的順守点検

18.2.1　情報セキュリティの独立したレビュー

管理策

情報セキュリティ及びその実施の管理（例えば，情報セキュリティのための管理目的，管理策，方針，プロセス，手順）に対する組織の取組みについて，あらかじめ定めた間隔で，又は重大な変化が生じた場合に，独立したレビューを実施することが望ましい．

実施の手引

経営陣は，独立したレビューを発議することが望ましい．このような独立したレビューは，情報セキュリティをマネジメントする組織の取組みが，引き続き適切，妥当及び有効であることを確実にするために必要である．このようなレビューは，改善の機会のアセスメントを含むことが望ましい．また，方針及び管理目的を含むセキュリティの取組みの変更について，その必要性の評価を含むことが望ましい．

このようなレビューは，レビューが行われる領域から独立した個人・組織（例えば，内部監査の担当部署，独立した管理者，このようなレビューを専門に行う外部関係者）が実施することが望ましい．これらのレビューを実施する個人・組織は，適切な技能及び経験をもつことが望ましい．

独立したレビューの結果は，記録し，レビューを発議した経営陣に報告することが望ましい．これらの記録は，維持することが望ましい．

独立したレビューにおいて，情報セキュリティマネジメントに対する組織の取組み及び実施が十分でない［例えば，文書化した目的及び要求事項が，情報セキュリティのための方針群（**5.1.1** 参照）に記載された情報セキュリティに関する方向付けを満たしていない，又はこれと適合していない．］ことが明確になった場合には，経営陣は是正処置を考慮することが望ましい．

関連情報

独立したレビューを実施する場合の手引は，**ISO/IEC 27007**[12]及び**ISO/IEC TR 27008**[13]にも示されている．

(1)　概　要

“18.2.1 情報セキュリティの独立したレビュー”では，本カテゴリの目的を達成する手段として，情報セキュリティに関する独立したレビューの実施を求めている．実施の手引では独立したレビューに関連する報告及び是正処置にも言及している．

(a)　レビューの対象

管理策では，情報セキュリティの独立したレビューの対象を“情報セキュリティ及びその実施の管理に対する組織の取組み”として広く示している．他方，実施の手引においてレビューは経営陣が発議することが想定されており，経営陣が発議し，指示するレビューの方針に従って，実施するレビューの対象を決定することが考えられる．

(b)　レビューの独立性

管理策で，対象から“独立したレビュー”を実施することを求め，実施の手引で“情報セキュリティをマネジメントする組織の取組みが，引き続き適切，妥当及び有効であることを確実にするために必要である”としている．レビューの有効性と結果の妥当性を確保するために，独立性は当然の要求である．例えば，情報のラベル付け（8.2.2）の実施状況は，ラベル付けをする者以外の者がレビューを行うことによってレビューの有効性が確保できる．また，供給者との合意（契約）（現規格の“15.1.2 供給者との合意におけるセキュリティの取扱い”）における情報セキュリティに関する事項の妥当性は，その合意に関係する部門以外の者がレビューを行う．情報システムの構成や設定などについての技術的順守（現規格の“18.2.3 技術的順守のレビュー”）のレビューのように，これを実施することのできる技術をもつ部門又は人が限られる例もある．このような場合でも，対象の部門とは別に，レビューに必要な技術をもつ部門又は人をレビュー実施者に選任することが求められる．費用との兼ね合いはあるが，外部のコンサルタント（実施の手引であげている“外部関係者”の一例）を使うことも，独立性を確保し，その専門性によってレビューの有効性を確保する有力な方法である．

(c)　経営陣の役割

組織の中で，経営陣が情報セキュリティに関するレビューの必要性を認識し，これを実施させる立場にある．このため，実施の手引で，レビューにおける経営陣の役割について詳しく述べられている．レビューを受ける部門や人は，業務が多忙な中にあって，不備の指摘を受けることとなるレビューに対して消極的になりがちである．このため，経営陣がレビューを発議し，その実施においてリーダシップを示すことが求められる．レビューの結果は指摘事項を含めて経営陣に報告する．経営陣が必要に応じて是正処置を指示することによって，情報セキュリティの実施及び運用がより確実なものとなり，目的の達成に資することとなる．

(2)　旧規格からの変更点

18.2.1 は旧規格の 6.1.8（情報セキュリティの独立したレビュー）を継承している．

18.2.2　情報セキュリティのための方針群及び標準の順守

管理策

管理者は，自分の責任の範囲内における情報処理及び手順が，適切な情報セキュリティのための方針群，標準類，及び他の全てのセキュリティ要求事項を順守していることを定期的にレビューすることが望ましい．

実施の手引

管理者は，方針，標準類及びその他適用される規制で定められた情報セキュリティ要求事項が満たされていることをレビューするための方法を特定することが望ましい．定めに従って効率的にレビューを行うため，自動的な測定ツール及び報告ツールの使用を考慮することが望ましい．

レビューの結果，何らかの不順守を検出した場合，管理者は，次の事項を行うことが望ましい．

a)　不順守の原因を特定する．

b)　順守を達成するための処置の必要性を評価する．

c）適切な是正処置を実施する．
d）是正処置の有効性を検証し，不備又は弱点を特定するために，とった是正処置をレビューする．

管理者が実施したレビュー及び是正処置の結果を記録することが望ましく，また，その記録を維持・管理することが望ましい．管理者の責任範囲に対して，独立したレビュー（**18.2.1** 参照）が実施されるときは，管理者は，独立したレビュー実施者に対して，その結果を報告することが望ましい．

関連情報

システム利用の監視は，**12.4** に示されている．

(1)　概　要

“18.2.2 情報セキュリティのための方針群及び標準の順守”の主体は管理者となっている．管理者が，自分の責任の範囲において，情報セキュリティ方針群，標準類及びその他の情報セキュリティ要求事項の順守をレビューすることが求められている．先の“18.2.1 情報セキュリティの独立したレビュー”は当事者から独立した者によるレビューに関するものであった．これに対し，18.2.2 は当事者自身による順守のレビューについて定めている．

不順守を検出した場合には，是正処置を実施するとともに，是正処置についてもレビューを行うことを実施の手引で示している．

本管理策に基づくレビューの結果は 18.2.1 に定める独立したレビューへの入力とすることもできる．

(2)　旧規格からの変更点

18.2.2 は旧規格の 15.2.1（セキュリティ方針及び標準の順守）を継承している．

18.2.3　技術的順守のレビュー

管理策

情報システムを，組織の情報セキュリティのための方針群及び標準の順守に関して，定めに従ってレビューすることが望ましい．

実施の手引

技術的順守は，自動ツールを活用してレビューすることが望ましい．この自動ツールは，技術専門家が後に解釈するための技術レポートを生成する．これに代わるものとして，経験をもつシステムエンジニアが手動で（必要な場合には，適切なソフトウェアツールの助けを得て）レビューしてもよい．

侵入テスト又はぜい弱性アセスメントを用いる場合，このような作業は，システムのセキュリティを危うくするかもしれないことに注意することが望ましい．このようなテストは，計画され，文書化され，また，繰り返しできることが望ましい．

いかなる技術的順守のレビューも，力量があり，認可されている者によって，又はその者の監督の下でだけ，実施することが望ましい

関連情報

技術的順守のレビューは，ハードウェア及びソフトウェアの制御が正しく実施されていることを確実にするための，運用システムの検査を伴う．この種の順守のレビューでは，専門家の技術的専門知識を必要とする．

順守のレビューには，例えば，その目的のために特に契約した独立した専門家によって実施される侵入テスト及びぜい弱性アセスメントを含むことがある．このようなレビューは，システムのぜい弱性の検出，及びこれらのぜい弱性が原因の認可されていないアクセスの防止に，管理策がどれほど有効であるかの検査に役立つ．

侵入テスト及びぜい弱性アセスメントは，特定の時刻における特定の状態のシステムのスナップショットを提供する．このスナップショットの対象は，侵入テストで実際にテストをしているシステムの該当部分に限られる．侵入テスト及びぜい弱性アセスメントはリスクアセスメントの代替とはならない．

技術的順守のレビューに関する具体的な手引が，**ISO/IEC TR 27008**[13]に示されている．

(1)　概　要

“18.2.3 技術的順守のレビュー”では“18.2.2 情報セキュリティのための方針群及び標準の順守”で求めるレビューのうち，特に，情報システムに関する順守の技術的レビューについて定められている．順守すべきものは，18.2.2と同様に“情報セキュリティのための方針群及び標準”である．

(a)　技術的順守のレビューの対象

管理策及び実施の手引で明示されていないが，18.2.3 で求める技術的順守のレビューの対象には，情報システムの構成，設定及び修正の適用状態が含まれる．これらについてレビューを行い，情報システムにおいて脅威及びぜい弱性に対する有効な対処が実施されている状態に維持する必要がある．“侵入テスト”及び“ぜい弱性アセスメント”は，技術的順守のレビューの方法であ

り，自動化されたツールを利用し，効率的にレビューすることも可能である．

(b)　技術的順守のレビューにおける留意点

技術的順守のレビューは，対象の情報システムへの技術的なアクセスを伴い，情報システムの正常な動作に影響を与えるおそれもある．このため，特に運用している情報システムについてこれを実施する場合には，重要な運用時間帯は実施を避け，実施する内容を正確に設定するなど，細心の注意を払う必要がある．

技術的レビューは，その意味を理解して有効なものとするため，また情報システムに悪影響をもたらさないために，技術的力量のある者が，又はこのような者の監督の下で実施すべきことが，実施の手引及び関連情報で特に強調されている．

(2)　旧規格からの変更点

18.2.3 は旧規格の 15.2.2（技術的順守点検）を継承している．

索　引

A

B

C

D

E

F

H

I

J

L

M

N

O

P

R

S

T

う

え

お

か

き

く

け

こ

さ

し

す

せ

そ

た

ち

つ

て

と

に

ね

の

は

ひ

ふ

へ

ほ

ま

み

め

も

や

ゆ

よ

ら

り

れ

ろ

著者略歴

中尾　康二（なかお　こうじ）

1979年3月　早稲田大学教育学部数学科卒業
1980年4月　国際電信電話株式会社入社
1981年1月　株式会社KDD研究所
2003年4月　KDDI株式会社技術開発本部　セキュリティ技術部部長
現在　KDDI株式会社　情報セキュリティフェロー
独立法人情報通信研究機構（NICT）NWセキュリティ研究所　主管研究員
早稲田大学非常勤講師，名古屋大学非常勤講師
ISO/IEC SC 27/WG 4主査
ITU-T　SG 17副議長
セキュリティ対策推進協議会（SPREAD）代表
日本ISMSユーザグループ　代表
日本ネットワークセキュリティ協会（JNSA）副会長
日本監査協会（JASA）理事
情報共有分析センター（Telecom-ISAC Japan）ステアリング委員会　副委員長
電子情報通信学会情報通信システムセキュリティ（ICSS）研究会　顧問
内閣官房重要インフラ専門委員会専門委員 等
昭和62年度情報処理学会研究賞，平成18年度標準化貢献賞（日本規格協会），
平成18年度経済産業省大臣賞，平成18年度英国KPMG賞，平成19年度総務省局長表彰，
平成21年度文部科学大臣賞，平成26年度標準化貢献賞(日本規格協会)などをそれぞれ受賞

北原　幸彦（きたはら　ゆきひこ）

1998年3月　東京大学農学部国際開発農学専修過程卒業
1998年4月　日本電信電話株式会社　入社
1999年7月　東日本電信電話株式会社
2006年8月　NTTコミュニケーションズ株式会社
2008年3月　株式会社野村総合研究所　入社
NRIセキュアテクノロジーズ株式会社　出向
現在　NRIセキュアテクノロジーズ株式会社
コンサルティング事業本部ストラテジーコンサルティング部
情報処理学会情報規格調査会SC 27/WG 1小委員会委員
ISO/IEC 27003 Project Co-Editor

竹田　栄作（たけだ　えいさく）

1972年3月　北海道大学理学部数学科卒業
1981年3月　University of Denver, M.S.C.S.（Master of Science，Computer Science）
1972年4月　三菱電機株式会社入社
1995年4月　同社開発本部研究所，情報セキュリティ技術部部長
2002年4月　株式会社日本情報セキュリティ認証機構，ISMS主任認証審査員
2010年10月　JIPDEC ISMS認定審査員
現在　工学院大学　コンピュータ科学科客員研究員
JIPDEC ISMS/ITSMS/BCMS認定審査員
情報処理学会情報規格調査会SC 27/WG 1小委員会委員
ISO/TMB/TAG/JTCG対応国内委員会委員
2011年7月標準化貢献賞（一般社団法人情報処理学会・情報規格調査会）
2012年3月国際規格開発賞（ISO/IEC 27006）
2012年11月 Certificate of Appreciation（Project Editor in the development of International Standard, ISO/IEC 27006：2011.ISO and IEC）

中野　初美（なかの　はつみ）

1991 年 3 月　東京理科大学理工学部情報科学科卒業
同年 4 月　三菱電機株式会社入社
オフィス内情報システム関連の研究開発を担当
1997 年 2 月　情報セキュリティシステム関連の研究開発業務を担当
2002 年 4 月　情報セキュリティマネジメントシステム運用支援業務を担当
2011 年 10 月　現部署にて，当社内情報セキュリティ管理業務に従事
現在　総務部情報セキュリティセンター
情報処理学会情報規格調査会 SC 27/WG 1 小委員会委員
JEITA　個人データ保護専門委員会委員

原田　要之助（はらだ　ようのすけ）

1979 年 3 月　京都大学大学院工学部数理工学専攻を修了
1979 年 4 月　電信電話公社入社（1985 年に民営化して NTT となる）
1986 年 3 月　英国 British Telecom 社（交換研修）
1988 年 4 月　NTT 研究開発本部
1990 年 4 月　NTT ネットワーク総合研究所
1999 年 9 月　情報通信総合研究所（出向）
2005 年 9 月　大阪大学工学研究科特任教授（兼任）
2010 年 4 月　情報セキュリティ大学院大学教授
現在　情報セキュリティ大学院大学教授，中央大学大学院工学研究科兼任講師，サイバー大学兼任講師，フェリス女子大学兼任講師
日本セキュリティマネジメント学会常務理事，システム監査学会理事，情報処理学会電子化知的財産・社会基盤研究会幹事，日本セキュリティ監査協会・資格認定委員長，日本 IT ガバナンス協会理事，一般社団法人医療情報安全管理監査人協会理事，ISO/IEC JTC 1/SC 40/WG 1 主査，ISO/IEC JTC 1/SC 27/WG 1 委員
組織における内部不正防止ガイドライン検討委員会委員
元 ISACA 国際本部副会長(2008–2010)，ISACA 東京支部会長(2001–2003)，ISACA Security Management Committee, ISACA Academic Relations Committee, ISACA ISO liaison Committee，経済産業省の各種委員を歴任
2013 年に Information Security Leadership Achievements（ISLA）の Senior Information Security Professional 部門を受賞

山下　真（やました　しん）

1974 年 3 月　東京大学理学部数学科卒業
同年 4 月　富士通株式会社入社
オンライン・トランザクション処理プログラム開発，情報セキュリティ関連製品・サービス開発を担当
2004 年 4 月　社内情報セキュリティ施策を担当
現在　社内情報セキュリティ施策を担当
情報処理学会情報規格調査会 SC 27 専門委員会委員，SC 27/WG 1 小委員会幹事，SC 27/WG 4 小委員会委員（ISO/IEC 27000:2014, ISO/IEC 27001:2013, ISO/IEC 27002:2013, ISO/IEC 27036 等の原案作成）
情報処理学会情報規格調査会 2013 年度標準化貢献賞受賞（ISO/IEC 27002 改正等）
情報処理学会情報規格調査会クラウドセキュリティ・コントロール標準化専門委員会幹事(ISO/IEC 27017 の原案作成)
ISO/IEC JTC 1/SC 27/WG 1 及び WG 4 国際エキスパート

ISO/IEC 27002:2013（JIS Q 27002:2014）
情報セキュリティ管理策の実践のための規範
解説と活用ガイド

2015年 3月10日　第1版第1刷発行
2022年 4月18日　　　　第6刷発行

編　　著　中尾　康二
発 行 者　朝日　　弘
発 行 所　一般財団法人 日本規格協会
〒108-0073　東京都港区三田3丁目13-12 三田MTビル
https://www.jsa.or.jp/
振替　00160-2-195146
製　　作　日本規格協会ソリューションズ株式会社
印 刷 所　株式会社平文社
製作協力　有限会社カイ編集舎

ISBN978-4-542-70177-9